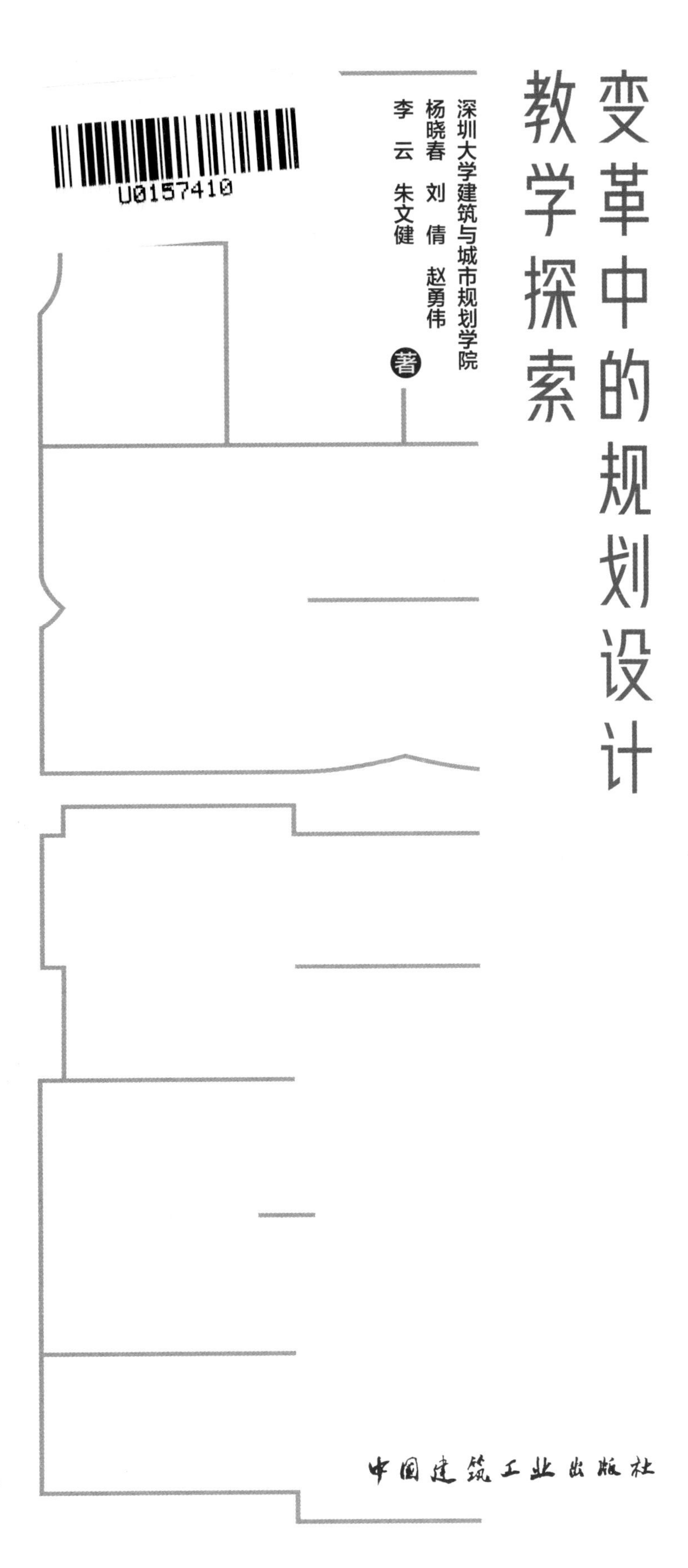

变革中的规划设计教学探索

深圳大学建筑与城市规划学院
杨晓春 刘 倩 赵勇伟
李 云 朱文健
著

中国建筑工业出版社

图书在版编目（CIP）数据

变革中的规划设计教学探索 / 杨晓春等著. —北京：中国建筑工业出版社，2022.11
ISBN 978-7-112-27889-3

Ⅰ.①变… Ⅱ.①杨… Ⅲ.①城乡规划—建筑设计—教学研究—高等学校 Ⅳ.①TU984

中国版本图书馆CIP数据核字（2022）第166588号

责任编辑：刘 丹
版式设计：锋尚设计
责任校对：党 蕾

变革中的规划设计教学探索
深圳大学建筑与城市规划学院
杨晓春 刘倩 赵勇伟 李云 朱文健 著
*
中国建筑工业出版社出版、发行（北京海淀三里河路9号）
各地新华书店、建筑书店经销
北京锋尚制版有限公司制版
北京中科印刷有限公司印刷
*
开本：787毫米×1092毫米 1/16 印张：11¾ 字数：153千字
2023年1月第一版 2023年1月第一次印刷
定价：**88.00**元
ISBN 978-7-112-27889-3
（39920）

本书编委会

主　编：杨晓春

副主编：刘　倩　赵勇伟　李　云　朱文健

编　委：张彤彤　杨怡楠　刘卫斌　张　艳

高文秀　辜智慧　陈　方　杨　华

邵亦文　王浩锋　黄大田　罗志航

Alexander Zipprich

序

思考未来，界定现在

深圳作为改革开放的前沿城市，历经了40多年的发展与建设，成就令人瞩目。这座享有“设计之都”美誉的现代化都市，聚集了来自全国和世界各地的建筑与规划领域精英，为深圳注入了无穷的创新力量。深圳大学建筑与城市规划学院作为代表深圳的本土建规学院，应当成为连结深圳建筑与规划学界、业界的学术桥梁及学术、实践平台。秉承这一愿景，深圳大学建筑与城乡规划学院、创新求索、锐意进取，正逐步形成自身的特色和影响力。

近年来，随着人工智能、大数据、虚拟现实等前沿技术的飞速发展以及新型城镇化和城乡协同等新的发展方向，以往单一学科、单一领域知识已无法解决未来的复杂城市系统问题，城乡规划与建筑学学科面临深刻挑战。在这样的背景下，深圳大学建筑与城市规划学院充分认识到开放学科边界的重要性，积极探索有助于更广泛学科交叉和融合的“学研产一体化”与教学改革路径，展开了一系列卓有成效的研究与教学实践。科研层面，创立粤港澳大湾区创新设计实验室，搭建跨界、整合、创新的大湾区前沿研究平台；组织“未来城市与建筑专题研讨会”，以“趋势、跨界、科技”为关键词，探讨未来城市与建筑设计的新思想、新范型、新变革。自2016年以来，持续举办“从研究到设计”系列论坛，聚焦高密度城市的建成环境、公共空间与公共生活、变革中的规划设计教学创新等议题。教学层面，我院在国际视野下立足地方特色的教学改革实践大致始于2014年，从“一横多纵”的多学科融合教学架构到“2+3”专业教学模式的逐步完善，此外四大专业（建筑学、城乡规划、风景园林、城市空间信息工程）针对各自的学科需求持续开展教学创新与优化，逐步形成了深圳大学建筑与城市规划学院多学科交叉融合、创新、开放、包容的学科特色。

作为深圳大学建规学院学科建设系列成果之一，《变革中的规划设计教学探索》一书系统介绍了我院城乡规划专业近年来围绕设计课程开展的教学改革与创新实践，以年级内容呈现为框架，直观展示城乡规划专业教学体系。通览书稿，感受到城乡规划教学团队勇于创新、持续探索和优化教学的努力，逐渐形成了兼具“未来性、本地性和开放性”的特色教学体系。希望这本聚焦设计课教学变革的书稿，能够为教育界和规划界同仁，共同探讨城乡规划乃至建筑学面向新的时代需求开展教学改革贡献些许思路，让我们始终保持对未来趋势的敏锐性，“站在未来，思考现在”，跨界整合，将思想、活力、开放、包容注入到将来学科建设和发展之中，培养和激励我们的青年学子进行更多更有价值和意义的理论探索与实践，憧憬更加宜人和更可持续发展的未来人居城市。

范悦

深圳大学建筑与城市规划学院院长

2022.11.28于深圳大学汇意楼

前言

过去几十年，中国城镇和乡村发生了天翻地覆的变化，伴随着城镇化速度的快速提高，城市无序扩张、国土空间开发混乱、生态环境压力加大、城镇化质量不高等一系列问题也日益凸显。为此，国家相继提出了推进以人为核心的新型城镇化战略、乡村振兴和建设美丽乡村等发展战略。2019年5月，《中共中央 国务院关于建立国土空间规划体系并监督实施的若干意见》出台，全国、省、市、县及乡镇国土空间规划逐步进入编制和实施阶段。这些发生在城乡规划专业实践领域的变化和革新，对城乡规划学科教育提出了新的要求，使传统的以建筑学为主导发展起来的单一强调物质空间规划的教学体系面临新的问题与挑战。

在彰显生态文明和追求高质量发展的新时代背景下，国家层面的城乡发展战略深刻影响规划学科发展和规划教育。在变局长存之下，如何对传统的城乡规划教学体系，尤其是规划设计课教学体系，作出适应性调整，是城乡规划教育从业者必须要思考的问题。如何使得规划设计教学的调整适应时代发展需求，适应服务国家战略需要，适应学科发展的阶段性特征，是我们开展设计课教学改革的初衷。

深圳大学城乡规划学科孕育于1983年清华大学援建的深圳大学建筑系。2001年初筹建城市规划专业，2002年建立城市规划系，经过20年的坚实发展，学科按照高标准办学要求，积极与国际规划教育接轨，立足粤港澳大湾区的社会经济发展和城乡建设需求，坚持“教学、科研、实践一体化”的人才培养体系，逐步形成“务实、开放、创新、综合”为特色的本、硕人才培养体系。

目前学科具有城乡规划学一级学科硕士学位和城乡规划专业学位授予权，并依托深圳大学建筑学博士点开展城市设计方向的招生培养。2009年本科、2013年硕士先后通过住房和城乡建设部高等教育城乡规划专业评估委员会首次评估，并于2017年、2021年分别以优秀等级通过复评。

深圳大学城乡规划专业的教学沿革，主要经历了4个发展阶段，即专业建设阶段（2001～2006年）、专业接轨阶段（2006～2011年）、专业提升阶段（2011～2013年）和国际视野下立足地方特色的教学改革提升阶段（2014年至今）。

本书侧重于对2014年至今国际视野下立足地方特色的教学改革深化阶段进行介绍。早期深圳大学城市规划系依托建筑系得以发展，城乡规划设计教学体系强调物质空间设计，规划设计课组织以建筑设计（低年级）和不同尺度城市设计（高年级）为核心。为适应国家层面城乡规划发展战略调整的新要求，培养适应时代需要和推进美好人居环境建设的专业化人才，深圳大学城乡规划专业设计课教研组开展了持续而系统的设计课教学体系调整，在原有“建筑设计+城市设计”教学框架的基础上，对城乡规划专业设计课程进行改革。

这一阶段的教学改革可细分为两个子阶段：

第一个阶段是自2014年起，深圳大学建筑与城市规划学院探索建立了城乡规划、建筑学和风景园林专业的“一横多纵”教学体系。即在低年级（一～二年级）阶段，构建一个基于“泛设计”理念的横向基础平台，重视专业融合、跨专业通识教育，侧重培养学生创造性的思维、基础的设计能力和综合的艺术素养；在高年级（三～五年级）阶段，建立各个专业的基于“多元化”理念的纵向贯通平台，侧重培养学生扎实的专业能力、全面的知识结构和综合的职业素养。

第二个阶段是自2019年起，设计课教学进一步体系化，在强化各年级目的、手段的递进关系基础上，逐步融入乡村规划、国土空间规划等教学内容。5年的设计课程以能力进阶为目的组织教学模块，并在“基础・认知，单体・介入，群体・衔接，城乡・融合，进阶・协同”的教学序列中，将过去以不同尺度城市设计为核心的设计课，变更为系统地组织“小建筑、建筑群、住区设计、村庄规划、小城镇国土空间规划、大城市特色区城市设计”等教学版块。侧重培养学生对不同类型规划设计的认知、强调思维逻辑体系和以人为本的价值观在规划设计中的体现。

本书定名为《变革中的规划设计教学探索》，正是基于对城乡规划学科和专业处于变局发展之中的清醒认识，并重点介绍国际视野下立足地方特色的教学改革深化阶段的教学革新尝试。本书内容以年级为章节划分，由各年级设计课教师主笔，对深圳大学城乡规划设计课教学的模式、内容、方法及其教学变革探索进行了系统的介绍。

全书共分有7个章节。“绪论”对城乡规划专业5年的课程体系框架进行了系统介绍，突出了“不忘办学初心，坚持系统创新”的核心理念和围绕在地性、开放性以及未来性的代表性教学实践。第1～5章，详细介绍了城乡规划专业一～五年级的教学目的、内容、组织，并优选了一些特色教学版块进行了重点和细致的介绍。最后为“结语”，总结了教学变革中的经验、不足及未来发展方向，行而不辍，未来可期。

在深圳大学城市规划系各位专业和设计课教师的共同努力下，教学革新尝试得以逐步推动，经过持续的教学改革探索，逐步形成了一些特色教学版块，在这一过程中，积累了一些经验，当然也存在诸多不足和教训。现将教学改革中的点滴，汇集成册，既是对过往教学尝试的总结，是教研团队教学思考的凝练过程，亦作为城市规划系建系20周年的献礼。希望抛砖引玉，与教育界和规划界同仁共同探讨未来城乡规划学科教育改革的方向，适应新时代的发展需求，培养更多满足行业需求、引领行业发展的高素质的规划设计人才。

目录

第二章

单体 · 介入 | 二年级：以拼贴叙事和协商设计引导场所介入

第三章

群体 · 衔接 | 三年级：基于开发单元引导从单体到多元系统的设计统筹

第四章

城乡 · 融合 | 四年级：多学科融合的综合性规划设计能力培育

绪论

不忘办学初心
坚持系统创新

执笔者 杨晓春 刘 倩 朱文健

一、教学沿革与学科架构

1. 学院概况与发展

深圳大学建筑与城市规划学院源于1983年9月成立的深圳大学建筑系，是深圳大学创校首批院系之一。创始初期由清华大学援建，我国著名的建筑教育家、建筑理论家和建筑史学家、清华大学汪坦教授为首任系主任。随着专业建设与发展，东南大学、同济大学、天津大学、华南理工大学等高校教师纷纷加盟，形成“实验、先锋、多元、包容”的办学风格和办学特色。

经过30多年的发展，学科的专业实力逐渐增强，得到广泛认可，已成为学校重点专业，在国内具有较强的影响力和竞争力。2019年和2020年的“软科中国最好学科”（城乡规划学）排名中，本学科位列全国第13。特色与优势如下。

1）具有地域特色和国际化视野的高水平师资团队。学位点导师团队共34人，88%拥有博士学位。其中教授导师7人，占比21%，副教授导师13人，占比38%，讲师或助理教授级导师14人，占比41%。导师团队研究方向清晰聚焦，覆盖城乡规划、城市设计、景观规划设计和空间信息技术等多个研究领域。

2）人居环境全学科口径下的跨专业发展。在3位院士的领衔下，学院逐步形成建筑学、城乡规划、风景园林“三位一体”和城市空间信息工程协同支撑的人居环境体系（图1），为学科发展提供了广阔的创新性交叉融合空间。

3）“一国两制”体系下的密切合作与湾区开放办学。依托深港地缘优势，针对国土空间规划改革和深圳先行示范区发展需要，开展富有开拓性和创新性的联合教学与科研工作。

4）前瞻性科学研究及市场需求双重导向下的“学研产一体化”育人模式。借助设计之都的优势，强调校企联动，基于多个国家级、省级的教学、实验、实践平台，形成协同育人的办学模式。

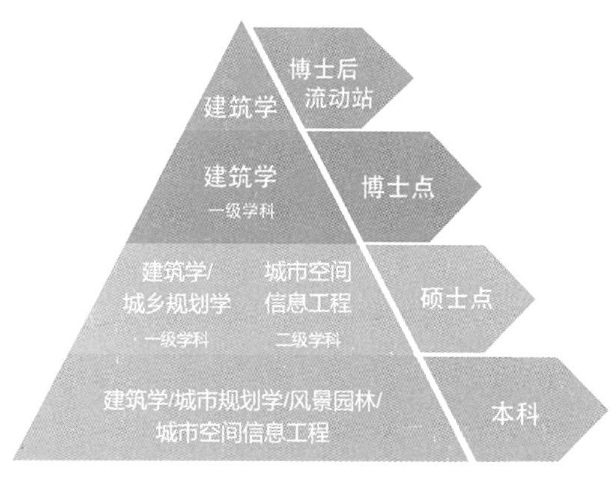

图1　深圳大学建筑与城市规划学院院系设置

2. 城乡规划教学沿革

深圳大学城乡规划专业起源于1984年建筑系成立的城市规划教研室，主要对建筑学专业的学生开授城市规划方面的课程。2001年初，在建筑与土木工程学院构架下筹建城市规划系和城市规划专业，同年招收了第一届城市规划专业本科生；2002年城市规划系正式成立；2003年获得城市规划与设计专业硕士研究生招生权与学位授予权；2009年城市规划专业本科（五年制）通过了住房和城乡建设部高等教育城市规划专业评估委员会的评估，有效期四年，并于2013年通过复评；2011年城市规划二级学科调整为城乡规划学一级学科，获得一级学科硕士学位授予权；2013年，城乡规划专业通过住房和城乡建设部高等教育城乡规划专业硕士研究生教育评估，获城乡规划硕士学位授予权；2017年，城乡规划专业通过全国高等学校城乡规划专业本科教育评估（优秀级），顺利通过专业硕士学位研究生教育评估复评；2018年，城乡规划专业在全国第四轮学科评估中为B-档；2019年，深圳大学城乡规划专业获首批“双万计划”国家一流专业建设点；2020年，软科中国最好学科排名，深圳大学城乡规划专业位于前30%，排名第13位。深圳大学城乡规划专业发展历程见图2。

深圳大学城乡规划专业教学计划的沿革，主要经历了以下几个发展阶段。

（1）专业建设阶段（2001~2006年）

2001年深圳大学开始筹建城市规划系和城市规划专业，同年开始招收城市规划专业本科生。2002年城市规划专业获广东省正式批准，城市规划系正式成立。2001～2006年这个阶段，城市规划系根据专业的发展逐步完善了师资队伍，同时形成了完整的教学计划和课程设置。教学计划不仅注重物质空间形态的设计教学，也强调规划理论和规划编制实践的课程教学，一切以提高学生的素质、能力为出发点，在保障本专业基本培养目标的前提下，尽力提高学生毕业后的工作适应范围。

（2）专业接轨阶段（2006~2011年）

这一阶段，深圳大学建筑与城市规划学院组织人员按照《高等学校城市规划专业评估文件（2009版）》来调整和完善教学计划和课程设置，并积极推行教学改革，教学思路进一步明确，努力探索以形成自己的教学特点，充分发挥本校综合性大学的优势，在加强与土木、环境工程等工程建设类学院课程教学合作的基础上，加大了人文、管理等学科的基础通识课程的教育。2009年，深圳大学城市规划专业教育评估获得通过，合格有效期为四年。

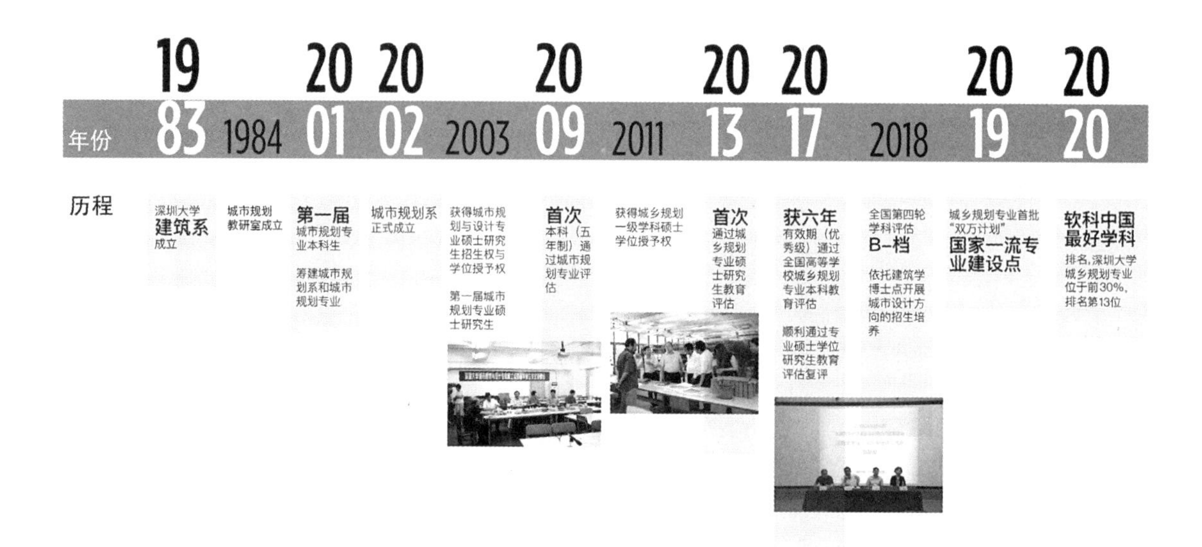

图2 深圳大学建筑与城市规划学院城乡规划专业发展历程

（3）专业提升阶段（2011~2013年）

2011年，城市规划二级学科调整为城乡规划学一级学科，为城市规划系和城乡规划专业的发展带来了新的契机。新一轮的教学计划中，专业教育的重点除了继续加强物质形态规划的基础教育外，拓展了社会科学、管理科学、政策科学等方面的教学内容。规划专业人才培养与市场经济发展需求相一致，在工程型、应用型人才培养基础上，加大研究型、创新型人才培养的力度，在规划设计型人才培养基础上，加大管理型人才培养的力度。2013年，深圳大学城乡规划专业通过住房和城乡建设部高等教育城乡规划专业教育评估本科复评，硕士研究生教育通过评估，获城乡规划硕士学位授予权。

（4）国际视野下立足地方特色的教学改革深化阶段（2014年至今）

全球化、信息化进程的飞速发展，规划教育正面临着新的变革。秉承国际视野，坚持本土路径，立足深圳设计之都，依托粤港澳大湾区的资源，深圳大学城乡规划专业逐步形成了国际化和多专业融合为特色的城乡人居环境教学和实践团队。近年来，为应对国土空间规划改革、大数据技术发展等新的趋势，城乡规划学科团队结合广泛的实践经验，积极地进行教学体系的调整和优化，不断思考教学创新改革路径并付诸实施。

本书将重点介绍2014年至今国际视野下立足地方特色的教学改革深化阶段，面对国家层面城乡规划需求、体系、政策的变化，深圳大学城乡规划教研团队进行了教学变革尝试。

二、教学理念与特色

1. 转型期城乡规划专业核心能力培养的思考

（1）办学思想

深圳大学践行“有教无类、因材施教、厚积薄发、经世致用”的办学理念，以建设高水平、有特色、现代化一流大学为目标，以高素质人才培养为核心，通过创新办学体制、创新人才培养、创新科学研究、创新校园文化和加快校园建设等各个方面，实现学校整体协调快速发展，培养出高素质创新创业人才，引领社会进步与发展，为深圳、珠三角乃至全国的建设和发展作出应有的贡献。

深圳大学城乡规划专业以全国高等学校城乡规划专业教育评估标准为办学基础，按照高标准办学要求，积极与国际规划教育接轨，在教学、科研等方面进行改革、创新，不断提升建设水平和影响力，并逐步形成了具有一定特点的“务实、开放、创新、综合”的办学模式。

1）务实。注重学生规划设计基本功的训练，始终坚持以学生的实践能力培养为重点，通过设计课程、理论课程与专业实践，全面推进学生的专业技能培养。

2）开放。以师资队伍学缘广泛为基础，活跃学术思想，在交流中竞争，在竞争中推陈出新。借助学校毗邻港澳的地理优势，充分开展对外交流、建立国际化的教学和科研平台，创造多种方式联合办学。

3）创新。强调教学创新、科研创新与学生创新能力培养。针对区域经济与文化发展和地方城市建设需要，开展有针对性的教学和科研。积极进行教学改革，及时将新的思想、新的技术引入到教学中，探索新的教学方法，与时俱进。除了强调学生的基本功训练外，重视创新能力的培养，鼓励并扶持学生自主课外科技活动，支持学生自办学术刊物，实现教学的课内与课外、校内与校外相结合。

4）综合。强调规划设计、社会科学、管理科学、政策科学等综合性学科教育体系。规划专业人才培养与市场经济发展需求一致，培养工程型、应用型、研究型、创新型等复合型人才。

（2）核心能力培养

城乡规划专业旨在培养德、智、体全面发展，具有城市规划、城市设计等方面知识和技能，能够适应城市规划与设计、建筑与环境设计等专业工作，以及城市管理和房地产开发等部门的管理、咨询、分析、研究等工作的复合型人才。在教学设计中，着力提升以下五大核心能力。

1）思维能力：具备较强的逻辑分析能力及系统性的综合思维能力、培养良好的思维习惯及务实的工作方法；

2）知识结构：具有良好的专业知识结构，扎实地掌握城市规划的基本原理，拥有较全面的理论与历史、规划与设计、建筑与景观、社会经济与法规等方面的基础知识；

3）设计技能：具有较强的规划设计能力及相应的各专业协调能力，能够熟练地运用草图、模型、数字图像、网络技术等多种手段进行设计；

4）人文素质：具有一定的哲学、艺术素质及良好的审美品位，培养良好的人文精神、创新精神和职业道德；

5）交流能力：具有较好的文字及口头表达能力、较好的英语阅读和口头交流能力。

2. 立足本色，鼓励系统创新

在借鉴国内外优秀院校教学体制建设经验的基础上，深圳大学建筑与城市规划学院于2014年起深化教学改革，以设计主干课程为核心，构建一横多纵、全面系统的城乡规划教学体系。深圳大学城乡规划专业一直注重发展有特色的教学计划，从培养计划的角度探索深圳大学城乡规划专业教育的基本定位，强调整体系统性、教学渐进性，在坚持基本特色的基础上鼓励多元创新。创新性教学改革实验体现在以下几个方面。

（1）坚持理论、设计与实践相结合，围绕空间规划设计主干课、核心理论课与专业实践课的核心圈层，强调理论和实践联动的协作教学

课程版块以“设计主干”“核心理论”和“专业实践”系列课程为主线组织5年专业课程教学，并带动“专业基础”“专业理论”和“相关知识”等系列版块课程，形成目标明确的课程群体系，通过课程群之间课堂讲授内容和设计实践环节的联动推进，提高教学的科学性和效率。

（2）建构一横多纵的设计教学体系，在“泛设计、强基础”的平台上实施“纵向贯通”的专业设计教学

以设计主干课程为核心，实行“2+3”的专业教学模式，建立一～二年级的横向基础平台与三～五年级的纵向贯通平台，构建全面、系统的教育体系，形成“一横多纵”的网络状教学矩阵。一～二年级为低年级基础平台，基础平台的课程设置既包含多专业融合的通识课程，也针对城乡规划专业特征，安排城乡规划基础知识和导论等课程。三～五年级为纵向贯通平台，通过设计课程选题和教学年级间上下协调对接，帮助学生顺利实现从个体到群体、从建筑到城市、从微观到宏观的空间观念过渡，配合理论和技术方法的协同介入，培养学生扎实的专业能力以及综合的职业素养。

（3）在课程设置和教学内容中持续关注快速城镇化地区的城乡社会发展和空间关系

针对深圳和华南地区的高密度城市形态和特有的城乡发展关系（如城中村），设计主干课教学内容中，均涵盖或涉及“高密度”议题。如二年级以城中村为大环境的“建筑师工坊”，三年级关于容积率≤4.0、建筑高度≤100m 地区的“总图设计”等。在理论课程（如城乡规划原理、城市经济学、城乡规划管理与法规和城市社会学等）的教学内容上均适时引入“城中村”话题，并结合当前关于城中村城市更新的热点话题（如湖贝旧村城市更新），引导学生关注当前快速城镇化条件下的城乡社会关系。

3. 坚持在地性，突出地方特色

2003年，《深圳2030城市发展策略》首次提出了“先锋城市”这一定位，虽然它从未出现在任何正式的规划文件中，但却是众多规划者心中对深圳的“最适宜称谓”。在深圳城市规划者心中，“先行区”是对深圳十余年来将自己视作先锋城市的回应。2019年，中央决定支持深圳建设中国特色社会主义先行示范区，深圳在城市治理、可持续发展、智慧及数字城市、引领湾区发展等多个维度，起到了先行示范的作用。深圳城乡规划专业的学生培养，也致力于走在时代前沿，引导学生思考现实、发现并致力于解决现实问题，接触社会，了解社会，解决社会所需。

在尊重城乡规划专业教育基本要求的基础上，如何不拘泥于统一的大纲，寻求在深圳这个社会主义先行示范区，在这个有着特区城市、口岸城市、移民城市、创新城市、南海首郡、设计之都等诸多特征的城市，如何体现在地特色与创新性，是深圳大学城乡规划系教研团队一直着力探索的方向。

讨论地方热点议题、研究地方文脉、关注特色空间是城乡规划教学中的重要内容之一。各类具有地方性的议题，亦是同学们进行研究的宝贵素材。民生类议题，如“拆迁难”、城市更新；历史文脉保护议题，如城中村旧城改造、棚户区改造、湖贝古村保护；区域和边界融合议题，如深汕合作、粤港澳湾区发展、边界融合发展；城市治理类话题，如高密度与集约发展、可持续和人性化城市建设、社区管理；以及疫情下的城市应急体系与社区治理等，都曾作为专业课教学议题和设计课主题（图3）。

4. 秉承开放性，兼具国际视野

全球化、信息化进程的飞速发展，使城乡规划教育正面临着新的变革。深圳大学作为特区大学、窗口大学、实验大学，拥有得天独厚的国际化优势。学院与米兰理工大学、威尼斯建筑大学、诺丁汉大学等60余所学校有密切学术往来。学院通过双学位、联合培养、短期访学、国际会议、国际工作坊、联合课题等多种渠道拓展学生参加学术活动的机会与平台。

城乡规划专业以深圳大学国际化发展为契机，积极开展多层次学术交流合作，初步建立稳定长效的国际合作机制，全力建设“双区版图”下的城乡规划学术高地，积极协同兄弟院校共同提升。同时，在借鉴国内外优秀院校教学体制建设经验的基础上，积极进行以规划设计主干课程为核心的教学改革，积极拓展与国外的联合办学，试图培养既有国际视野，又能立足地方社会经济建设需求的专业人才。主要教学实践包括以下几方面。

（1）学术讲座

学院坚持专业教育与社会接轨，每学期都会聘请大量学者、专家及相关专业人士到学院举办各类学术讲座，自2017年以来共举办学术讲座140余场，其中包括多名院士、规划学界权威及业内专家的多场讲座。

（2）学科会议品牌

自2016年以来，学科已连续举办三届“从研究到设计”学术论坛，目前已成为本学科最主要的学术交流品牌。①2016年，首次举办“从研究到设计——聚焦高密度城市的建成环境”国际论坛；②2017年，第二届“从研究到设计”论坛暨第三届中国空间句法研讨会邀请郭仁忠院士作主旨演

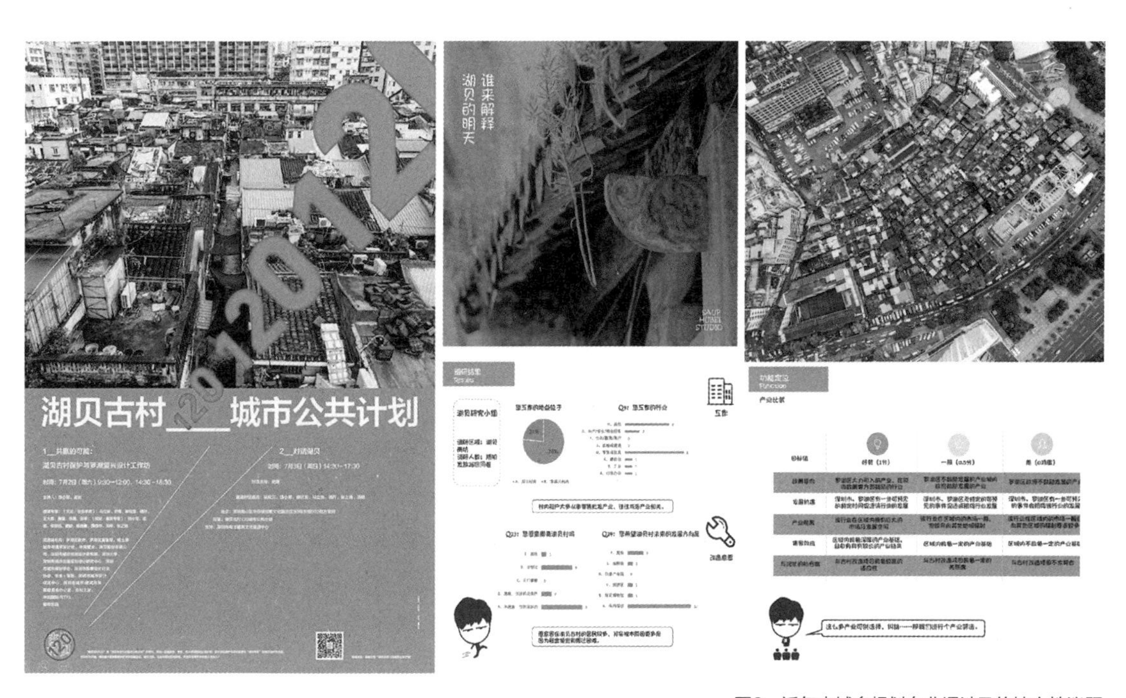

图3　近年来城乡规划专业课涉及的地方性议题

讲；③2019年，第三届“从研究到设计”论坛以高密度建成环境的公共空间与生活为主题，吸引了4个国家的100余位学者参加。2015～2019年间师生持续三届参加深港城市/建筑双城双年展的策展活动，把深大规划带入香港展场。

学科还积极承办具有重要学科影响力的学术会议。2020年12月成功举办国际中国城市规划学会（IACP）年会；2019年11月承办中国城市科学研究会城市更新高端论坛；2020年11月联合承办了中国城市规划学会城市更新学术委员会年会。

（3）联合工作坊，推动地方合作

在提升自身学术影响力的同时，学科还积极支持周边高校的专业建设，联合地方高校，开展联合工作坊。近几年，相继参与和主办了2018年面向大湾区时代深港口岸地区发展研究六校联合毕业设计工作坊、2019年粤港澳大湾区高校联合工作坊以及2021年粤港澳大湾区九校联合毕业设计等（图4）。

（4）交流国际化

团队注重培养青年教师的国际化视野，有计划安排青年教师进修，如在职学位进修、作为访问学者公派出国进修或参加国内外学术会议等。近5年来，派出学生赴欧美国家进行联合培养、双学位深造等合计约50余人次，组织国际联合工作坊10余次，与国外高校签订硕士双学位项目3项，接待来访高校近100所，与麦吉尔大学、代尔夫特理工大学、魏玛包豪斯大学等众多高校有紧密的学术联系。

5. 思考未来性，笃行而不辍

从以物质空间为主导的、以建筑为基础发展起来的城市规划到更关注城市治理、政策、发展路径，从以城引导城市空间（建成区）发展为主到城乡空间协同发展，再到国土空间规划强调对生态空间的保护，我们可以看到城乡规划的内涵不断提升，范围越来越广，关注视角也随时代和发展需求有所转变。城乡规划教育要符合国家发展战略需求和社会转变，必须要面向未来，思考未来性。

近年来，深大城乡规划专业不断应对时代发展调整教学方式方法，逐步形成了独具创新性的、既有本土特色又兼具国际视野的学科培养体系。本科毕业生在各类全国性专业竞赛和学科竞赛中屡获佳绩，就业状况优良，通过出国留学或攻读硕士学位等进一步提升专业水平的途径丰富。

图4　开放办学，推动地方合作

三、专业设计课教学框架

1. “一横多纵”教学体系

教学计划根据《全国高等学校城乡规划本科指导性专业规范》和《全国高等学校城市规划专业本科（五年制）教育评估标准（试行）》要求，基于“务实、开放、创新、综合”的办学模式，立足深圳和华南地区特点，利用深圳大学自身优势，建立了纵横结合、主干为骨、理论联动的课程结构。课程设置根据学生成长规律，结合教学阶段划分，按照教学版块形成课程清单。

总体上，针对原有教学计划中课程纵向衔接不足、教案创新欠缺等问题，深圳大学建筑与城市规划学院提出以“设计主干课程纵向教学体系调整”为核心的教学改革方案，建立连续、完整、系统的课程体系，并形成“一横多纵”的教学构架（图5）。整体教学以设计规划主干课程为核心，实行“2+3”的专业教学模式，建立一～二年级的横向基础平台与三～五年级的纵向贯通平台，同时强调人文、艺术、理论、技术、实践等教学环节的横向支撑和融入，构建全面、系统的规划教育体系，形成“一横多纵”的网络状教学体系。一～二年级的横向基础平台，将建筑学、城乡规划和风景园林专业交叉与融合，建立“泛设计”通识教学平台，培养学生基础设计能力和综合艺术素养。同时，加强一年级和二年级之间的课程配合，建立二者间的教学线索和逻辑。三～五年级的纵向贯通平台，以不同专业方向多元化、专业化和国际化发展为目标，建立以纵向导师为主导的三年贯通平台，培养学生扎实的专业能力以及综合的职业素养。同时，通过适当的横向控制与协调，使得各纵向导师组的教学处于相对统一的框架下。

2. 设计主干课程体系

城乡规划专业教学课程以设计主干课为中心，并结合《全国高等学校城乡规划本科指导性专业规

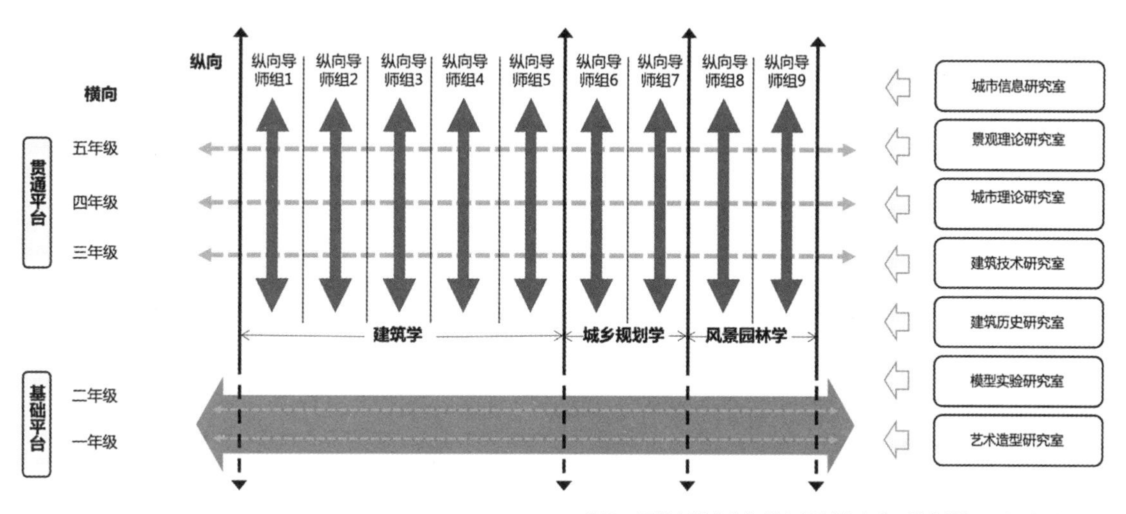

图5　深圳大学建筑与城市规划学院“一横多纵”设计课教学体系

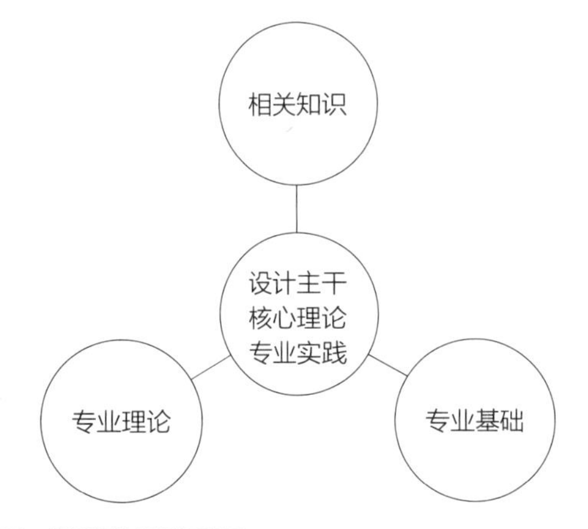

图6 课程版块设置示意图

范》的推荐课程设置专业核心课程，构成设计主干课+核心理论+专业实践课程的深圳大学城乡规划专业课程核心圈层，同时围绕核心圈层设置3个相关版块："专业理论""专业基础""相关知识"（图6）。专业核心和专业实践全部为必修课程，专业理论、专业基础和相关知识版块设有必修与选修课程。部分课程实行跨版块设置，如城市总体规划（专业核心+专业实践）、综合社会实践、社会调查（专业核心+专业实践）。

深圳大学城乡规划专业的设计主干课程，坚持以物质空间规划和设计作为教学核心，以深圳和珠三角高密度城市空间特点作为主要选题，强调与相关城市规划理论和知识的联动教学。专业课程体系以通识教育和建筑学科基础教育为起点，通过适宜的作业选题，将从详细规划到总体规划、区域规划等空间规划的知识单元与设计训练贯彻到三～五年级的设计主干课中，循序渐进地将学习内容从平台教育向城乡规划专业设计课程过渡。设计主题和版块的选择以能力的渐进进阶为主要参考，一～五年级的能力进阶和代表性设计版块见图7。

一年级基础与认知。设计教学主线围绕人居环境建设专业的共性特征开展，从微尺度、单一空间着手，认识空间，了解空间的形成以及对空间形成有影响的主要因素，进行设计基本功与设计初步的培养。

二年级单体与介入。注重培养学生理解功能和形式的关系，结合设计基本功的巩固与规划专业的特点，一方面延续空间思维与空间设计的培养，同时逐步体现专业性，选题主要以居住以及中小型公

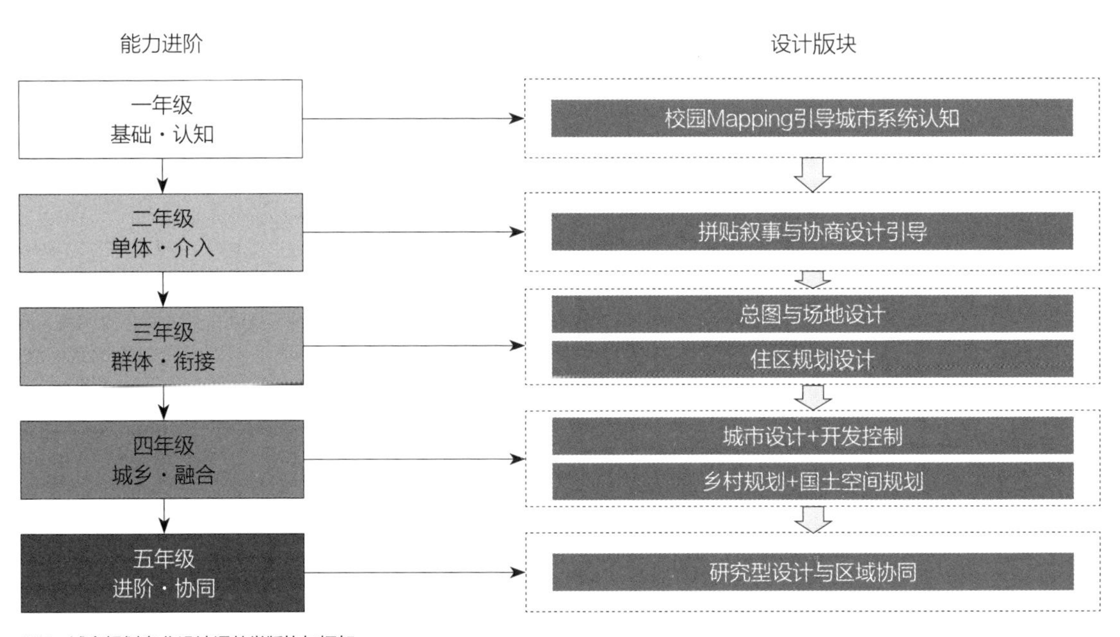

图7 城乡规划专业设计课教学版块与框架

共建筑为主，探讨空间功能与形式问题。涉及空间与造型、空间与行为、空间与场地、空间与人文等教学重点，开展规划导论教育，加强专业了解、培养专业意识、启发专业思维。

三年级群体与衔接。2014年以来，三年级主干课程在原来以建筑类型设计为核心的基础上，逐步向以城市中的建筑群体关系为核心的专业性训练过渡，使学生更好地理解建筑单体间的关系。2015～2016及以前学年度设计课程主要包括：①中型建筑设计和建筑群总图设计；②综合社区中心详细规划。2016～2017学年度加入下沉住宅设计及修建性详细规划设计的内容，包括：①中型公共建筑与社区中心设计（含总图设计）；②高层住宅与高层街区综合体修建性详细规划等。强调规划设计的规范性、基本技术要求、调查分析方法以及可持续规划观念等教学重点，使学生了解规划的方法、过程和规范，掌握总图设计和修建性详细规划设计的基本过程与方法。

四年级城乡与融合。四年级进入专业综合拓展阶段，关注规划前沿理论、新技术发展以及人文社科类领域等知识拓展，重视当代城镇发展的主要命题——存量空间资源的挖掘、优化。目前四年级主干设计课程包括：①住宅设计与住区规划；②城市设计与控制性详细规划。在以往课程教学的基础上，将住宅设计拓展到乡村住宅与集合住宅，增加了历史村落活化短课，强化了城市更新视野下的城市设计训练。2017～2018年设计课程将逐步过渡，包括居住区规划以及乡村规划、城市设计（含历史街区保护）和控制性详细规划等训练。强调多学科知识融合及新技术运用，关注社会主义核心价值观引导，重视公平、正义和规划的人文精神培养，进一步了解规划的技术性、社会性、综合性特点，进一步培养学生综合的规划思维以及研判能力。

五年级进阶与协同。五年级全面进入专业实践阶段，目前课程包括：①规划设计单位实习：详细规划设计实践；②总体规划实习；③毕业设计。2018～2019年拟尝试加入规划管理实习（规划管理实习可选择到发展研究中心和各管理局、更新局等单位进行）。实习阶段加强了前期培训、中间督查和答辩总结环节，要求学生通过一个学期的实践，融会所学专业知识用于规划设计实践；毕业设计阶段加强了选题的规范性，注重培养学生自我组织和综合运用专业知识的实操能力。

1

第一章

基础·认知｜一年级：

以“校园Mapping”引导初步的城市系统性认知

执 笔 者 刘卫斌

教学团队 朱继毅 马 越 钟波涛 乔迅翔
顾蓓蓓 刘卫斌 张轶伟 甘欣悦
赵 阳 李嘉雷 张 琼

一、教学目的

传统建筑与城市规划学院一年级的专业教育与训练是以建筑学基础技能培养为导向的，往往包括线条练习、物体描绘、建筑与环境测绘、模型制作、单一空间设计、材料构造与建构设计、小茶室或者巴士站设计等环节。目前，一年级基础设计平台的教学对象除了建筑学专业，还同时有城乡规划专业与风景园林专业的学生，因此，设计专业课亟须走出狭义的建筑学思维，进行宽口径的“泛设计”（Cross Design）教学与训练，其中增加城乡规划版块的教学环节无疑是一个重要的维度。但由于城乡规划的对象一般尺度较大、问题复杂且相互关联，一年级设计教学还缺乏较为合适的城乡规划启蒙与设计练习环节，传统的教学模式正面临着以下几方面的困境：

1）城乡规划问题的重要特点是拥有多个子系统且相互关联，一年级设计课教学目前多采用“一对一”（Tutoring）的指导模式，学生仅能获得自己所研习的局部知识，却不能获得对城乡规划多个子系统的整体性认识及其之间的相互联系的认识；

2）一年级学生到校时间较短，对城市环境尚不熟悉，目前尚缺乏合适的尺度认知和设计对象进行城乡规划维度的训练；

3）一年级启蒙阶段的城乡规划思维与训练的缺失，导致学生到了高年级或者实际工作的时候往往忽视“好的建筑设计必须充分考虑并呼应其所置身的城市环境”，在作品立意阶段不能够站在城市的高度考虑建筑问题。

二、教学设计与组织

1. 教学设计

1）以大一学生熟悉的大学校园空间为例，在泛设计基础教学平台的框架下探索合适的城乡规划认知和设计对象，让学生感兴趣、有话说、易入门。

2）将校园规划分解成多个子系统，通过组织团队教学与学习（Group Teaching and Learning），帮助学生在一年级启蒙阶段建立对城市中的多个子系统及其之间关系的整体性认识。

3）在低年级培养、强化学生从城市的整体高度认识建筑、环境的习惯（图1-1）。

2. 教学内容

（1）具体内容

以深圳大学本部校园（包括南、北校区）为基地范围（图1-2），训练学生认识、理解、分析城市（校园）规划的支撑系统，并提出改善的空间规划方案。以学生在空间系统中的切身体验为出发点，通过授课与课程训练，在一年级基础教学平台上引导学生理解城乡规划学科的空间尺度与所包的含子系统，掌握发现并解决现状规划与环境问题的方法及表达技巧，锻炼小组团队工作的协作能力。

（2）改革目标

● 建立适合建筑学、城乡规划、风景园林3个专业学生低年级泛设计要求的城乡规划简介环节（设计阶段之前4个课时的理论课程）。

● 以深圳大学校园为例，将其细分为12～16个规划子系统供学生认知并提出自己的分析，并提出优化方案。

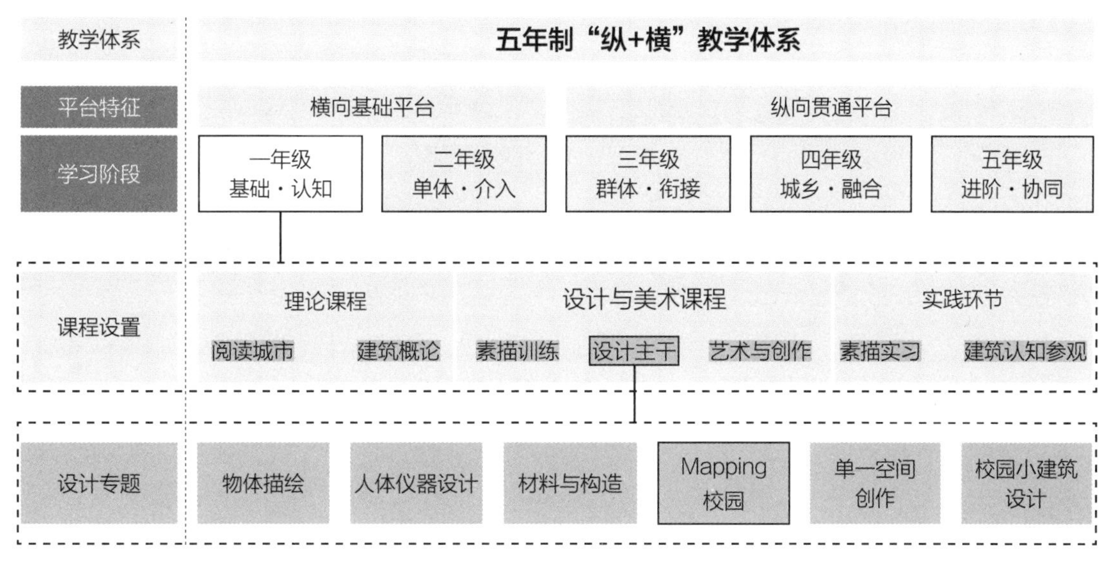

图1-1　Mapping校园教学模块之于总体教学方案

在Mapping校园范围中需要学生完成如下内容

1. 校园区位及外部交通
2. 功能分区与结构
3. 步行、自行车交通
4. 机动车交通与停车
5. 开敞空间系统
6. 体育健身系统
7. 内外环校巴系统
8. 校园垃圾处理系统
9. 校园水系统
10. 绿化景观系统
11. 餐饮/商业/服务业系统
12. 无障碍系统
13. 校园低效利用地
14. 校园快递系统（最后一公里）
15. 私密交往空间

图1-2　Mapping校园的范围与要素

● 探索并建立校园规划子系统之间的横向评图办法，克服组内封闭打分的不公平性。

（3）拟解决的问题

本次基于校园认知的一年级设计主干课城乡规划教改项目拟解决以下3个方面的主要问题。

● 如何将一年级学生熟悉的校园环境分解为适合教学小组人数的规划子系统？让学生分析并提出优化设计方案。

● 如何组织小组教学？让研习单个规划子系统的学生可以认识和学习到与其他校园子系统之间的联系与制约，建立全局的城乡规划观。

● 如何建立横向的评图办法？以消除不同教学小组之间的评分标准差异，并激励指导教师的指导投入。

3. 实施方案

（1）实施方案

以教学小组（一位指导教师，小于等于16位学生）能构成一个完整的校园系统为原则，每位学生选择图1-2中深圳大学校园的一个细分的子系统，对其进行以下操作：

● 步骤1：实地踏勘并表述所负责的空间子系统现状；

● 步骤2：分析并指出上述空间系统的优点，及存在的问题或不足；

● 步骤3：针对发现的问题，提供改进的规划建议及方案。

（2）大学校园作为一年级主干课城市规划教学对象的适宜性

大学校园是一年级新生学习、生活较为熟悉的场所，且入学头几个月的时间尚能保持比较好的环境观察敏感度，作为其第一个城乡规划认知和设计的对象较为适宜。并且大学校园犹如一个小的城市，麻雀虽小却五脏俱全，可以细分为多达16个子系统供一个教学小组分析并共同学习，使得学生在研习一个校园子系统时可以同时理解与其他子系统的关系与制约，从而建立全局的城乡规划观。

（3）具体实施计划

一年级设计课教学实施安排如表1-1所示。

（4）教学阶段

一年级教学分为4个阶段，分别是校园意向初绘制、分系统校园空间Map分组绘制、基于空间使用者观察的Mapping和成果输出（图1-3）。

一年级设计课教学实施计划　　表 1-1

时间节点		课程进度（教师）	课下要求（学生）
第一周	第一次课	课堂讲解，发任务书、校园地图	课下完成组内分工，初步踏勘进行观察，并在地图上标记自己所研习的规划子系统
	第二次课	对学生的初步踏勘进行辅导，引导学生用图示语言进行现状表述和评价	课下基于课堂点评，完成现状图及空间分析评价（优点、问题或不足）
第二周	第一次课	组内点评，基于学生发现空间优点及问题，引导优化方案	开始优化方案
	第二次课	课堂辅导	深化优化方案
第三周	第一次课	年级集中汇报点评，每个系统选一位同学上台汇报，扫描成果做成演示文件，内容包括现状、空间分析评价、优化方案	课下根据汇报回馈，深化方案并开始制作正图
	第二次课	指导成果制作	制作正式成果： •包括所负责的规划子系统现状图（可附照片），优缺点分析评价，优化改进方案（可附意向图），及120字左右的说明； •A1图幅（内框上下退10mm，左右退15mm），徒手，铅笔打底，钢笔描线（可用马克笔或者彩铅辅助）
第四周	第一次课	下次作业理论课教学	交图评分，选出优秀作业并讲评反馈

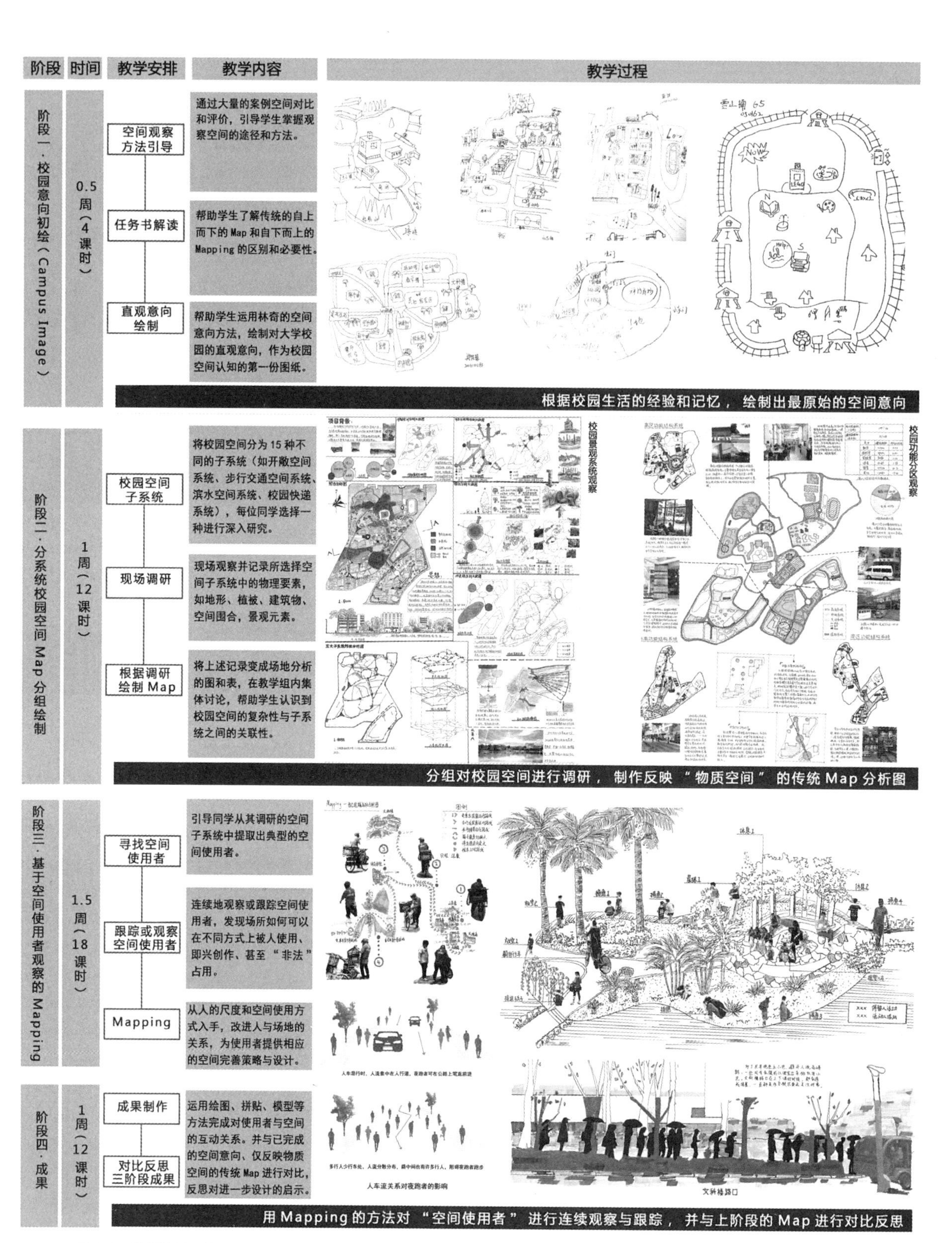
阶段
时间
教学安排
教学内容
教学过程
阶段一·校园意向初绘（Campus Image）
0.5周（4课时）
空间观察方法引导
通过大量的案例空间对比和评价，引导学生掌握观察空间的途径和方法。
任务书解读
帮助学生了解传统的自上而下的Map和自下而上的Mapping的区别和必要性。
直观意向绘制
帮助学生运用林奇的空间意向方法，绘制对大学校园的直观意向，作为校园空间认知的第一份图纸。
根据校园生活的经验和记忆，绘制出最原始的空间意向
阶段二·分系统校园空间Map分组绘制
1周（12课时）
校园空间子系统
将校园空间分为15种不同的子系统（如开敞空间系统、步行交通空间系统、滨水空间系统、校园快递系统），每位同学选择一种进行深入研究。
现场调研
现场观察并记录所选择空间子系统中的物理要素，如地形、植被、建筑物、空间围合，景观元素。
根据调研绘制Map
将上述记录变成场地分析的图和表，在教学组内集体讨论，帮助学生认识到校园空间的复杂性与子系统之间的关联性。
校园景观系统观察
校园功能分区观察
分组对校园空间进行调研，制作反映“物质空间”的传统Map分析图
阶段三·基于空间使用者观察的Mapping
1.5周（18课时）
寻找空间使用者
引导同学从其调研的空间子系统中提取出典型的空间使用者。
跟踪或观察空间使用者
连续地观察或跟踪空间使用者，发现场所如何可以在不同方式上被人使用、即兴创作、甚至“非法”占用。
Mapping
从人的尺度和空间使用方式入手，改进人与场地的关系，为使用者提供相应的空间完善策略与设计。
阶段四·成果
1周（12课时）
成果制作
运用绘图、拼贴、模型等方法完成对使用者与空间的互动关系。并与已完成的空间意向、仅反映物质空间的传统Map进行对比，反思对进一步设计的启示。
对比反思三阶段成果
人车遂关系对夜跑者的影响
文科楼路口
用Mapping的方法对“空间使用者”进行连续观察与跟踪，并与上阶段的Map进行对比反思

图1-3 教学阶段示例

三、代表性教学实践

校园Mapping通过对校园内使用者的追踪和观察，加深了同学们对空间形式和功能关系的认知，使同学们深刻理解了人们是如何使用空间、人们的使用需求是怎样的以及不同的空间为使用者带来的影响。教学中出现了非常多的优秀作业，授课教师在评图阶段对作业进行多视角点评（图1-4），同学们受益良多。

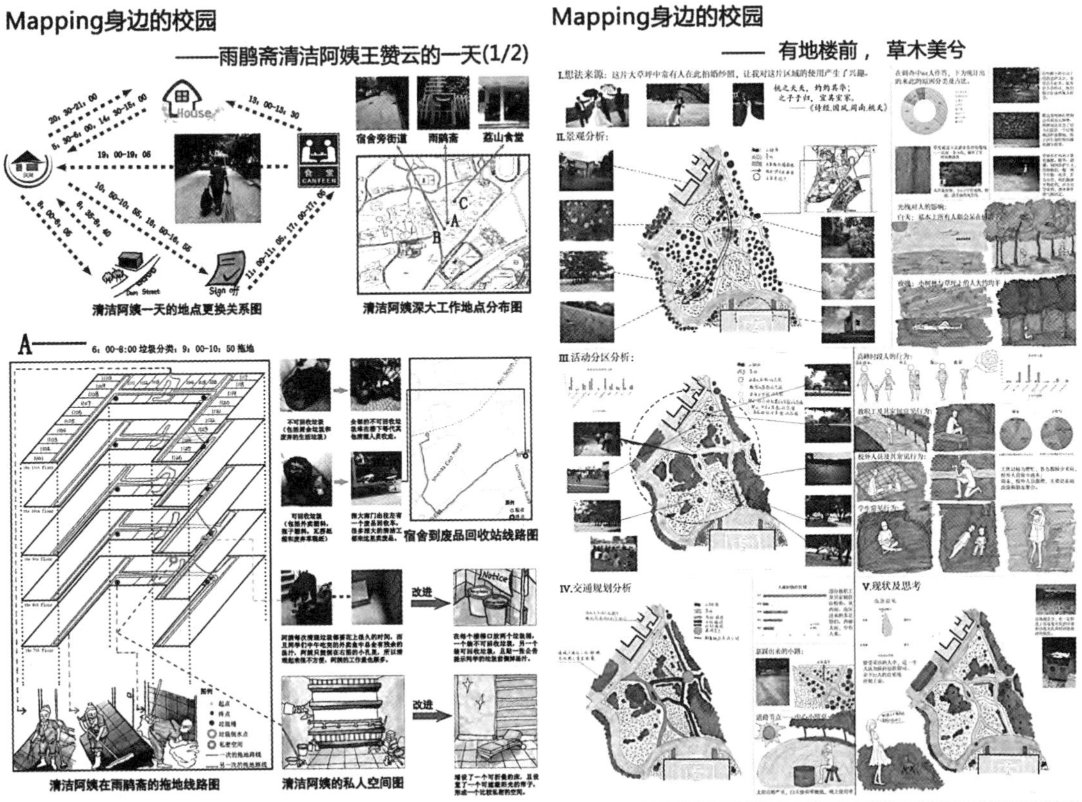

Mapping身边的校园

——雨鹏斋清洁阿姨王赞云的一天(1/2)

Mapping身边的校园

—— 有地楼前，草木美兮

教师A：学生选择了大学校园游憩景观的核心——湖心岛作为其Mapping的场地，通过蹲点持续观察发现了其平时并未留意到的活动类型和对空间的使用方式，并通过对空间围合与界面质感、植物类型与形态、景观类型与朝向的细心观察，初步建立起了环境与空间使用者的联系与意识。

教师B：学生以居住的宿舍楼内清洁阿姨王赞云（一个活生生的身边的人）为Mapping对象，在一个典型的工作日内连续观察与跟踪其工作与生活行为轨迹与空间容器的相互关系，由此发现空间使用者所遇到的休憩环境与工作空间中的切实问题，并给出从空间策略上的改善途径，为下阶段的小建筑和环境设计埋下了伏笔。

图1-4　优秀作业及点评

四、思考与总结

在学院“纵+横”教学体系重构的背景下，一年级设计主干课城乡规划环节的教改已经于2015～2020学年在深圳大学建筑与城市规划学院一年级试行过5期。总的来说取得了较好的教学效果，学生普遍反映是“有话要讲”的一个作业安排，中期全班讲评的时候会有很多同学主动要求上台讲一下自己负责的校园子系统体会，最后的成果表达较好地达到了指导教师对一年级学生规划分析及优化方案表达的预期。低年级学生对“物质空间系统性”的学习热情被调动起来，在课程结束后每年都有几组同学根据自己的课堂分析继续深入，申报“挑战杯”项目进行了持续地追踪研究。较之传统的一年级教学，此次的规划教学模块有以下几点创新。

（1）庖丁解牛式的城市规划子系统教学内容

城市规划的一个重要特征是其复杂性，即其拥有多个子系统。本次教学改革以一个小的城市社会——学生们熟悉的大学校园环境为例，采用庖丁解牛的方式，将其细分为交通、水系统、快递系统、垃圾处理系统等16个空间子系统，以教学小组的方式（学生≤16人）组成相对完整的单元，摆脱了以前教学笼统，学生陷于对城市“瞎子摸象”式的局部学习局面（图1-5）。

（2）团队沟通式学习的教学组织方式

城市规划的另外一个重要特征是其子系统的相互关联性，在本次教学改革中，设计的16个校园空间子系统即有这样的明显特征。譬如，校内机动车交通与停车系统与步行与自行车交通系统存在相互依存、相互制约的关系。又譬如很多同学在处理自己的用地需求时多会去找负责校园低效利用地的同学征询意见。这即是说，这16个子系统是相互依存、整体作为一个运转良好的校园空间规划大系统而存在的，因此，在教学环节是以教学小组（1位指导教师，小于等于16位学生）为单位的，指导环节教师会鼓励负责有相互关系子系统的同学相互合作，形成团队沟通式学习的局面。

（3）激发教师指导积极性的横向成果评图机制

在评图环节，本次教学改革采用了横向成果评价机制，即各个教学小组并不是在自己组内进行16个子系统的封闭打分，而是在12个教学小组之间，进行相同子系统的横向打分。譬如，12个选择做校园垃圾收集子系统的同学调研与改进作品会放在一起，全体指导教师会提议并投票挑选出最优与最差作业，并为中间档定好标准。

Map & Mapping		
	Map	静态的，自上而下的航拍尺度，强调对物质空间环境的传统观察。
	Mapping	动态的、自下而上的人的尺度，强调“人与空间的关系”，对空间使用者连续动态观察或跟踪，并将自己代入场景。
	训练目的	在四周的空间体验与认知模块中，让同学们依次经历了校园意向、分系统Map、场所Mapping三种对场地描述方法的训练，最终将有助于他们树立正确的设计观——关注人！最起码让他们有所敬畏，以后不敢随意做设计。——Jason Ho

图1-5　教学内容分解

在这样的横向开放式评图机制下，教师会在平时指导时更有积极性与主动性，以争取自己所在组的同学尽可能多地拿到好成绩，避免落到最差档，并及时发现自己的知识缺项，有针对性地进行再次学习充电，保持教学能力的竞争力。

（4）不足与改进构思

正如大部分新生事物一样，新教学模块的引入在创新的同时也会带来新的问题，需要不断地改进使之完善。对5年来教学试验进行剖析，我们也在此指出发现的不足，并提出进一步改进的思路：在训练系统的尺度上，就我们的作业探索来说，深圳大学校本部有1.5平方公里，这对于大一的学生，即使他们在接触这个训练环节的时候已经在其中生活了3个月，空间尺度和复杂程度还是有些偏大了。在课时有限情况下，容易造成Mapping工作本身的工作量较大、影响到学生对这个环节的本质——不同的物质空间系统的认知、图纸绘制、分析方法的掌握。因此，改进会从两个途径着手：一方面，建议把训练尺度减小到一个宿舍组团、一组教学楼、或一个教师小区这样更小的“麻雀”上，结合物体描绘作业环节，引导大一学生进行更为具象的观察和表达；另一方面，进一步明确学生在这个环节中必须掌握的图纸内容，比如基本空间要素的平、立、剖、总平面图的画法，特定的物质空间系统的规划图纸表达方法等。

2

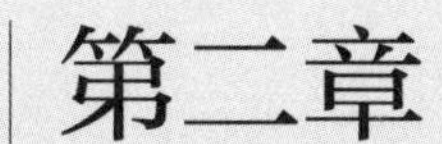

第二章

单体·介入｜二年级：

以拼贴叙事和协商设计引导场所介入

执 笔 者　朱文健

教学团队　饶小军　殷子渊（二年级教学团队负责人）
彭小松　王　鹏　金　珊　郭子怡　夏　珩
曾凡博　罗　薇　朱文健　艾　登　陶伊奇

一、教学目的

深圳大学建筑与城市规划学院低年级（一～二年级）的横向基础教育平台以培养学生基础设计素养为目标，构建建筑学、城乡规划、风景园林3个专业交叉平台，开展以“空间·叙事·建构”为主线的设计基础教育，关注空间的形成、建造等基本问题，以“叙事、空间和形式”为核心，运用模型、透视、平面（剖面）等基本操作手段，利用空间叙事作为线索，通过空间认知、分析和操作空间限定的基本元素、观察和评价操作结果，最终形成空间形式。

在一年级的基础上，二年级加强了空间形式操作的内涵导向，使空间形成有明确的导向；加强了以认知专题为导向的课程模块练习，以达到针对性的练习目的；加强了从基地到认知再到设计的三重体验的统一。

二、教学设计与组织

空间叙事旨在通过对既有建成环境的观察、体验，挖掘城市/基地的历史、地理、物质、人文、社会层面要素来形成基地研究的“文本”，作为设计理念的驱动要素，不仅训练设计思维的逻辑发展与表达方法、空间与功能的关联及内涵，也初步尝试综合分析及处理建筑与城市空间。

与一年级“校园Mapping”单独成题不同，规划的介入穿插在设计二年级上、下两学期的设计内容中。设定的前提是：我们认为，城市/场地的特征可以用它对过去、现在和未来的态度来描述和定义；场所营造以空间的基本特性与人的行为之间的关系为主要关注点，通过分析城市/场地空间对人的心理、行为的影响，运用空间和材料的操作手段，营造适应特定功能和合宜氛围的场所空间。因此，挖掘城市/场地环境中的历史、文化、地理特征、植被特征、人的行为等，探索观察和体验作为设计理念的驱动要素，关注空间的叙事性、情境与空间元素之间的关系，综合分析及处理建筑与城市/场地空间的矛盾成为规划内容介入基础设计教学的目标（图2-1）。

（1）介入方式一：基础拼贴（二年级上学期和下学期）

学习目标：了解图像拼贴的基本技术，如图像叙事的要素、母题与功能、修辞、情节、人物、空间与场景、叙事进程、结尾、作品诠释问题。学习自然阅读的图像拼贴技术，如观察、记忆、想象、主体、客体、关联等方式。

作业内容：深入场地和日常生活场景进行实地拍摄，每位同学完成5组（每组5个场景）的图像拼贴长卷，表达“人与物、人与场景、人与人”之间的关系，即记录或想象人与物品、人与自然中人使用场景的关系，串起5个连续时间的事件和故事，

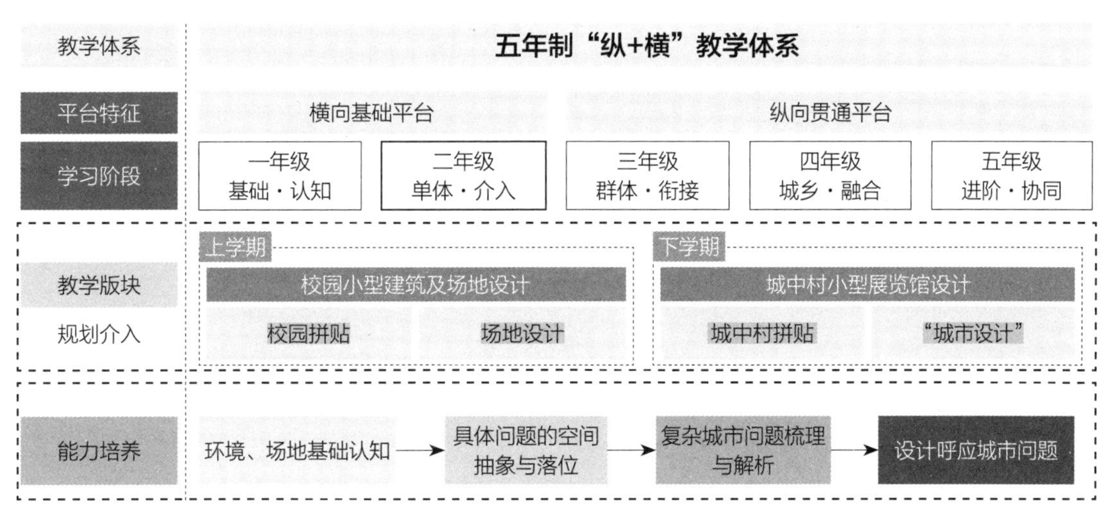

图2-1　二年级规划介入教学模块之于总体教学体系

以文本和图片拼贴方式表达，这些事件和故事伴随着每个场景都是一个空间片段，根据事件的起伏/情绪/重要性等进行蒙太奇的拼贴剪辑。对上述5组采集的片段图像进行排列、组合和分析，通过拼贴场景之间的组合排列关系，将场景进行任意的剪辑连接，凝缩构成5组长卷，建立片段场景之间的关系，分析它们对应的背后的人物、社会与空间关系，以文字方式进行叙事描述。尝试压缩和改变图像的组合关系，提炼出设计者自己对每组图像场景认知和理解的基本观点和态度，制定人与空间概念的主题。

拼贴要点：第一步完成的是学会观察自然要素，然后把观察到的情境化要素进行形式化的分类拼贴；第二步是建构一种新的与现场相关的情境化关系，比如说，我们的书舍是一种阅读行为，常规的阅读发生在教室、图书馆或者宿舍里，我们要建立一种新的阅读方式——“自然阅读”，处在大自然里。那么问题来了，阅读什么？如何阅读？这种阅读需要什么样的空间形式来达成？先解决阅读什么的问题？你看到了什么？把你所见整理出来（拼贴），然后创造一种自然阅读的行为方式，再构建这种阅读所需要的空间形式。这是我们整个作业设计的逻辑过程。

（2）介入方式二：“城市设计”（二年级下学期）

学习目标：了解城市空间的复杂性。场地固有条件的现状和人的行为、未来设计介入场地后对空间与人的行为的干涉与引导，新建的建筑组群彼此之间的干涉与协调。

作业内容：基于对场地的拼贴，设计任务书以小组形式制定建筑、空间控制的基本原则和指引，体现对街巷空间、界面、材料、尺度等重要的空间形态方面的共同约定。

设计要点：设计结果不是最终的建筑定型，而是一种化解矛盾的弹性方案。需要考虑自己的建筑、小组的组合、公共的交通、开放空间等子系统交叉影响，联结渗透，是一种整合状态的系统设计。设计过程不是各自为政，而是以讨论为主，从最具共识的原则、规则开始，逐步延伸至矛盾的焦点；从4～6人小组的共同问题开始，逐步消解至2～3人的问题，最后协商出一个具有弹性的方案。后续的建筑设计基于这个弹性的方案，不限制同学的创造思维，但会限制破坏共同约定的行为。

三、代表性教学实践

1. 拼贴，城中村档案库（2018）

设计由3个相互关联的部分组成。通过挖掘历史和文化的资源来研究基地的“视觉文本”和现象的潜力（拼贴）；通过设计和建造一个观念装置——“记忆的盒子”来建立一个概念（模型、装置）；建立“城市档案库”的建筑设计，来响应观念装置所形式化的概念的成果发掘。项目基地位于深圳南山区大新村（图2-2）。

2. 建筑师工作坊（2016）

设计由两个相互关联的部分组成：场地外部空间研究及设计、建筑设计。首先，通过小组合作，完成场地外部空间研究及设计。内容：应包含但不限于建筑与周边环境的空间关系及联系方法；建筑尺度：通过模型研究确定建筑的基本形态、尺度；交通与开放空间：分析街道及其界面特征，确定建筑的入口、公共开放空间的位置及其开放程度；风格与材料：确定适宜的风格及其主要材料语汇。基本分析图纸：道路分析图、功能分区分析图、公共空间分析图、节点分析图、界面分析图、建筑分析图。城市设计的图纸：拆除范围图、道路设计图、功能分区设计图、公共空间设计图、节点设计图、界面设计图、城市建筑设计图、总平面图。项目基地：位于深圳南山区大板桥巷（图2-3、图2-4）。

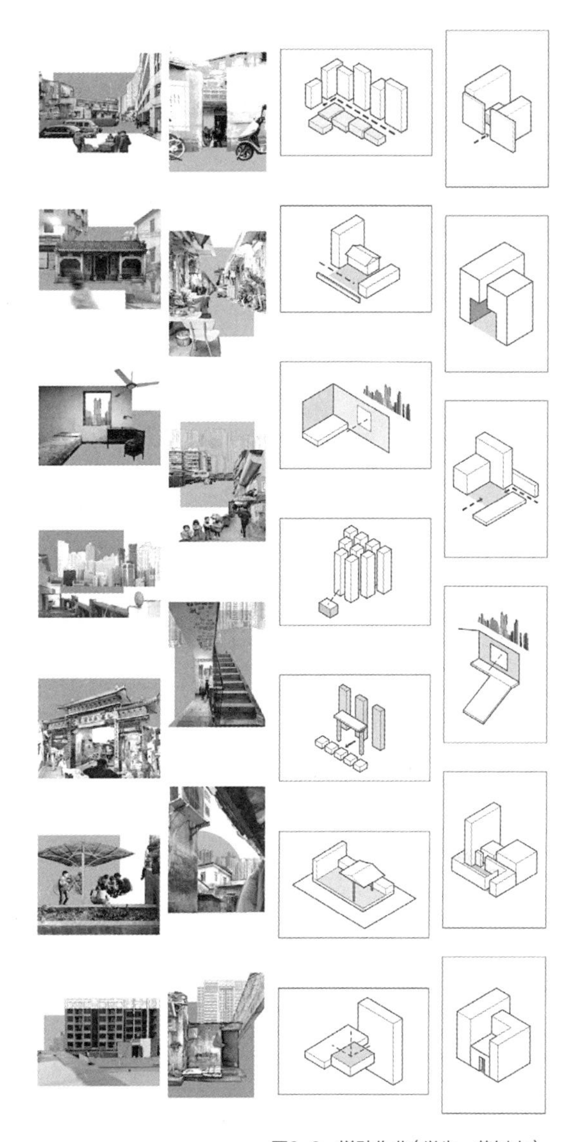

图2-2　拼贴作业（学生：黄钊山）

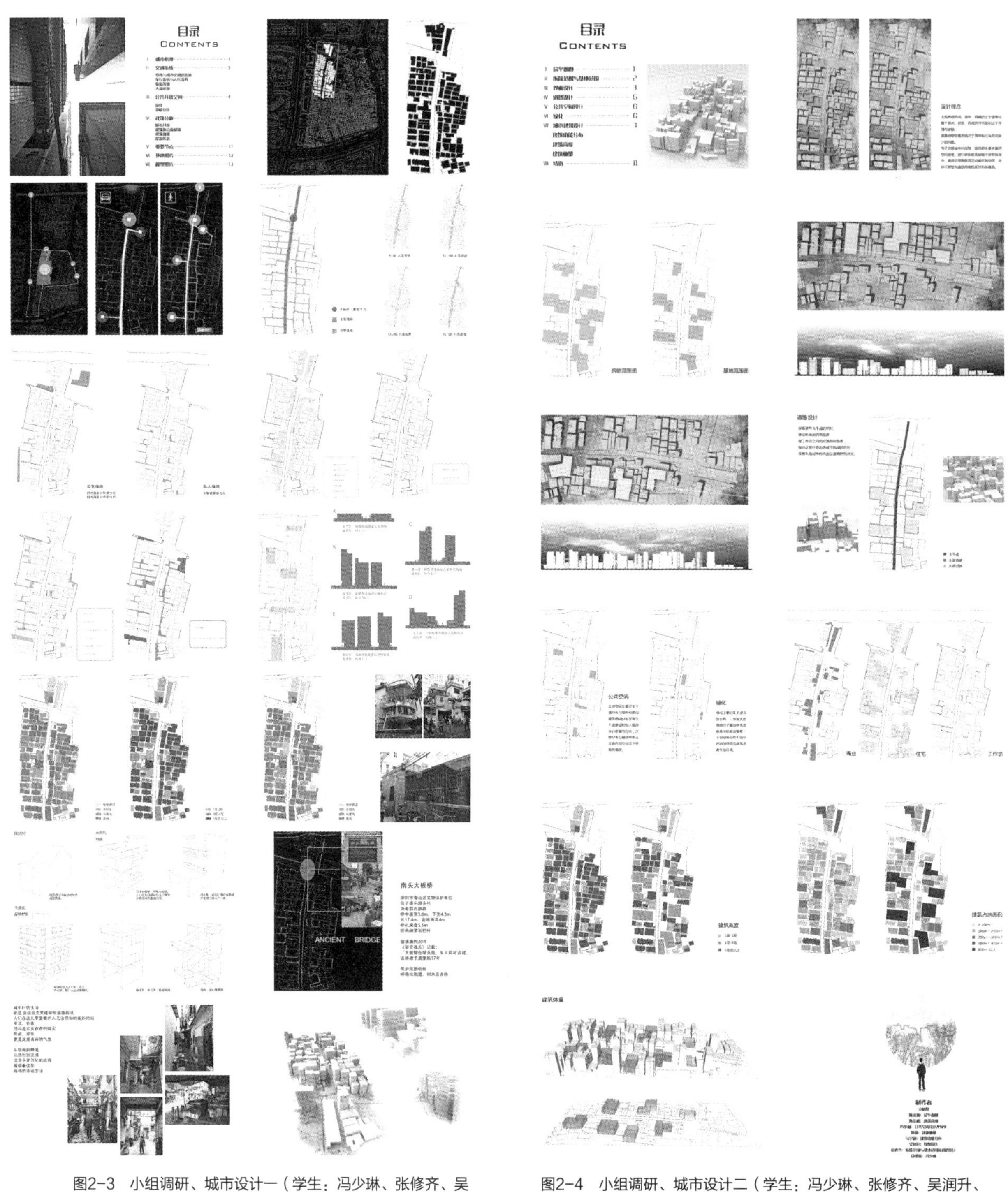

图2-3　小组调研、城市设计一（学生：冯少琳、张修齐、吴润升、马宇颖、黄璐、陈弘毅、陈浩源）

图2-4　小组调研、城市设计二（学生：冯少琳、张修齐、吴润升、马宇颖、黄璐、陈弘毅、陈浩源）

四、思考与总结

深圳大学建筑与城市规划学院设计基础教学在饶小军教授主持下，自2014年起实行教学改革，确立了“以认知练习为导向”的建筑设计教学。二年级教案设计曾获得全国高等学校建筑学专业教学指导委员会优秀教案，自2018年以来，学生多人次获得包括亚洲建筑新人赛全国前三名的各种奖项。拼贴认知场地、城市，小组的城市设计作为低年级设计课中的规划内容介入，教学计划执行了几年下来，也发现一些问题。

从学生的执行情况来看，低年级学生的认知很容易偏向人文、社会层面，或者限于描绘活动具体的路径和时间。过于仔细的描绘，往往忽略了发生事件周边的环境和空间。拼贴变成城市认知地图，进而变成线路图。拼贴带来的城市认知是碎片化的，各个碎片之间往往有很大的差别以及无关联性。尽管我们要求学生进行主题化的观察与描绘，但主题不等于设计，如何用线索将片段化的拼贴、串联、并联成设计的线索，依旧比较困难。二年级下学期新加入的关于城市的设计，则更考验学生的协调性和谈判能力，在繁重的设计工作量下，原来小组讨论的种种美好的关于城市的设想，最后往往是简化处理。

从教学计划来看，拼贴已经成为二年级设计课的必备环节，拼贴的任务开始呈现多元化。从拼贴入手展开设计，相较于从功能入手等传统的设计手段，对于学生的要求更高。对于部分学生来说，花费大量时间拼贴，由于不得其法，最后又不得不重拾功能或形体，造成设计的深度不够，也使得授课教师们对于拼贴作业执行的要求有所不同。城市设计部分，城市的复杂性和矛盾性对于没有太多专业规划知识的二年级学生来说，挑战是巨大的。在二年级下学期，是否需要介入城市的复杂性和矛盾性问题，仍旧值得思考与讨论。

3

第三章

群体·衔接｜三年级：

基于开发单元引导
从单体到多元系统的设计统筹

执 笔 者　赵勇伟　张彤彤　杨怡楠

教学团队　赵勇伟　王浩锋　黄大田　杨　华　冯　铭
Alexander Zipprich　张彤彤　杨怡楠

一、教学目的

1. 衔接——教学目标

三年级规划设计教学着重培养学生的城市视野与规划思维逻辑，通过多维度、多尺度的规划建筑设计训练，训练培养学生基于宏观规划逻辑的微观空间场景塑造能力，凸显规划专业教学特色，完成低年级向高年级的思维及能力的过渡与转变。

规划三年级教学目标的衔接特性具体体现在以下两方面。

（1）教学内容衔接

一、二年级作为基础设计教学平台，在三年级分别转向规划、建筑和风景园林专业学习阶段。对于规划三年级教学，既希望学生继续强化微观空间环境塑造能力，又要求学生能快速进入宏观的规划思维培养和规划设计训练。因此在教学内容选择上，需要兼顾微观环境素质能力的培养，也要引导学生能够快速进入较为宏观的规划思维和逻辑构建，为后续高年级的专业学习奠定基础。

（2）思维训练衔接

一、二年级基础平台教学侧重基础能力培养和个体创造性思维训练；三年级教学逐步转入专业素养提升和规划思维构建，并着力拓展学生国际化视野和开创性思维。同时鼓励学生接触并尝试使用规划设计新技术、新方法、新工具包，快速适应时代发展变迁。

2. 渗透——教学模式

将规划设计相关原理和要求分阶段、分模块贯穿在课程设计的全过程中，通过渐进式的教学引导推动教学目标有效落地。

与一、二年级基础教学课题相比，三年级教学课题，尤其是三年级上学期的总图设计，有几个明显的变化：空间尺度扩大化影响因素综合化、知识节点碎片化。这些变化给学生带来不小的困惑和不适应，如果不加以针对性地化解，会影响学生的自信心和学习积极性。基于渗透特征的教学模式，其目的主要是有效解决上述三年级教学的特色性难题。

3. 多元——教学方法

在横纵结合教学体系背景下，结合深圳城市背景和教学组团队特色，探讨提供探索性、落地性、研究性、实践性等多种设计导向让刚进入专业学习的学生了解、选择和适应。基于深圳的国际化、开拓性人文环境，为三年级多元化教学提供了人才和环境土壤。本土与国际化教学团队组合为多元教学提供了土壤和宽容度。

4. 互融——教学理念

在教学设计中，强调不同纵向与横向平台的互融，通过共享设计教室和设计课题等多种方式，为同学们提供与不同年级、不同专业同学讨论和交流的机会。

二、教学设计与组织

在教学内容上三年级分为总图设计和住区规划设计两个版块（图3-1）。

版块一总图设计。作为基础教学平台向规划专业学习过渡的衔接版块，有助于引导学生从单体建筑视角转向聚落化的群体设计视角，帮助学生逐步建立城市意识，引导学生的规划思维和逻辑推演能力。为更好地帮助学生适应教学目标和内容的转变，选题中注意将基地尺度控制在3hm^{2}左右。由于场地设计内容庞杂且知识点较为零碎，为支持总图设计主干课教学，教学组自2018年起同步增设了“总图与场地设计导论”理论课，该课程安排在1～9周，与主干设计课同时进行，帮助学生整理把握“什么是总图设计”“怎么作好总图设计”以及“如何评价和表达总图设计”等核心内容，在此基础上延展梳理总图设计相关的知识点脉络，帮助学生系统理解和掌握相对碎片化的总图设计知识。

同时，在总图设计成果基础上，要求学生选择总图设计中重要的单体进行建筑设计训练，鼓励学生思考和探索单体建筑设计与群体规划设计之间的区别和联系，引导学生自下而上地由建筑设计向群体布局规划及外部空间设计拓展。

版块二住区规划设计。延续版块一总图设计的教学基本框架，基地尺度适当扩大（5～10hm^2），内部功能复合度要求提高，与周边城市环境的衔接和互动更为紧密，为总图设计训练引入更为复杂和综合的城市系统，帮助学生建立更为全面的城市意识和规划思维，也为学生进入四年级城市设计及更

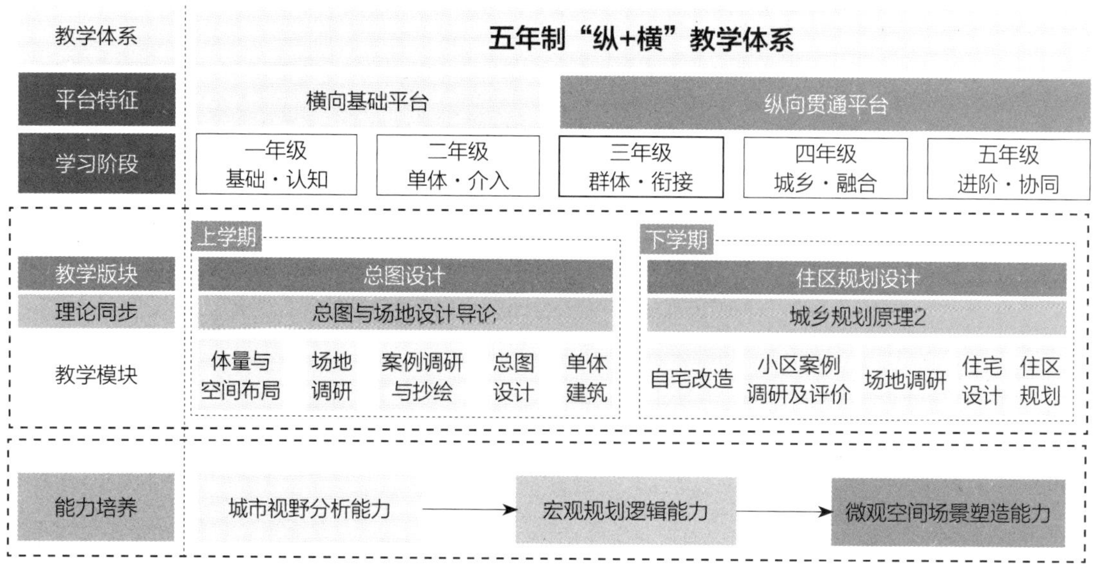

图3-1　三年级教学模块之于总体教学方案

宏观的城乡规划教学奠定基础。

住区规划设计的理论课支撑来源于规划专业必修课“城乡规划原理2”。该课程较为系统和全面地梳理了住区规划的理论缘起、发展演变和最新趋势，但限于课时，未能对住区规划的某些专题作深入分析讲解。为此，住区规划设计主干课增加了自宅评价与改造模块，高密度住区的案例研究和专题研究模块等，帮助学生快速建立对住宅设计的认知，全面了解并尝试探索当代住区规划最新课题和热点，在住区规划设计中逐步融入城市社会、经济和人文因素，掌握社区规划设计意识和思维。

在以上教学版块设想基础上，通过多年的实验和调整，三年级教学逐步在教学选题选址、课题内容和教学任务书设计等方面逐步达成了以下共识。

1. 选题主旨——群体设计+建筑单体设计

两个版块内的教学内容都同时包含特定尺度基地的群体设计以及与总群体设计密切相关的特定建筑单体设计两部分训练内容。

三年级上学期的总图设计选题主要以创意产业园为主题，用地规模较小，功能较为单一，可以使学生将更多注意力集中到建筑群体组合及内外部空间塑造方面；三年级下学期的课程选题经历了两个阶段，即综合使用群体规划设计和住区规划设计阶段。两个阶段均可以视为总图设计训练的延伸，将更多的社会、经济和人文的影响因素纳入群体规划布局的训练当中。

群体设计与建筑单体设计相结合也是三年级课程选题的特色之一。规划专业三年级增加建筑单体设计训练，主要基于两个考虑：一方面是基于一、二年级的基础教学训练，三年级学生缺乏完整正规的建筑单体设计训练环节；另一方面是建筑单体设计训练有助于强化学生的建筑尺度把握以及建筑空间场景塑造能力，这也为规划系同学后续的规划设计能力提升奠定一个良好的基础。

与建筑学专业的单体建筑设计训练侧重略有不同，群体设计结合场地内部的建筑单体设计训练有助于强化从单体设计到整体规划思维能力的链接和融合，其目的是培养深大规划学生微观城市环境规划设计的综合能力。

2. 选题背景——基于深圳城市特色及发展趋势

强调选题及选址的真实性、在地性、综合性，结合深圳城市特色。

三年级上学期：产业园总图设计+产业服务中心建筑设计，充分结合深圳科创产业发展特色及设计之都定位。

三年级下学期：综合住区规划设计+典型居住建筑单体设计，基于深港高密度综合住区发展特色，新建住区规划与城市传统社区更新改造课题相结合。

3. 用地规模——基于城市尺度感知

三年级教学面临从单体设计尺度向开发单元规划设计尺度的跨越，经过多年的教学实践及反馈，总结出适宜三年级学生认知规律和设计把控能力的开发单元适宜尺度，即：总图设计用地$3\sim5hm^2$，住区规划设计用地$5\sim10hm^2$。同时，基于逐步培养学生的城市意识的目的，设定或鼓励学生将设计研究范围从用地范围适度扩展到周边城市环境；为进一步强化两个教学版块的关联，在理想状况下争取上、下学期两块用地在同一个研究范围内选址。

4. 设计任务书——基于深圳本地特色的多元化探索

每年的课程设计主题和选址均由教学组集体商讨确定，在基本教学目标和框架延续的基础上，结合深圳城市发展，尽可能选择多元类型场地和特色化设计主题。在此基础上确立课程设计基本目标及任务书基本框架，基于不同选址及教学主题特征合理编制教学任务书，并允许学生基于场地调研结果对任务书进行深化及局部调整。

三、课程设计的特色与创新

1. 基于学生认知规律和能力培养的模块化教学探索

城乡规划专业学生在一、二年级先后进行了空间构成、茶室、展馆等小型建筑的设计，教学过程中比较重视学生个体创造性思维的训练，但学生对建筑外部空间、较大尺度场地群体空间形态及空间布局的认知还较薄弱。尤其是在三年级上学期的教学过程中，有相当多的同学在面临这种认知和思维转换挑战时表现出明显的无所适从，茫然不知所措。经过多年的教学探索，逐步总结出一些符合学生认知规律的模块化教学方式，有效帮助学生逐步转换设计思维，构建规划视野和专业自信。

三年级上学期总图设计课程安排包括体量和空间布局训练、场地调研、案例调研及抄绘、总图设计、单体建筑设计等多个模块；各教学模块互相衔接、层层递进，从而帮助学生较为顺利地掌握从单体设计到开发单元总图设计的衔接过渡，有助于学生在此转换过程中设计统筹思维和能力的培养。

三年级下学期综合住区规划设计训练，希望在总图设计训练的基础上，结合人本化视角，理解量大面广的城市住区生成逻辑，并能够从城市视角和特定主题切入，掌握城市住区规划设计的基本能力。课程安排首先以“心目中的家”为主题，对个人家庭住宅进行分析和改造讨论；在此基础上对理想中的住宅单体进行设计；同时基于基地调研和大量案例研究，确定规划设计逻辑和特色定位，结合已完成的单体设计及其他住宅选型，完成整体住区规划或改造设计。

因此在住区规划设计课程中根据学生的认知规律相应设置了自宅改造、小区案例调研及评价、场地调研、强排训练、住宅设计、住区规划等多个教学模块，从微观到宏观、从特色化定位到整体平衡，引导学生快速熟悉教学内容，进入学习状态，同时鼓励学生从高密度、混合、社区等多元化主题视角切入分析和深入思考，进而推动居住单体建筑设计和住区规划的时代性、在地性教学特色。

这些模块可以结合每个具体课题作相对灵活的选用和组合，从而避免了教学环节的千篇一律。未来教学组也将结合教学反馈进一步调整完善教学模块，或者增设新的教学模块，以持续优化教学目标、提升教学效果。

2. 基于深圳特色的多元化教学方法探索

（1）多元化教学团队

三年级规划的教学团队中，既有来自于国内各知名高校的资深教师和青年学者，也有来自国际教育背景的外籍教师。既有利于多元化教学理念的落地，也在具体教学过程中存在不同的差异和碰撞，这种差异和碰撞也推动了三年级教学目标、理念和方法的不断演进和完善，在包容差异化的同时又能够承前启后，满足学院整体教学框架下的共同性、基础性教学目标。

（2）多元化的课题选择

结合深圳发展的多元化课题和基地选择，有助于帮助学生感知城市发展脉搏，理解城市发展新趋势、新理念，逐步建立专业学习的兴趣和自信。

由于深圳城市新开发土地较为稀缺，在基地选址上面临选择机会较少的困难。尽管面临选择难题，教学组仍通过集体讨论、现场调研等方式提前对拟选基地进行深入研讨，并最终集体研究确定合适的基地。更进一步基于教学方法和理念的多元融合考虑，也多次尝试在同一个课程设计中提供多个基地选址供学生和指导老师选择，增加了教学内容、教学方法的多元化探讨，也丰富了教学成果；通过不同选址和不同教学小组的多次公开评图交流，增加学生对同一课题在不同环境和场地背景下规划理念和设计逻辑确立的直观体验和思考认知。

（3）多元化的教学尝试

基于深圳设计之都的城市定位，三年级上学期总图设计也选取了具有深圳产业发展特色的创意产业园区等作为总图设计的主要课题，三年级下学期住区规划设计结合深圳城市发展特色，选择高密度住区规划设计、城中村改造更新、老城区住区更新等特色基地和主题，展开开放性的教学探索。同时由于每个教师的背景、研究方向和理念差异，在三年级教学推进过程中，教学组始终保持开放性的心态，及时听取各方意见、建议，对教学流程和教学方法进行持续性的调整和优化，鼓励并包容每个教学小组的多元化教学探索。在每个具体课题教学中也充分鼓励教师基于研究兴趣和设计主题引导学生的研究性设计，也鼓励学生开放视野、大胆创新，进行多元化的规划设计探索。

3. 激发师生互动的互融性教学组织

对于学生而言，在三年级有限的教学过程中，如何最大限度地汲取专业营养，完成专业兴趣蜕变，整个教学团队多元化教学方法中隐含的教学理念互融互通至关重要。这种互融互通既保证了教学主旨和目标的一致性，也使学生有机会了解甚至参与不同教学理念的碰撞和激发，推动学生专业思维和认知的快速进化。这种教学理念的互融主要体现在以下几个方面。

（1）横向与纵向机制的互融

横向与纵向教学框架联动，教学内容、教学主题、教学方法在整体教学框架下求同存异，小组讨论和纵向交流推动不同教学理念的相互激发与融合。

（2）教学小组之间的互融

在纵向组内部以小组为教学单位，在教学过程中鼓励同学们进行以小组为单位的团队合作，也鼓励不同老师的教学小组适时性地进行纵向组联合教学，有序组织纵向组内的模块单元教学总结汇报，纵向组之间的场地调研汇报、中期评图、终期评图等。多种形式的组间交流和互动，促进了不同小组间教学理念和成果的交流和磨合，既有利于多元化教学方法和成果的即时性交流和相互激发，也有利于形成对教学课程设计的良好和持续反馈。

（3）强化组内教学过程中的交流互动

鼓励小组内不同教学环节的共同讨论和互动，尤其是在场地调研模块讨论和规划设计概念形成等环节，激发学生之间多维视角和思维的碰撞，形成组内良好的学习氛围。

四、代表性教学实践

1. 总图设计

（1）总图设计训练

总图设计教学中尝试构建以下6个模块：体量和空间布局训练模块、场地调研模块、案例调研及抄绘模块、总图设计模块、单体建筑设计模块、快题设计模块。2016年三年级上学期的教学首先开展体量和空间布局训练模块，让学生在理想地块内了解建筑体量布局与用地强度的关系。2017年后的总图设计将这一模块并入总图设计环节，更注重基于场地现状的体量与空间布局训练，各模块内容如下。

模块一：场地调研模块（1～2周）

三年级上学期的场地调研是学生第一次进行完整的场地调研实践。通过分组讨论和实地踏勘，帮助学生强化对场地及周边城市环境的理解，并通过小组讨论和老师辅导确立调研内容和框架，分组合作完成调研及调研成果制作。通过该模块训练，帮助学生理解和认知场地，初步建立城市视角和场地概念，为下一步规划设计提供解决问题的线索和解题思路。

模块二：案例调研及抄绘模块（1～2周）

在三年级上学期进行较大尺度的总图设计实践之前，学生还是有点茫然不知所措。此模块鼓励学生独立收集案例资料、总图设计相关规范和知识点，并通过小组讨论、教师点评等方式对案例进行研讨、总结，有条件的案例可进行实地调研，加深学生的认知和体会。同时，选择表达较为完整的总图设计平面图，要求学生进行抄绘，将案例学习和知识点掌握融入案例抄绘当中。此模块帮助学生进一步掌握类似尺度和功能的总图设计案例的设计思路、解题策略和表达方法，从而帮助学生顺利进入总图设计模块。

模块三：总图设计模块（6～8周）

此模块是三年级上学期的核心教学环节，基于课题特征和教师导向，鼓励多元化探索，也有意识地设置若干主题方向，鼓励学生作专题性的深入探讨和独创性的解题思路，在此基础上独立完成完整的总图设计成果。该模块帮助学生完成总图设计的完整实践，通过中期评图和总图设计阶段评图，强化总图设计训练的交流和互动。

模块四：单体建筑设计模块（4周）

在总图设计方案基础上，选择典型建筑或公共配套建筑（产业服务中心等）作建筑单体设计训练。重点训练目标在于总图设计思路的延续和深化，单体建筑内部空间、功能、流线及室内外空间关系等方面的探讨，建筑形态、体量和材料等的推敲，室内外重要空间节点、场景的细化设计及场景塑造等。这个模块对于一个完整的建筑设计训练而言，时间较为紧凑，因而在训练重点和成果表达上也有所取舍，并且强化单体建筑设计与总图设计环节的渗透和相互支撑。

模块五：快题设计模块（4周）

为培养规划系学生能理解设计关键内容、掌握快速设计的技巧，本课程在2019年的最后4个教学周设立了快题设计模块。学生在前5个模块的作业基础上已形成总图和建筑单体的设计概念，在快题设计中注重建筑单体的尺度、空间特色、风格的把握。最后四周内，每周在固定时间内让学生做一次快题设计作业，作业完成后教师对设计要点内容和设计效果进行点评。学生快题设计时间从最初的8小时缩短到后来的4小时，肯定了快题训练的价值和作用。

（2）总图设计基地选址

三年级上学期总图设计在确立将产业园区规划设计作为课程选题后，非常注重总图设计与周边环境和城市现状特点的衔接。教学组尽可能在深圳市内选取3～5hm^{2}的基地，且倾向于选择不同产业类型、不同城市环境及建设特点的地段，目的在于训练学生对多种区位、多种城市产业、自然、人文环境的分析与理解。

伴随着深圳的存量用地开发进程，课程选地也从早期的白地规划逐渐转向为对产业园区的升级改造。总图设计的选题有新建类产业园区和更新类产业园区两种基本类型。前者主要集中在2016～2017年的作业选题中，是完整的成片空地，学生只需在规划用地红线内完成设计任务。后者集中在2018年以后的选题中，教学组制定了首先从更大范围（10～36hm^2）进行场地调研、再让学生从中自由选取3～5hm^{2}地块进行总图设计和单体设计的设计任务。2018年以后的尝试，一方面是出于存量用地有限的限制，另一方面是希望锻炼学生从更大范围上对更新用地升级改造的策略思维能力，为总图设计教学提供新思路与更多的可能性。但作业成果显示出学生面临挑战大，难以从二年级的小尺度单体一下迈步到对十几公顷的用地分析（表3-1和图3-2）。

2016～2021年总图设计选题列表　　表3-1

学期	选题名称	用地规模	类型
2016～2017年上学期	马家龙产业园规划	4.8hm^2	新建类
2017～2018年上学期	高新产业园北创意产业园规划设计	3.8hm^2	新建类
2018～2019年上学期	前海创意产业园规划	3.5hm^2	新建类
2019～2020年上学期	大浪时尚小镇规划	研究范围20hm^2，用地范围5hm^2，2个供选用地	更新类
2020～2021年上学期	蛇口老街片区规划	研究范围36hm^2，用地范围6hm^2，2个供选用地	更新类

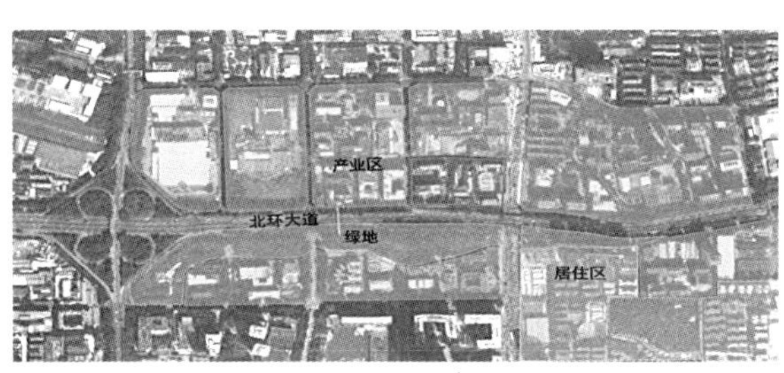

2016～2017年

2017～2018年

2018～2019年

2020～2021年

图3-2　2016～2021年总图设计用地选取（部分）

（3）总图设计举例

案例一

新建类产业园区—以前海创意产业园规划为例（2017～2018年）

选题介绍

深圳前海综合规划十开发单元位于前海深港现代服务业合作区的地理区位中心地段。东邻后海片区，南望南山，西临沿海湾，与大铲港相对，是前海重要的文化、金融与科技片区。本项目选址于该片区十开发单元，其所在区域北临沿江高速，南临前海四路（城市主干道），西临听海大道，东侧绿轴临梦海大道（城市主干道）。

项目基地西临听海大道（城市次干道），北、南、东侧皆毗邻支路，占地面积约为35400m²，用地为M0（新型产业用地），用地范围详附图。基地周边现有教育、医疗卫生、文娱、社区管理及法律服务等公共服务设施，另有一污水处理厂（原南山水质净化厂）位于基地东侧，其改造方案已完成设计方案国际招标。

本项目的主要开发功能拟包括：1）创意产业办公研发用房；2）配套公寓等居住设施；3）创意产业服务中心；4）综合商业配套；5）按照国家及深圳市相关规定需配置的其他社区公共配套设施。

模块1：场地调研

调研阶段，一方面引导学生进行上位规划资料解读、分析周边交通、环境资源与场地潜力，提出创意产业园区发展定位。另一方面带领学生到现场感受基地的自然、交通、建筑环境（图3-3），指导其从场地研判的视角分析场地问题。鼓励学生对城市产业发展多元化理解，明确规划调研方法与调研步骤并形成小组调研报告（图3-4）。

图3-3　场地调研照片

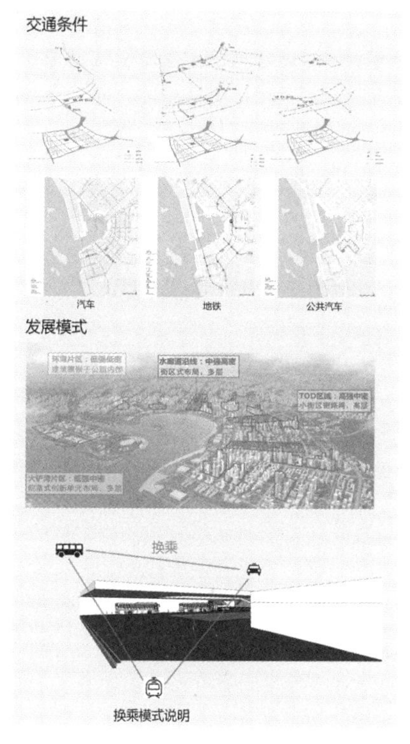

图3-4　场地调研作业成果（学生：赵祥峰）

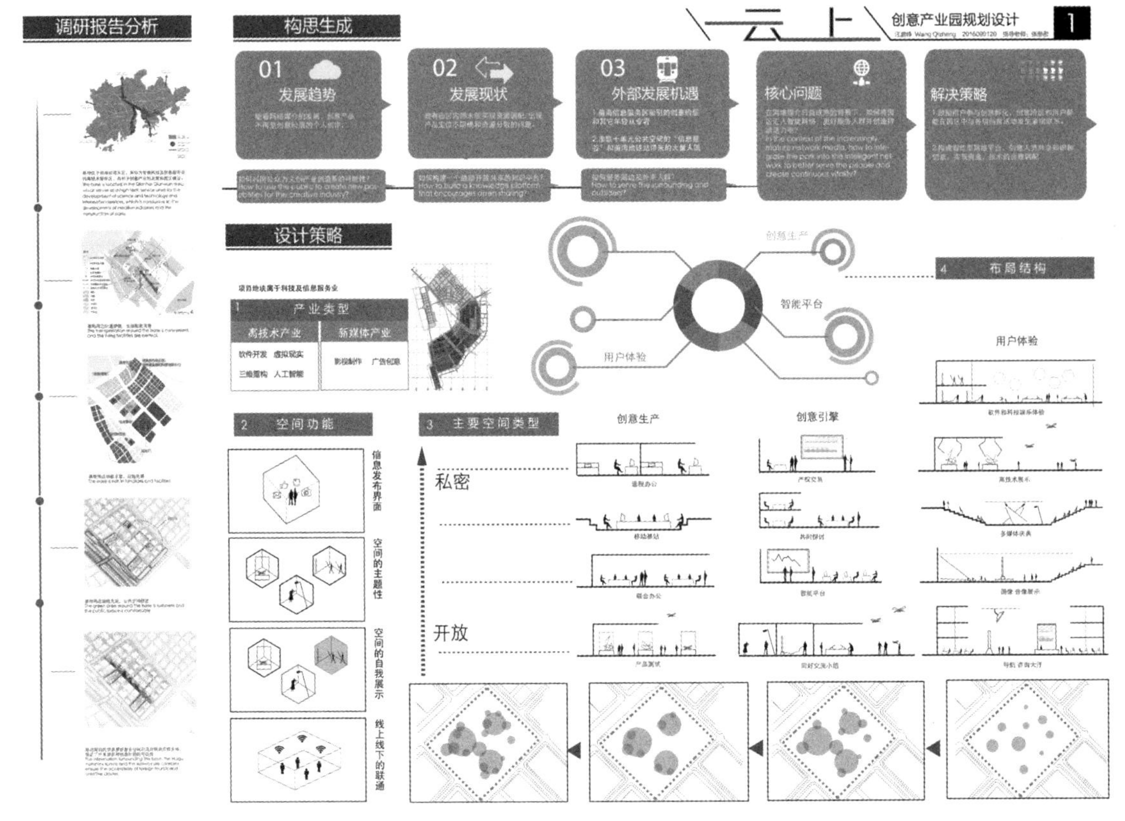

图3-5 场地调研作业成果（学生：汪启峥）

同学有的从区域特色中挖掘基地潜力，关注产业模式。部分作业提出网络媒介和新媒体产业链条（图3-5）。

模块2：总图抄绘

为让同学们理解总图设计要素与总图设计内容，布置作业进行产业园区规划图纸抄绘。着重训练学生理解建筑群体的空间结构、交通流线、公共空间节点、形态与密度指标等内容，同时强化学生对车行道、人行道、场地布局的画法和内容的理解。

模块3：总图设计

用地红线内为全新规划用地。学生作业中出现以建筑联合体或建筑组团进行创意产业园设计的两种形式。总图设计中强调从设计概念出发的建筑群体意象塑造、公共空间流线及其对建筑群体空间的连接作用（图3-6和图3-7）。

方案比选与布局：从建筑群体空间布局与容积率的关系进行用地强度排布训练和体块推敲，结合对场地环境的多因素理解，比选出待深化的平面布局（图3-8～图3-13）。

方案生成：从自然环境、交通关系、产业链条等方面构建建筑群体空间特色，形成初步设计概念，规划交通系统、公共空间节点与景观系统、功能布局。在已确定方向的方案基础上，细化建筑群外部环境的空间特色。学生作业中出现“峡谷、绿谷、空中飞廊”等不同想法。教师在此阶段帮助引导其把握形态密度、空间尺度与空间主题关系。

方案深化：在方案概念基础上进行公共空间与建筑群体关系进一步深化，实现建筑群体、建筑综合体的室外空间特色营造。在深圳高密度环境中，

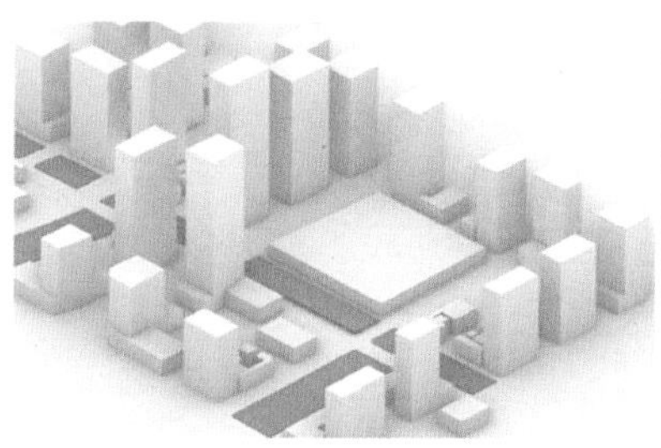

用地红线

容积率2.0的需求，平均高度为12m（三层）

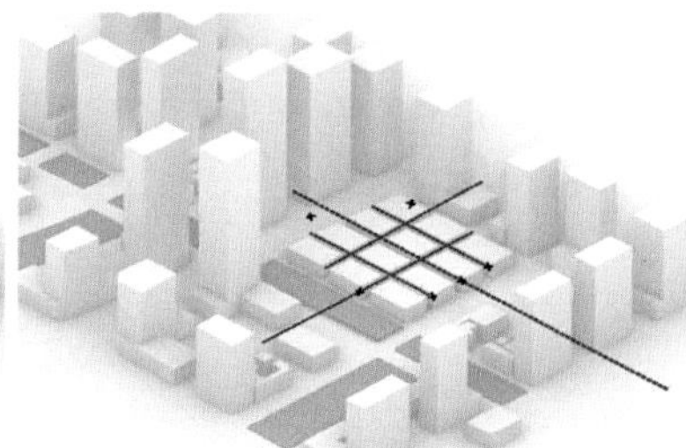

街区尺度

结合城市肌理分割体块，形成宜人尺度的城市街区道路与建筑高度比为1：1

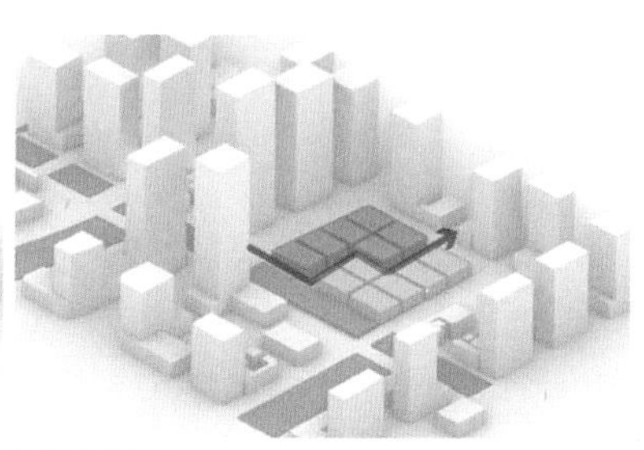

快街区与慢街区

以一条主街道缓冲快生活街区与慢生活街区，同时沿街商业吸引大量人流，为街区注入活力

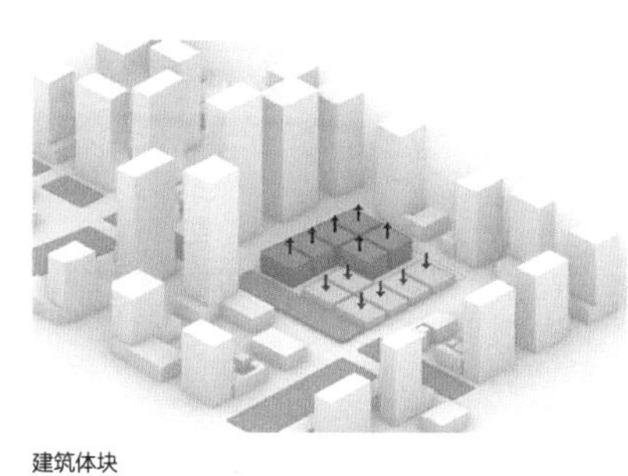

建筑体块

慢生活街区体块降低，与城市公共空间呼应，满足1：1的街区尺度，快街区抬高体块，满足高效紧凑的研发办公需求

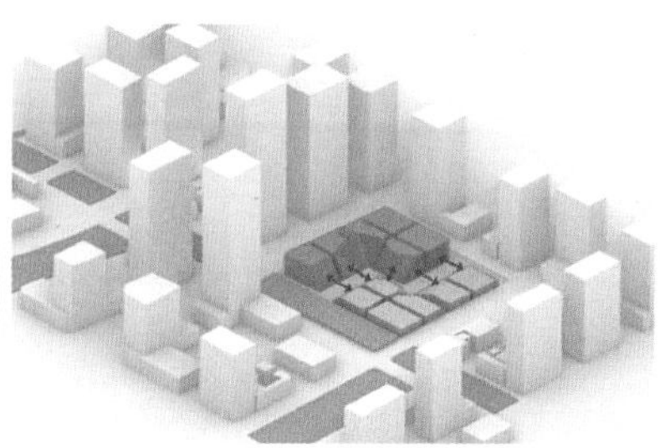

外向的空间

满足城市肌理的前提下，通过向上斜切创造出开放外向的空间

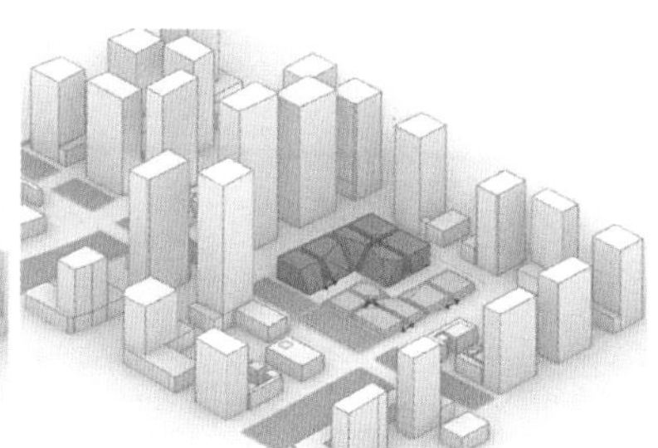

内向庭院

满足城市肌理的前提下，通过向上斜切创造出开放外向的空间

图3-6　总图设计作业成果（学生：陈嫃）

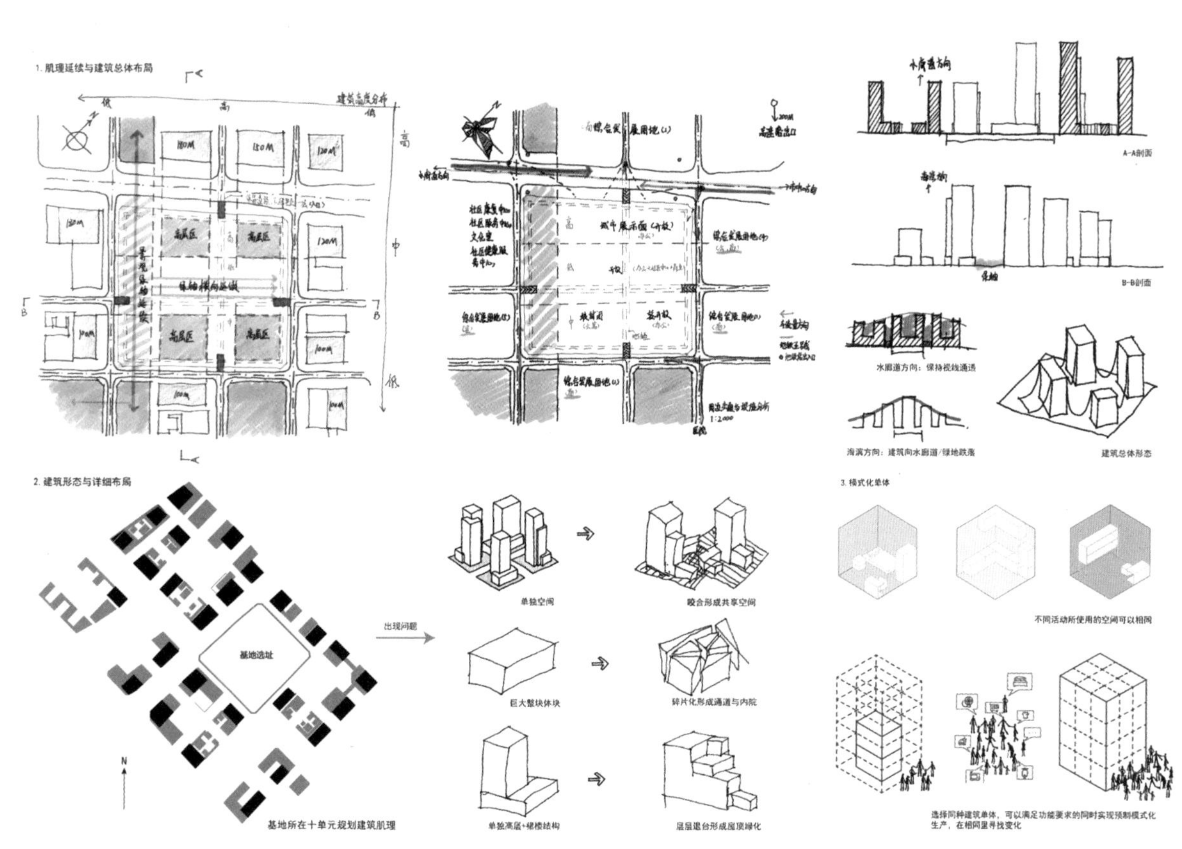

图3-7　总图设计作业成果（学生：陈淑婉）

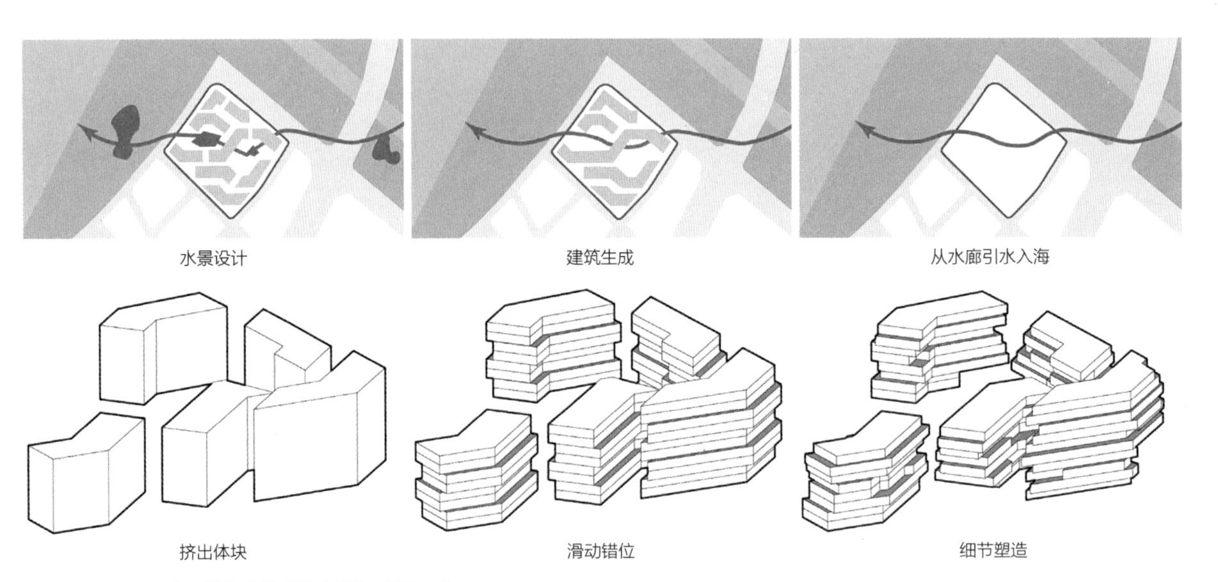

图3-8　方案比选作业成果（学生：马志杰）

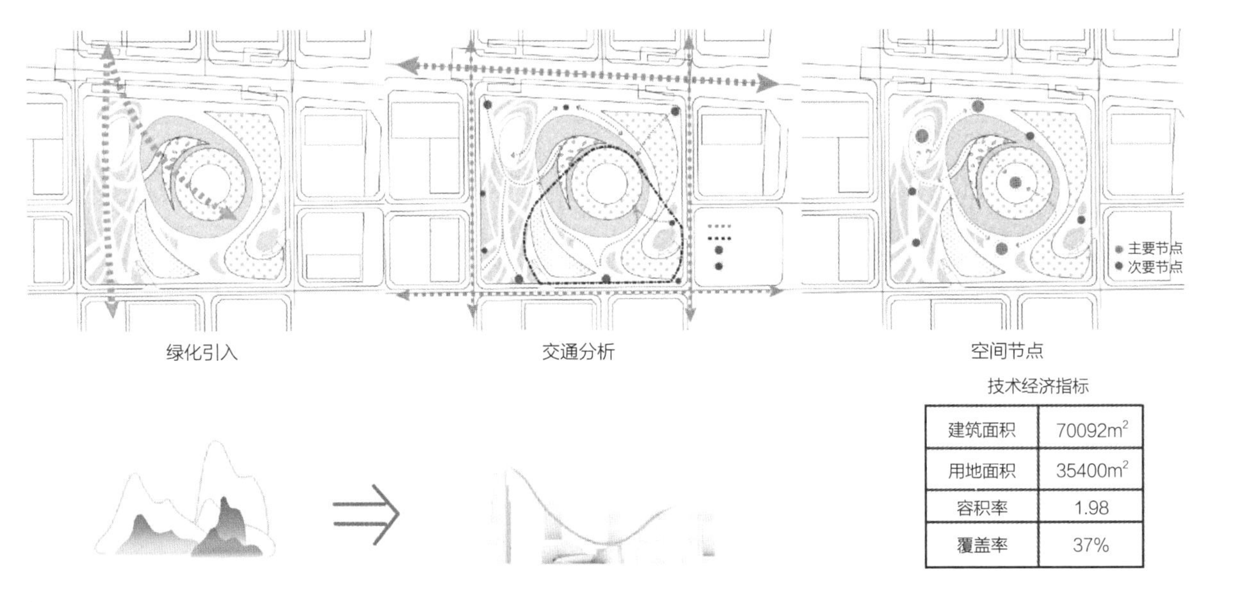

技术经济指标

建筑面积	70092m^2
用地面积	35400m^2
容积率	1.98
覆盖率	37%

建筑高度生成逻辑

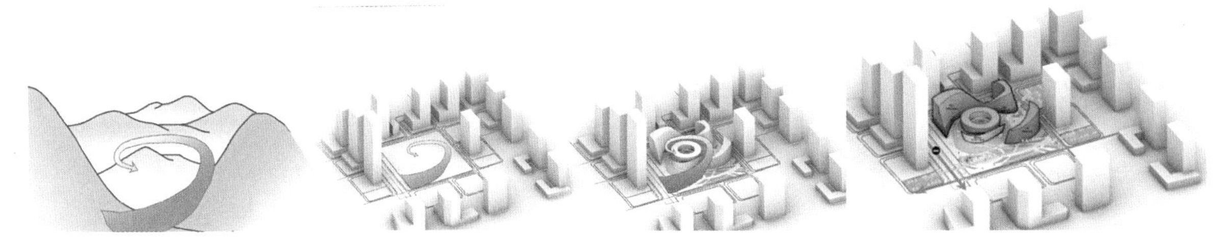

图3-9　方案比选作业成果（学生：林新彭）

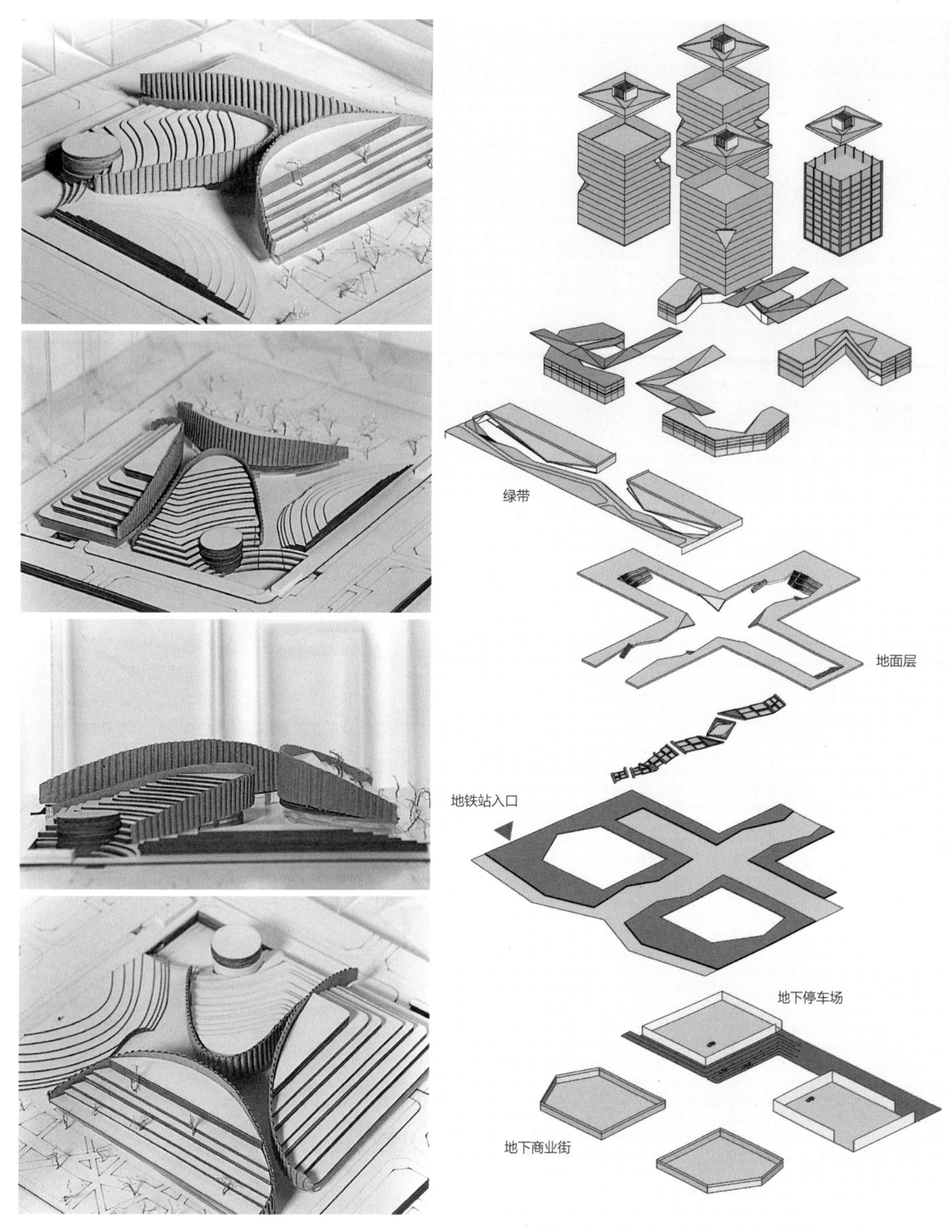

图3-10　方案比选作业成果（学生：黄琦淇、赵祥峰）

图3-11　方案比选作业成果（学生：陈淑婉）

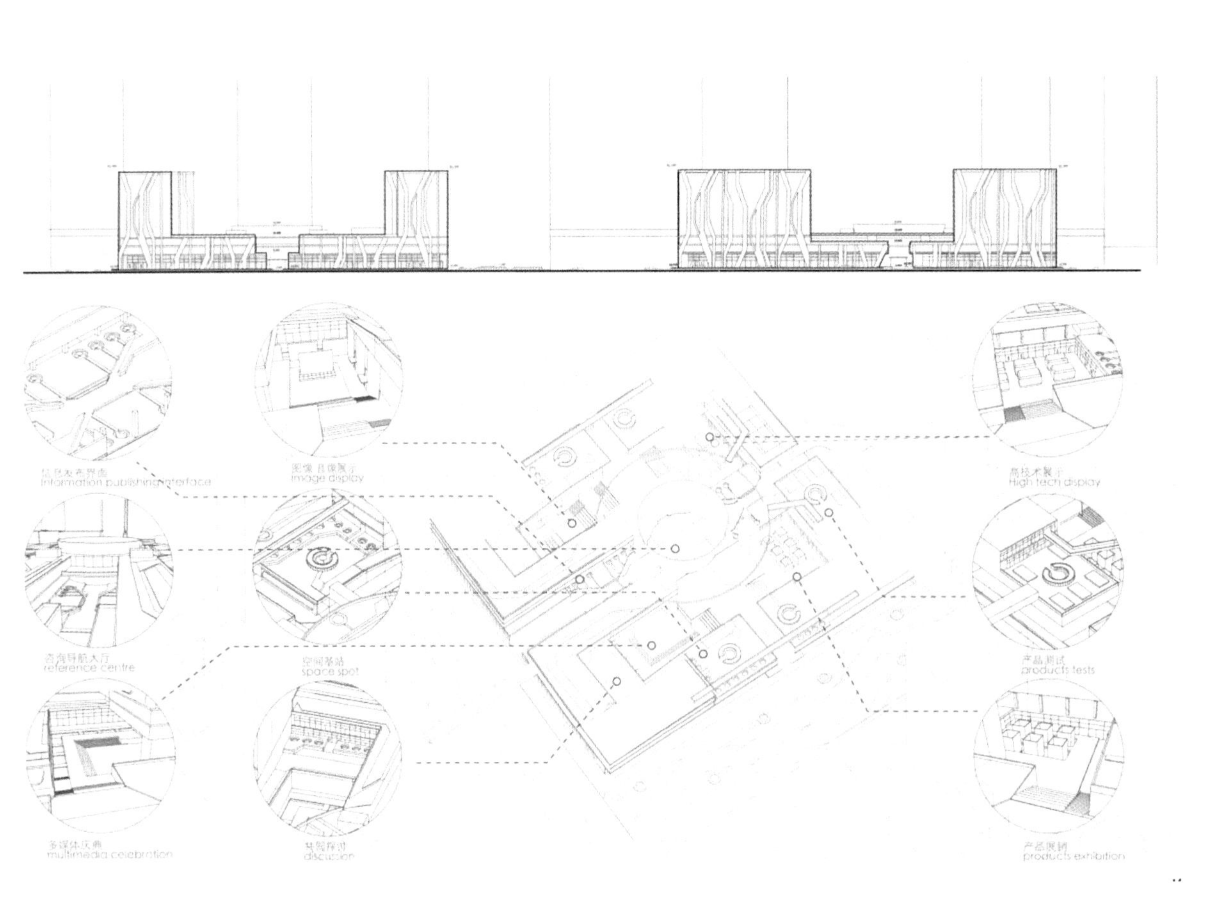

图3-12　方案比选作业（学生：黄峻、赵祥峰、黄琦淇、汪启峥）

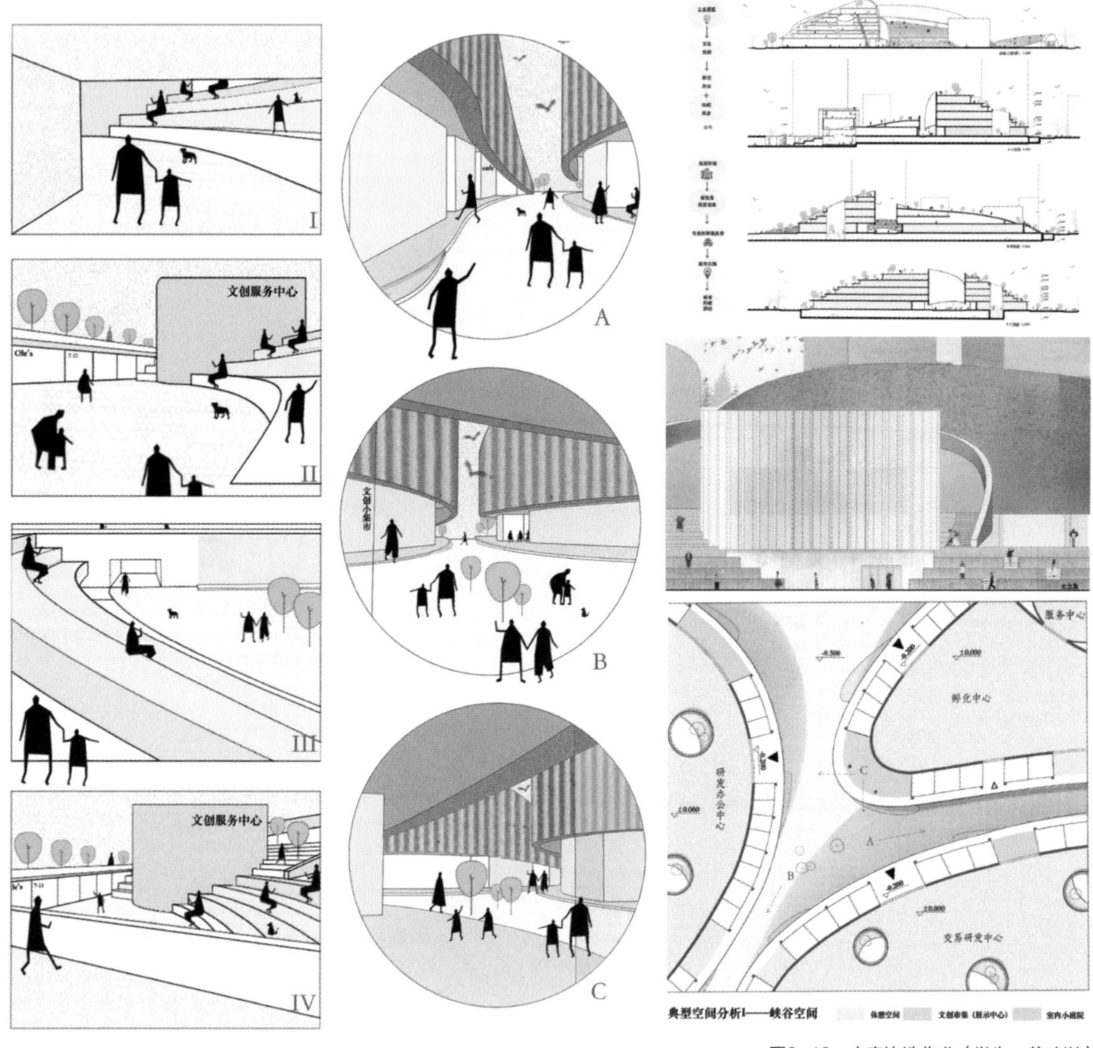

图3-13　方案比选作业（学生：黄琦淇）

教师引导学生注重建筑裙房、高层以及其与竖向上水平连廊的空间连接关系与分层关系。同时鼓励利用手工模型、电脑模型推敲不同高度视角下的建筑室外空间特点，注重外部空间尺度的适宜性，开始对外部空间形态、室外环境要素等细节内容的深入设计与推敲。

总图绘制：强调对设计概念的合理表达和对总平面图要素的正确绘制。技术内容具体包括：场地主入口、建筑入口、交通关系；广场、绿化节点、屋顶平面的概念表现；对建筑高度和场地高度的正确表达；场地剖面关系的精彩呈现（图3-14、图3-15）。

模块4：单体建筑设计

在总图布局中，选取产业服务中心进行单体设计。强调单体建筑从室内到室外，从室外到整体环境的空间联系。教学组引导学生在单体建筑中延续总体空间概念，以及如何通过建筑形态与空间设计塑造场地的标志性节点（图3-16～图3-19）。

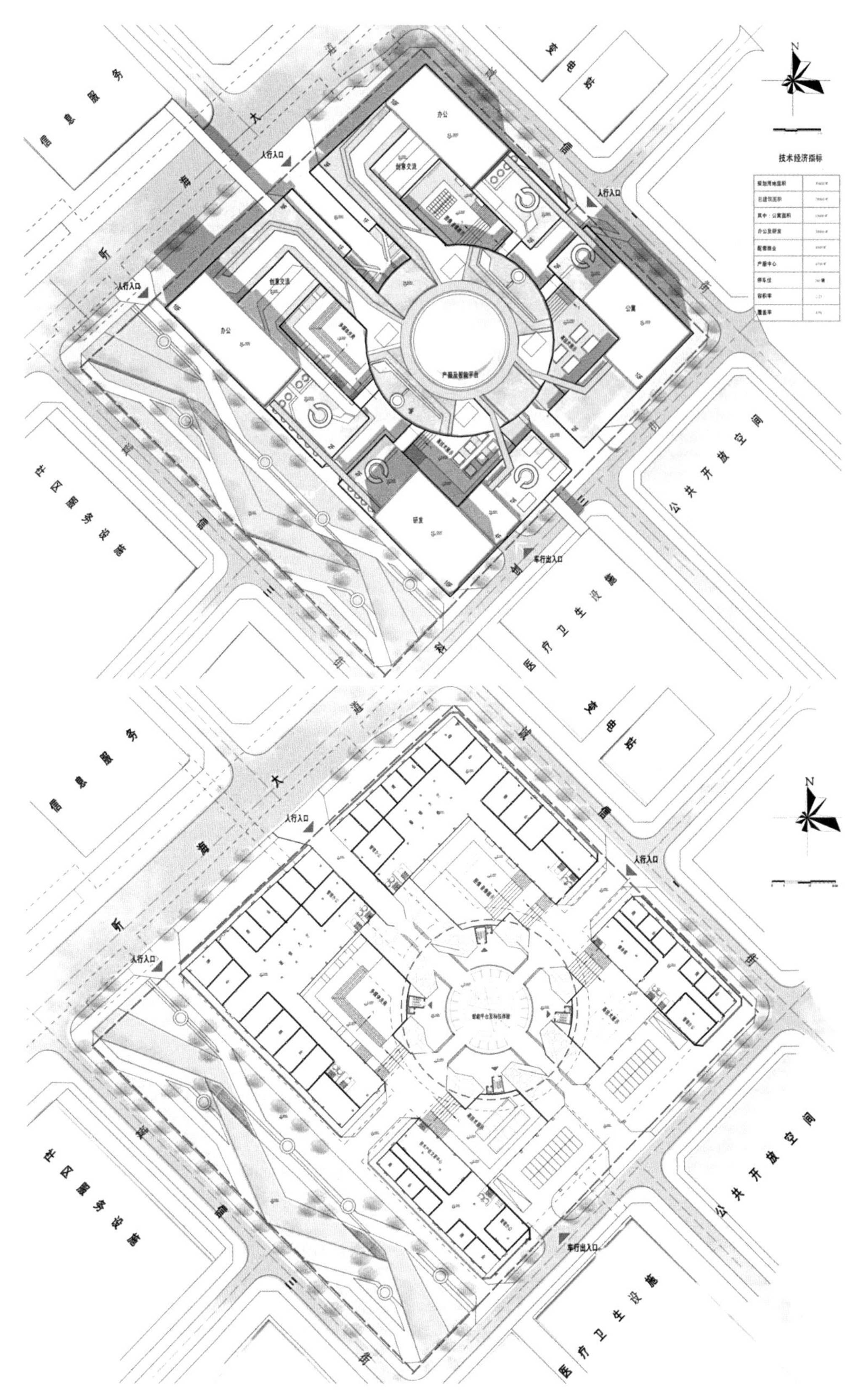

图3-14 总图设计作业（学生：汪启峥）

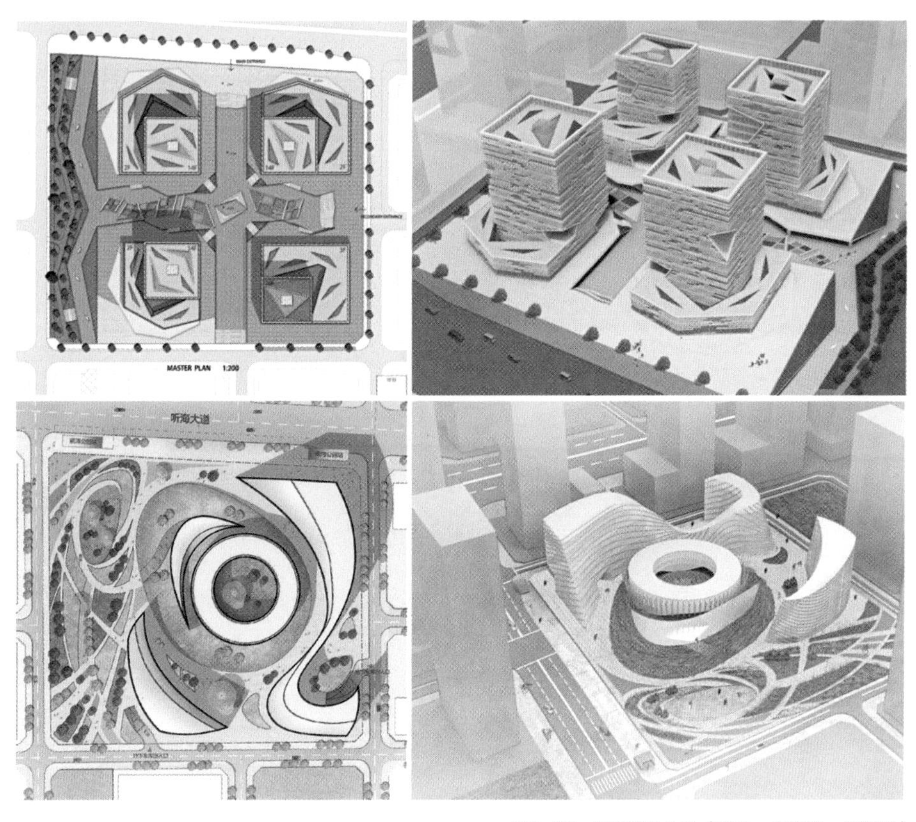

图3-15 总图设计作业（学生：赵祥峰、林新彭）

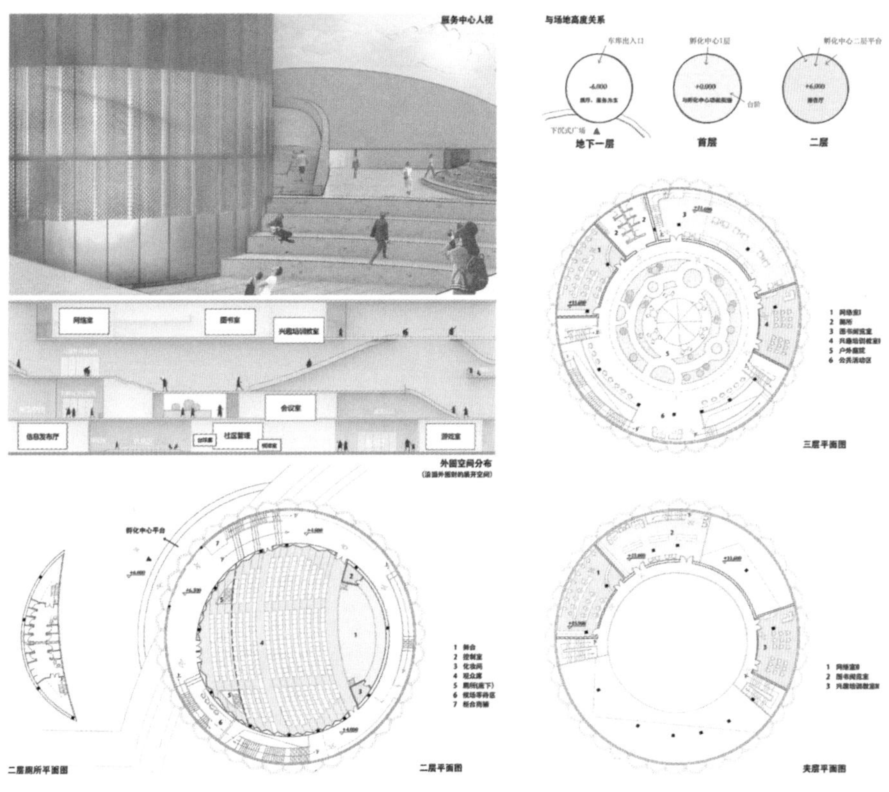

图3-16 单体建筑设计作业（学生：黄琦淇）

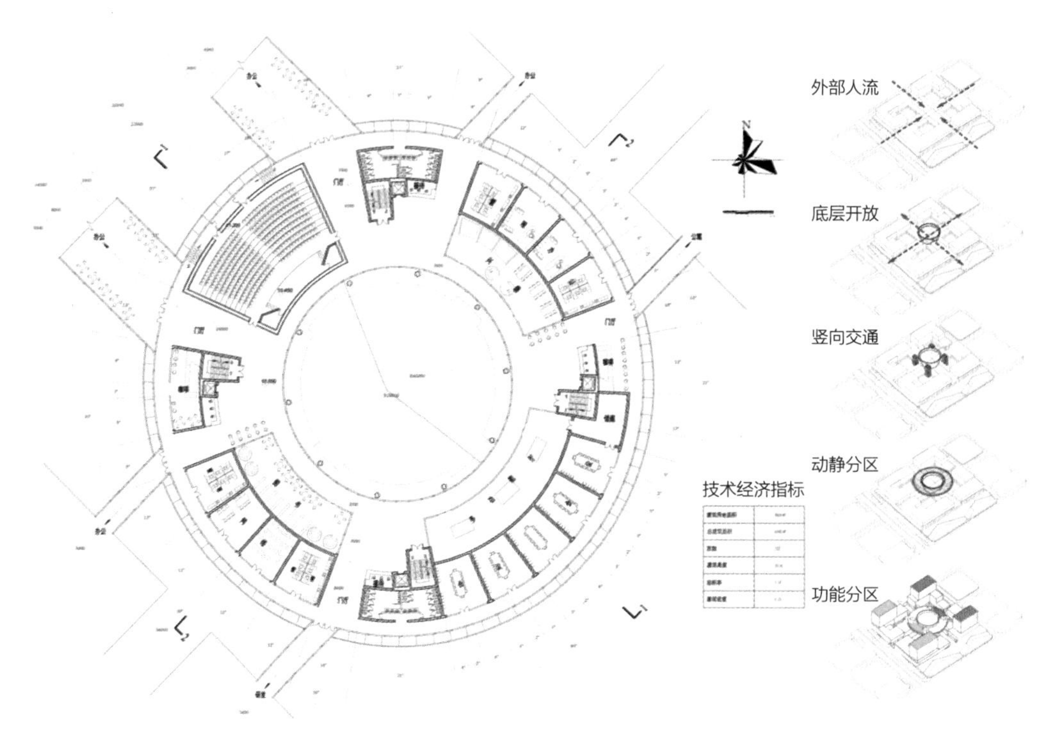

图3-17　单体建筑设计作业（学生：汪启峥）

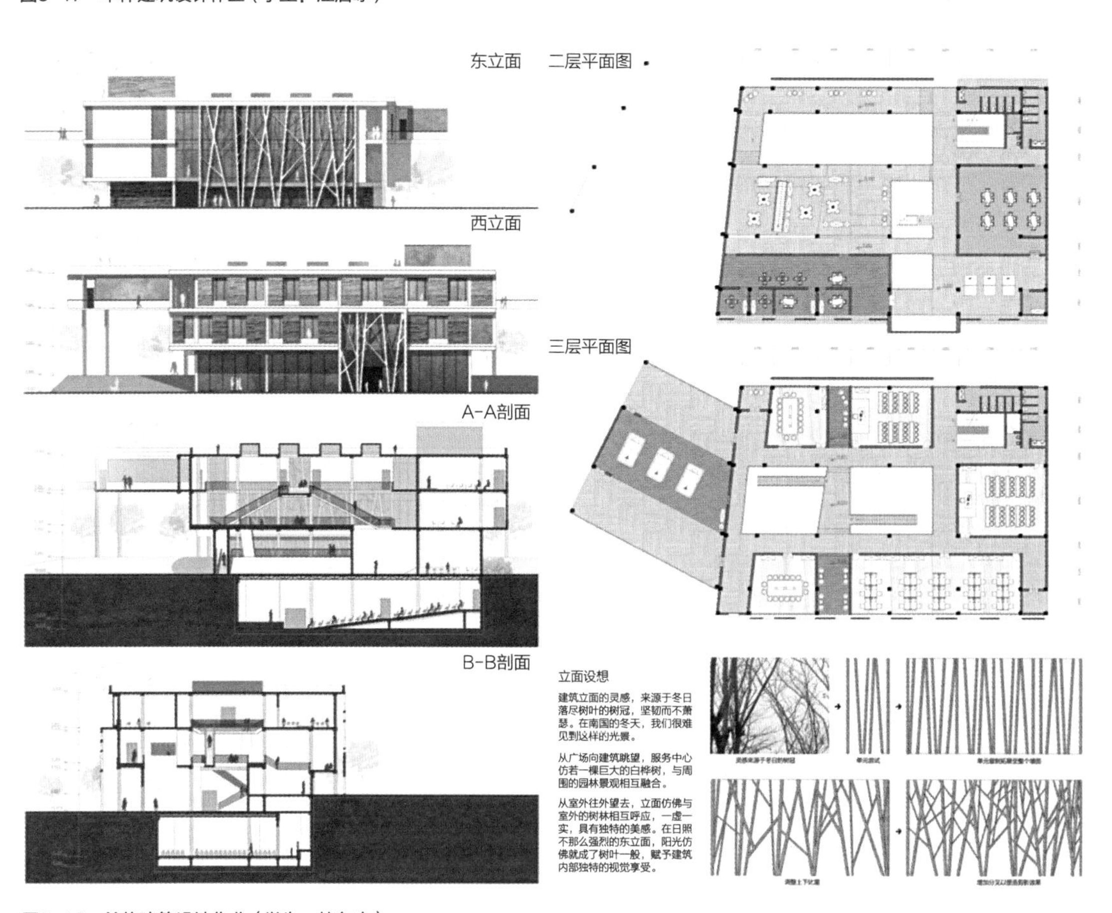

图3-18　单体建筑设计作业（学生：林东方）

图3-19　单体建筑设计作业（学生：黄峻）

案例二

更新类产业园区–以大浪时尚小镇规划为例（2018～2019年）

选题介绍

大浪时尚小镇位于深圳市龙华区大浪街道西北部大浪石凹片区，总面积1197hm^2，核心区面积379hm^2，是2017年深圳市申报省级特色小镇创建工作示范点中唯一入选的单位，深圳市欲将其打造成时尚产业总部集聚区和时尚创意人才集聚区，以及具有国际影响力的时尚创新中心、时尚发布中心、时尚消费中心。

2000年左右，深圳市政府选址在关外1.46km^{2}土地集中建设服装产业集聚基地。2012年，龙华新区成立后大力推动传统产业转型，浪荣路以东形成主要路网格局。2017年，大浪时尚创意小镇基本成型，在未来深圳时尚产业格局中，大浪时尚创意小镇将承担产、学、研、销、购、展、游于一体的设计研发与生产职责，年产值预计超过500亿元。2019年，在城市设计方案中，大浪时尚小镇被划分为6个功能区：时尚制造区、时尚总部集聚区、时尚之心、时尚教育片区、原创设计师孵化区、时尚潮流区。

课程基地选址位于大浪时尚小镇东北部，约50000m^2，基地处于大浪城市更新地段，现在为M1传统工业用地。基地周边自然环境丰富，西侧紧邻新岭路，北部环绕九龙山，北侧有石凹水库和茜坑水库（为一级水源保护区），南侧有浪绿道通向九龙山。

模块1：场地调研

本作业为对存量用地的更新改造，更加注重对场地现状环境特征与更新问题的发掘。基地面临大浪时尚小镇从服装制造业向时尚产业全链条的转型发展。设计任务中有两块备选用地，通过学生调研、对比两块用地的环境资源、交通系统，加深对场地信息的了解与认知。

前期调研以3～4人成组，调研内容侧重两个层面：一个是上位规划和方案定位，另一个是场地现状特征与问题，如区位条件、道路系统、地块肌理、建筑类型等现状信息。调研中关注专题引导和场地问题研判，如产业政策、传统排屋与历史风貌、公共空间、植被绿化、配套设施等。鼓励学生在调研末期提出包含建筑、景观、公共空间的结构设计概念与策略。此环节（4周）以调研报告作为成果要求。

相较于新建类用地，改建类产业园区规划设计的前期调研更加注重对基地的现有条件分析，如道路交通现状、周边产业带辐射、主要人流方向等问题（图3-20）。

前期调研鼓励学生对现场肌理特征、现状建筑类型、形式尺度的特色挖掘（图3-21）。

鼓励学生以新数据、可视化的方式清晰呈现调研结果。通过对城市型和自然型基地的环境比选，锻炼学生对基地综合条件的分析能力，同时加强学生对基地条件的认识理解（图3-22、图3-23）。

模块2：案例调研与抄绘

学生结合基地情况，根据个人兴趣点，选取与设计任务规模相近或设计概念相关的案例进行深入解读与概念方案研究，且内容不限。学生搜集的案例包含产业策略、空间特性、产业园布局多个方面。自2018年，教学组单独设立“场地与总图设计”理论课程。总图设计配合该理论课程，要求学生同期手头抄绘案例的总平面图，深入理解方案的空间结构系统，如交通系统、公共空间系统等。学生在场地调研的同时，研究相关案例的建筑组团布局与功能排布的技巧。

模块3：总图设计

根据已开展的调研问题和前期分析，训练学生基于场地现状和未来策略提出的产业园区空间策略。在初步概念、中期评图中一方面强调尊重场地现有肌理与周边环境特色，另一方面关注设计中的组团布局、功能需求、交通流线、空间特色、总体布局等内容，同时强调对容积率控制与空间形态关系的思考。方案深化阶段，强调对公共空间的场所营造、轴线秩序、建筑群体形态细化等内容。出图阶段强调正确表达场地关系、合理绘制图纸（图3-24～图3-26）。

在城市型环境用地中，学生从办公模式、空间需求出发，定义改造后基地内的建筑肌理与组团尺度。首先确定方块式院落组团，同时进行大、小公

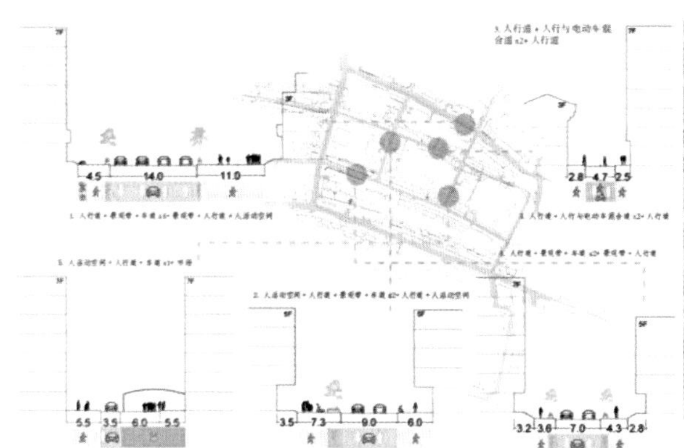

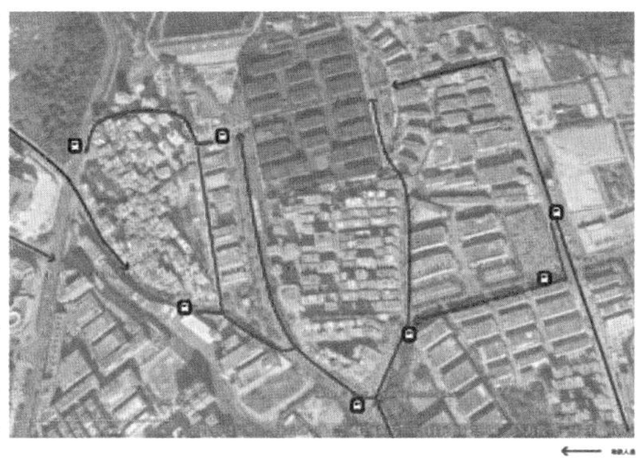

图3-20　道路断面分析、人流车流方向分析（2017级学生作业）

图3-21　街道立面、排屋肌理与场地剖面（学生：冯宇峰等）

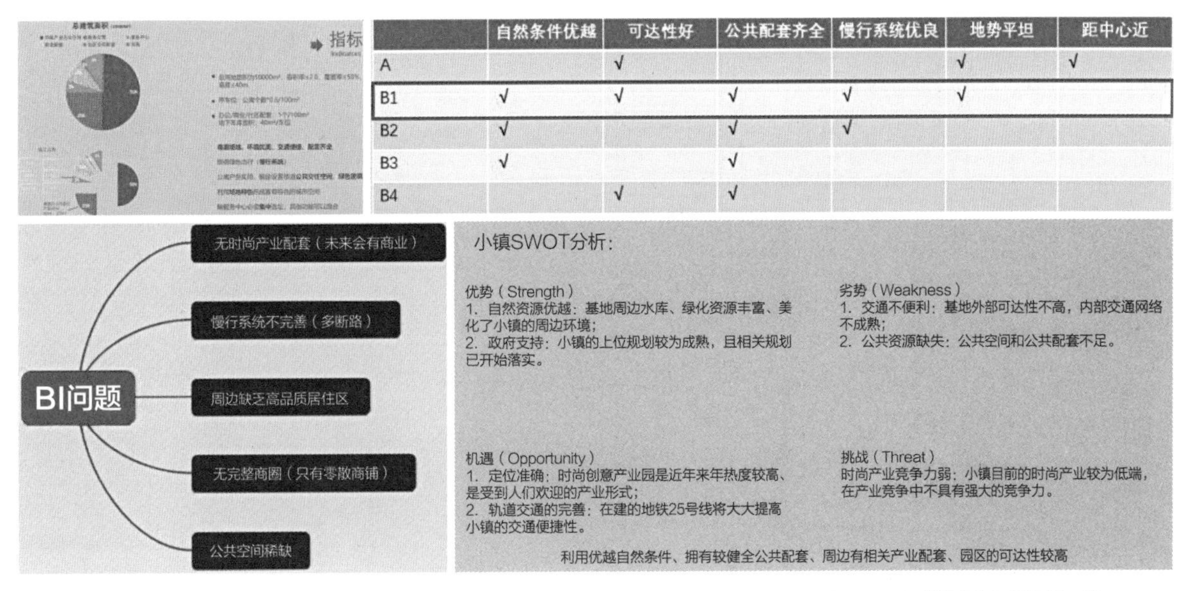

	自然条件优越	可达性好	公共配套齐全	慢行系统优良	地势平坦	距中心近
A		√			√	√
B1	√	√	√	√	√	
B2	√		√	√		
B3	√		√			
B4		√	√			

图3-22　场地比选与场地问题研判

现状

基地区位

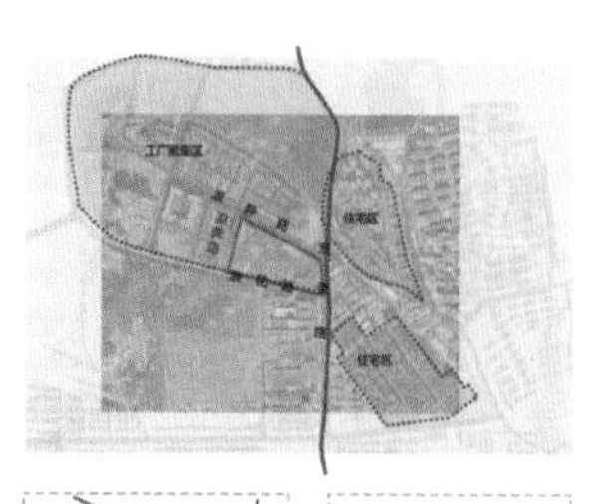

地块肌理

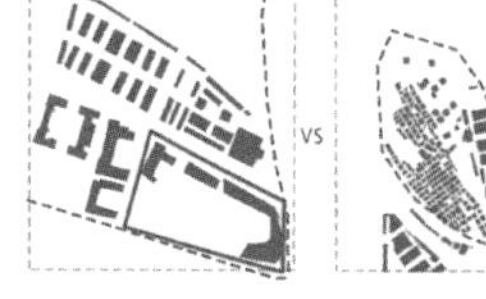

地块氛围

对比总结　大工厂空间的冷清 VS 街道市井空间的热闹

未来

基地区位

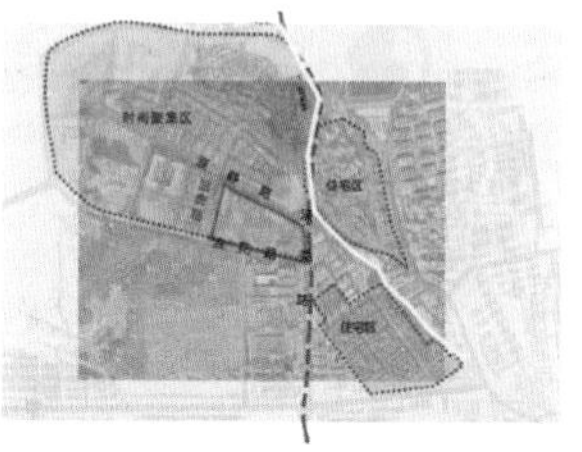

地块肌理

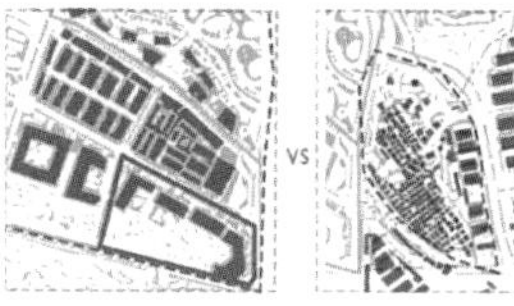

地块氛围

对比总结　规划步行街空间的热闹 VS 街道公园空间的热闹

结构

	工厂聚集区	基地	生活住宅区
生活节奏	节奏快	→	节奏慢
空间性质	公共	→	私密
城市肌理	规整	→	杂乱
空间联系	串联	→	独立

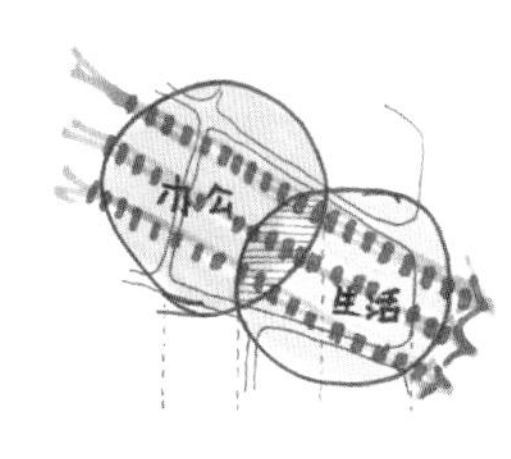

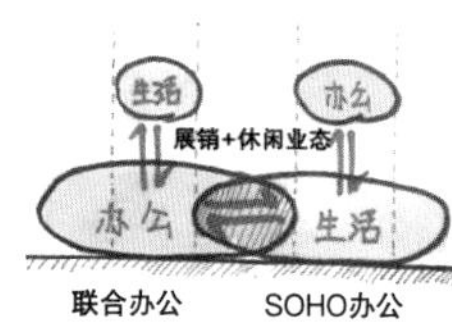

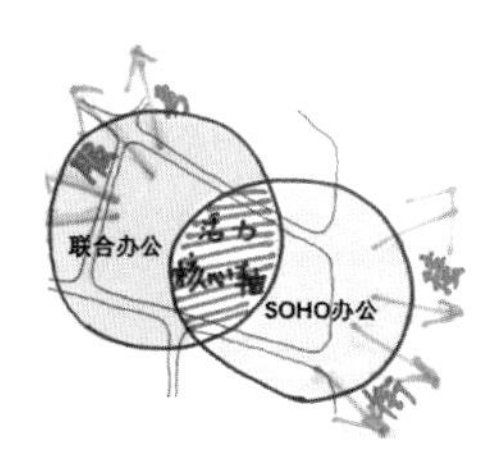

深化结构

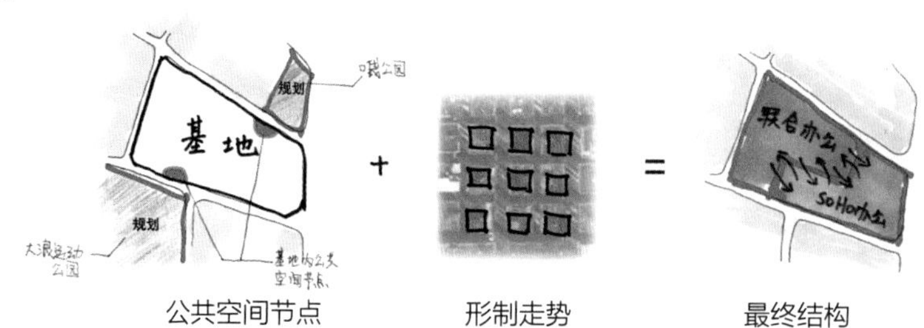

图3-23　场地研判辅助设计思路生成作业（学生：黄颖欢）

策略

	联合办公空间	SOHO办公空间	大公共空间—广场	小公共空间—展销
功能需求	 需要大而整的共享办公空间	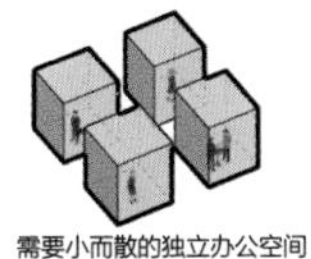 需要小而散的独立办公空间	 大型休闲/展销广场，形成公共空间节点超时接城市各个系统	 小型空间在步行街中起到展销和景观作用
抽取原型	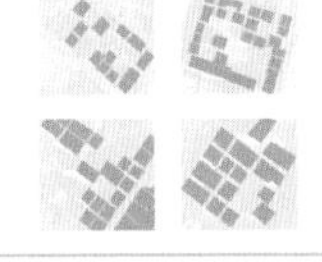	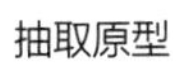	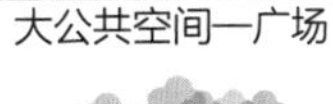	
特点现状	潜能——组团围合中间产生的空间 不足——组团过于分散且体量小	潜能——空间相对隐私，生活化 不足——房屋间距造成的采光问题 没有集中的公共空间	潜能——榕树与广场的结合起到了聚焦作用 不足——同一高度下的马路和榕树空间混乱	潜能——商业长廊可以将宽的街道空间分割 绿化空间可以有效隔离街道空间 不足——商业长廊形态较为生硬
提炼转译	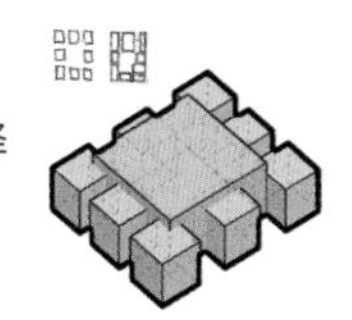	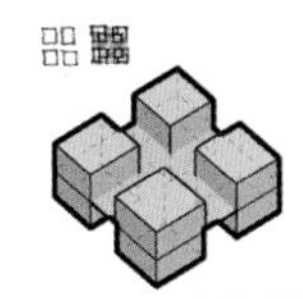	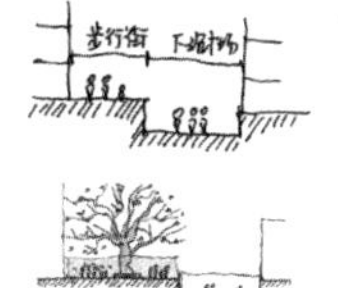	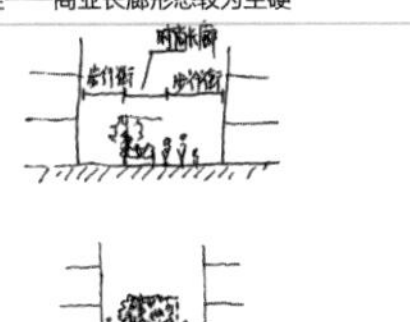

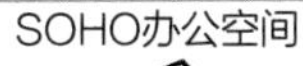

方案生成

+

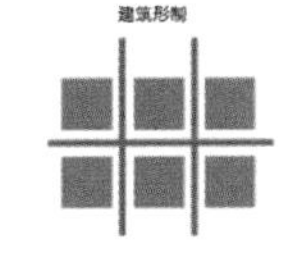

→

→

→

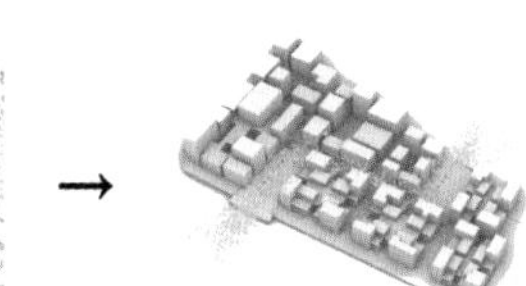

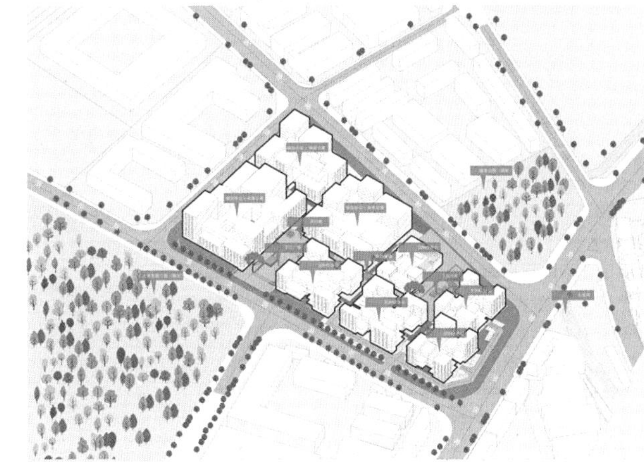

图3-24　总图设计作业（学生：黄颖欢）

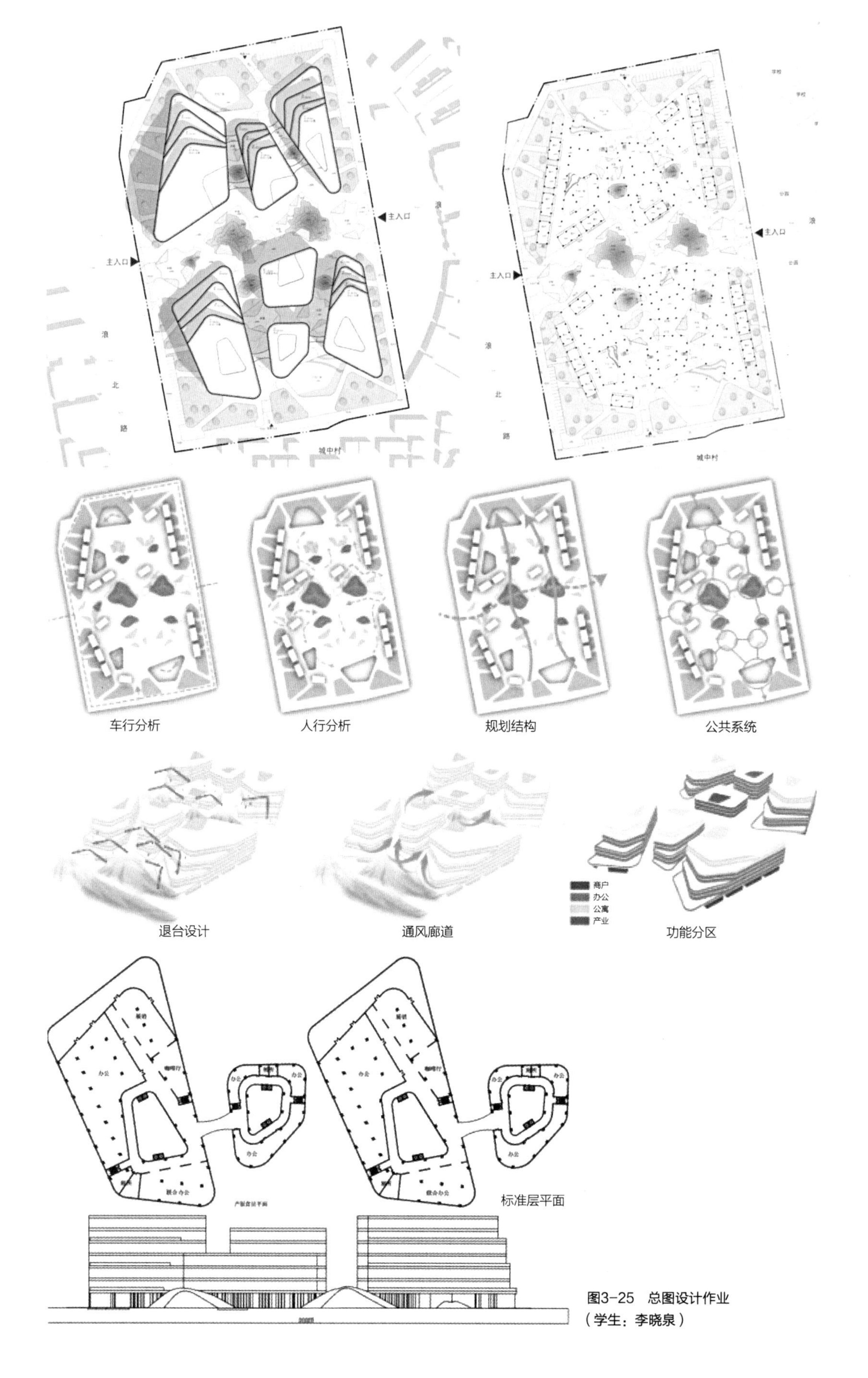

图3-25　总图设计作业
（学生：李晓泉）

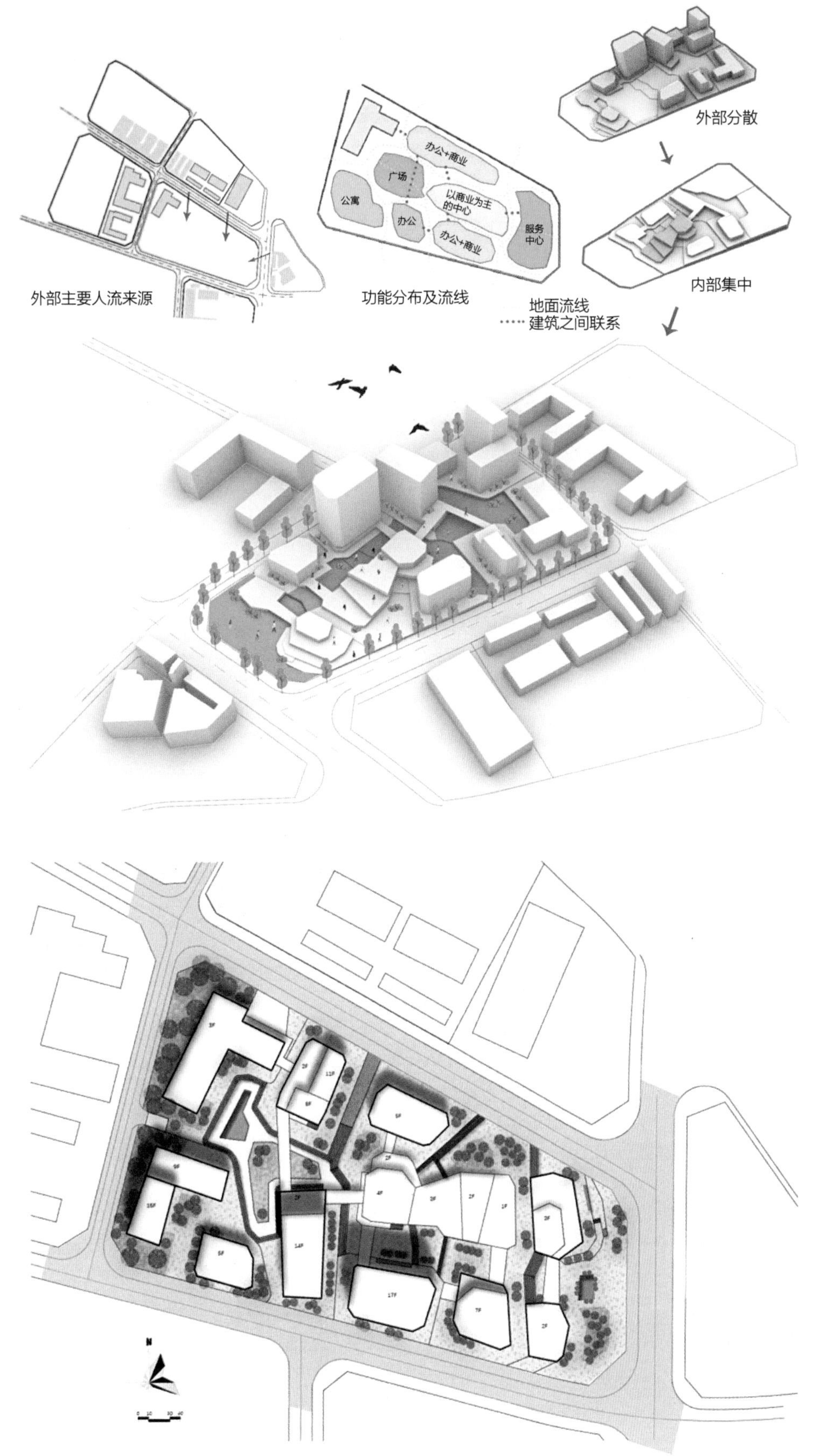

图3-26　总图设计作业（学生：王仪）

共空间的布局，展开整体功能与流线设计。

城市型环境的作业注重产业园区的开放性设计，尝试与周边街区建立步行连接体系，为基地注入人流活力。同学以“山谷、城市坡台、开放社区”等为概念，努力通过个性化空间设计凸显大浪时尚小镇的文化时尚气质（图3-27）。

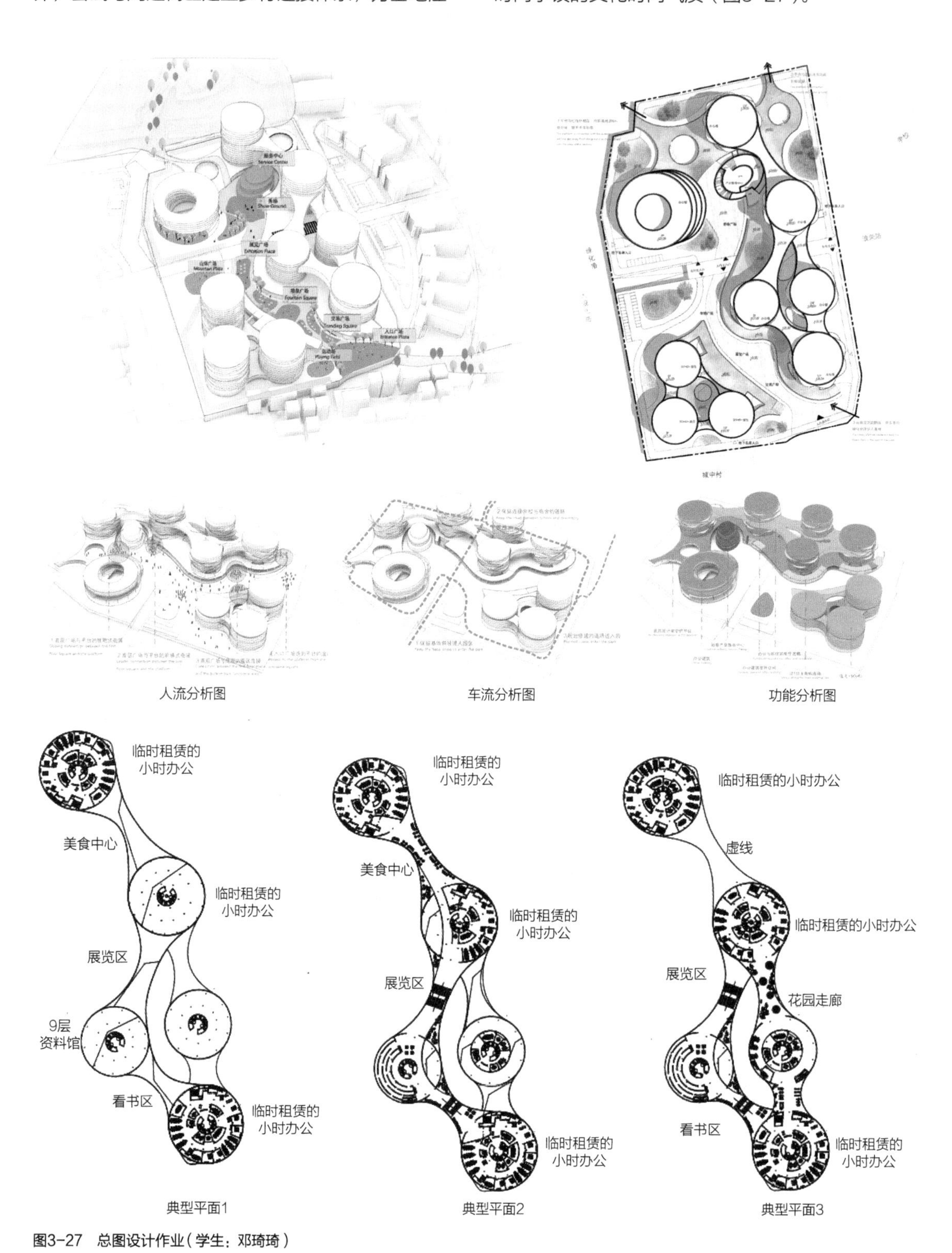

图3-27　总图设计作业（学生：邓琦琦）

自然型环境中，学生作业更关注与自然生态的联系，对自然资源的利用与借用。以“城市T台”为概念的作业以北部山体公园、东南部小学为设计切入点，形成贯穿基地南北的时尚产业步道。以圆形为母题，注重公共步行广场与各主题单体的流线引导。深化空中廊道、屋顶平台的尺度关系，即从产业、办公、孵化到居住的合理空间配置（图3-28）。

在时尚创意产业园设计中，国际化教学团队强调学生方案的概念性与方案生成的逻辑性，并鼓励学生以模块化方式尝试总图布局。立体院落的方案中，同学尝试以方形模块为单位，建立包含公共空间、商业区、公寓、办公空间、绿色场地的创意产业社区。从整体空间流线、空间单元的界面利用、庭院空间的分层设计着手，营建活泼热闹的产业生活地。

模块4：单体建筑设计

在总图设计方案基础上，选择典型建筑或产业服务中心作为单体建筑的设计深化。强调单体建筑的概念性设计及其与群体环境的关联。大浪时尚小镇的产业服务中心是创意产业园的重要节点和典型代表。因此，教师在本次作业中极力引导学生，在单体建筑中体现总图概念，将其打造成时尚产业的标志地（图3-29）。

在建筑综合体形式的作业中，学生用山体隐喻

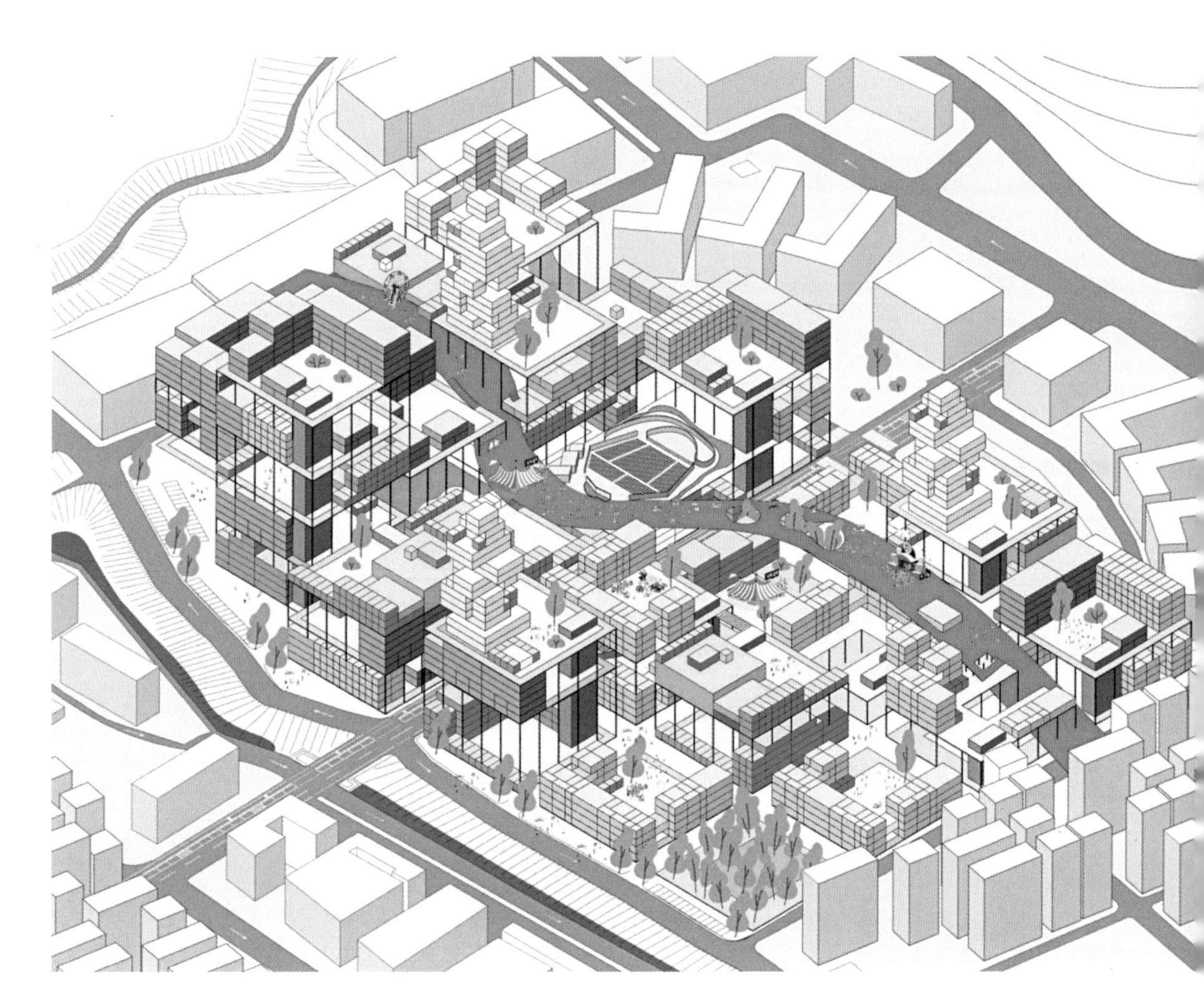

图3-28　总图设计作业（学生：陈露鸣）

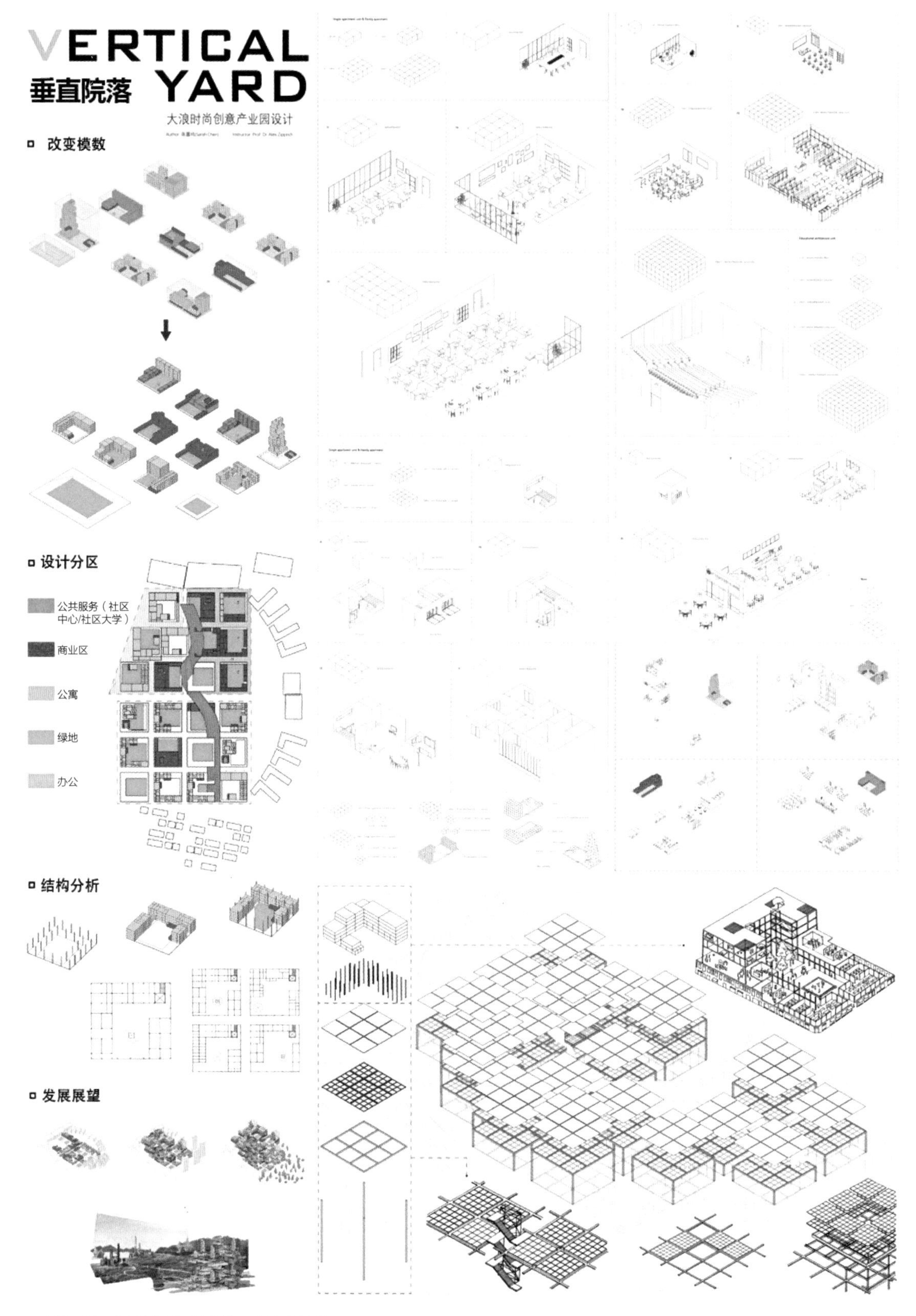

图3-28　总图设计作业（学生：陈露鸣）（续）

建筑形体，对建筑体量进行消解。对建筑、室外场地进行山体概念的一体化设计，塑造建筑静谧、连续的空间氛围（图3-30～图3-32）。

以建筑群体为形式的作业中，学生分别结合各自主题，在建筑单体的造型、平面、剖面、立面等方面进一步深化空间特点。建筑单体包括模块单元、垂直院落中的院落单元、若干现代院落在方形模块下的空间单元、三角形空间模块等。

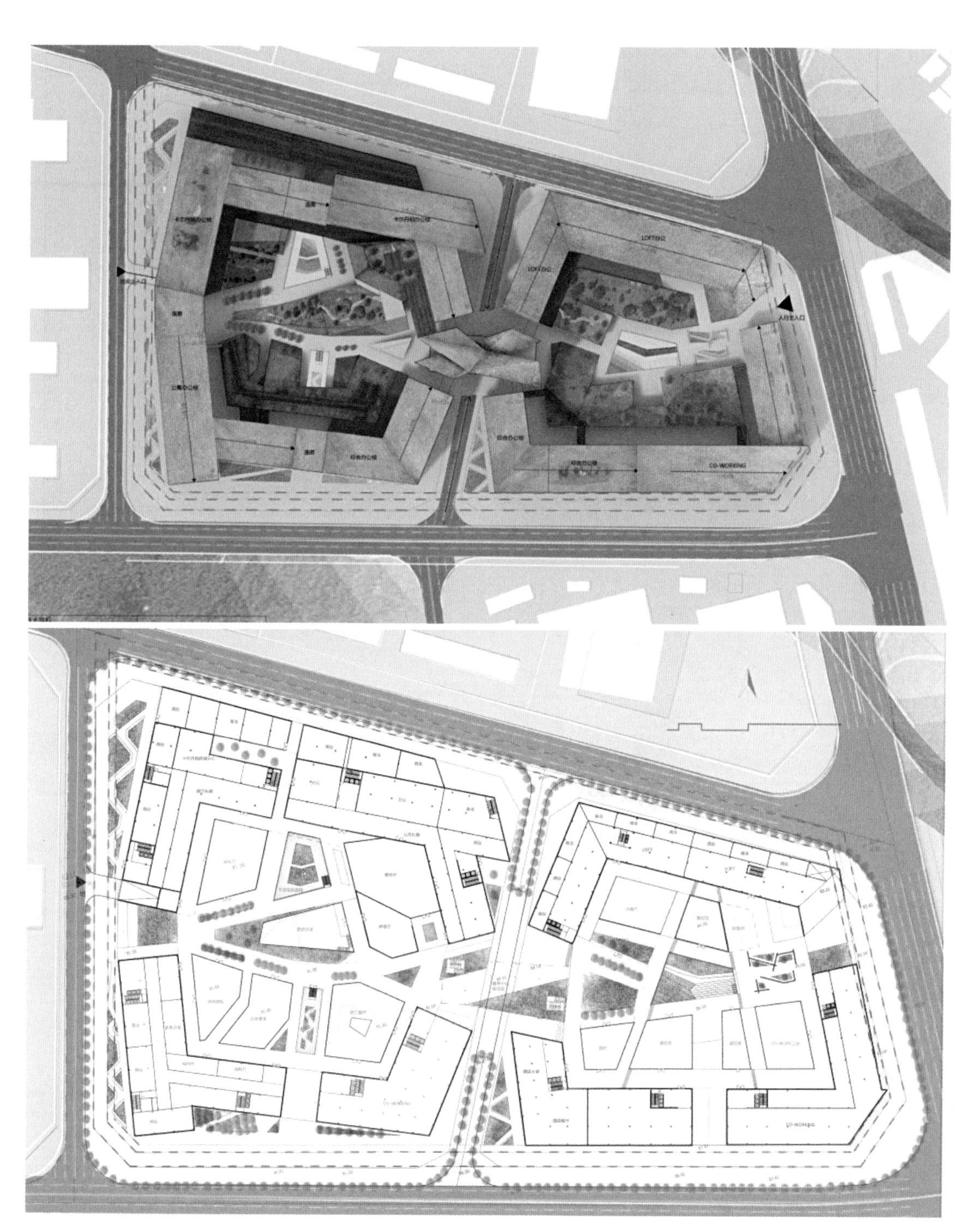

图3-29　总图设计作业（学生：梁欣媛）

幽然绿谷 ——城市规划与总图设计

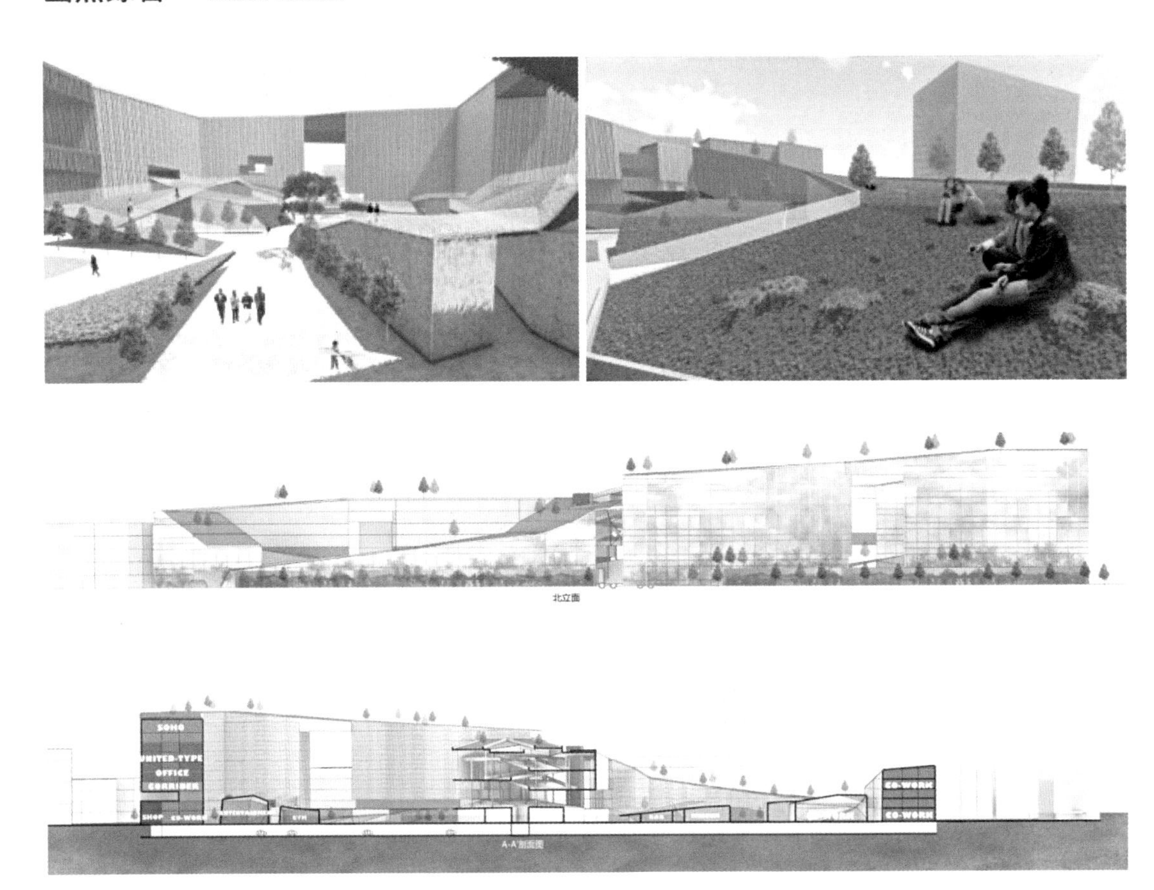

图3-29　总图设计作业（学生：梁欣媛）（续）

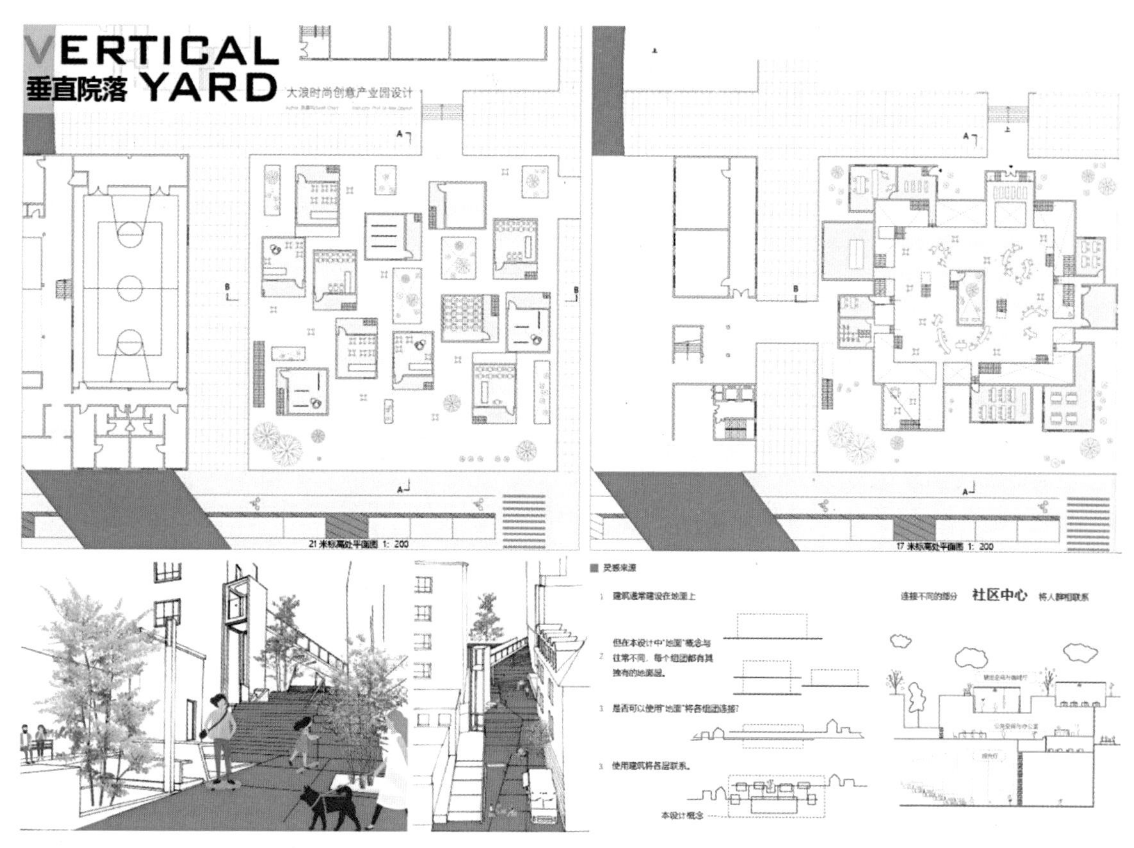

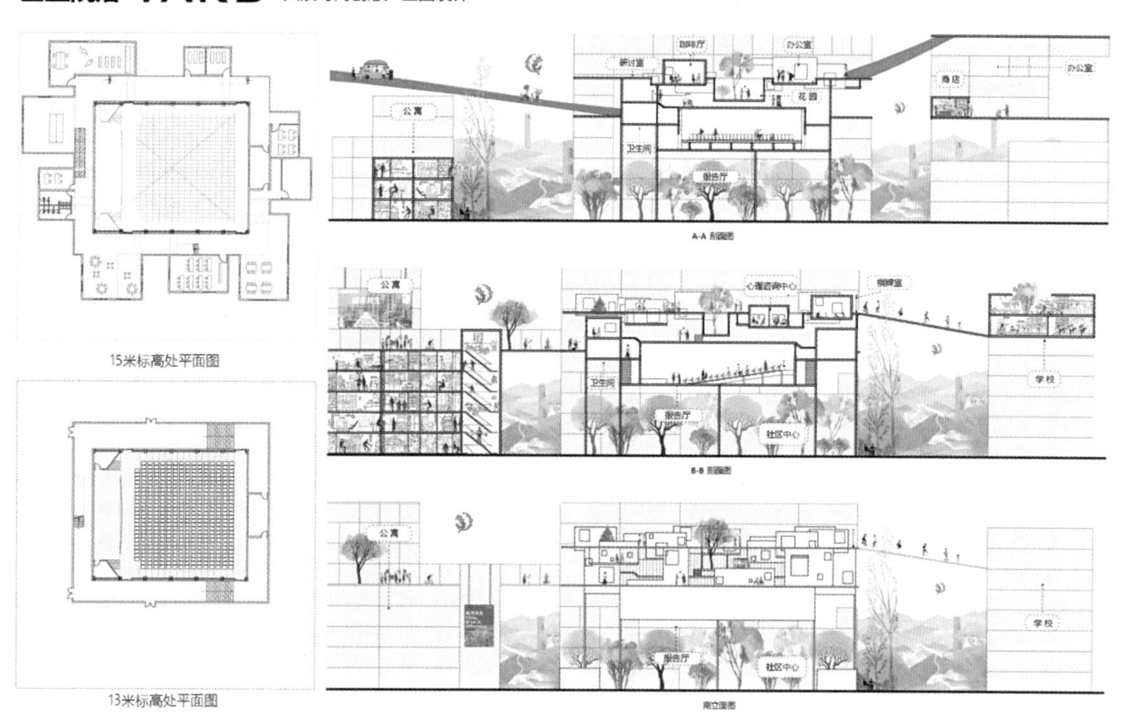

图3-30　总图设计作业（学生：陈露鸣）

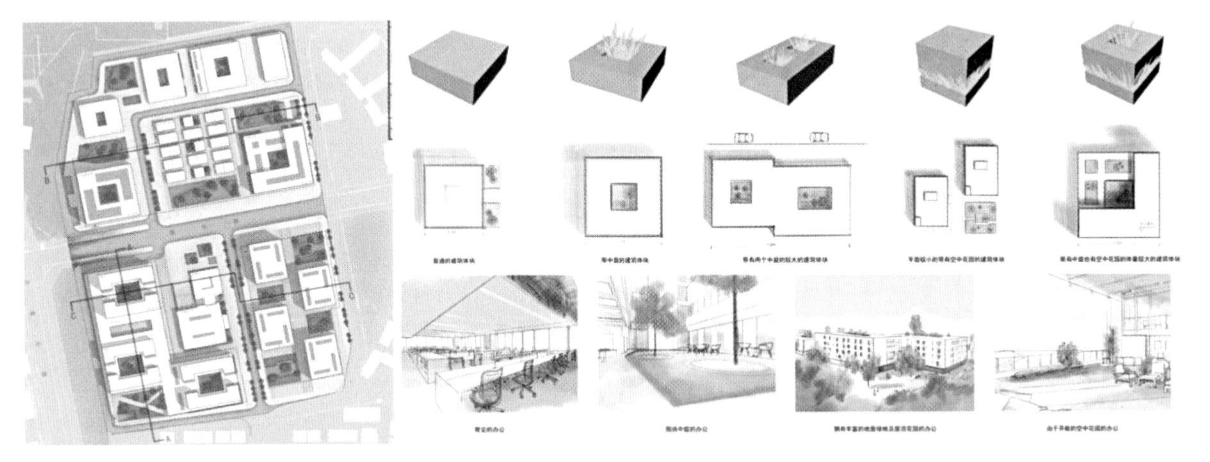

图3-31　总图设计作业（学生：冯宇锋）

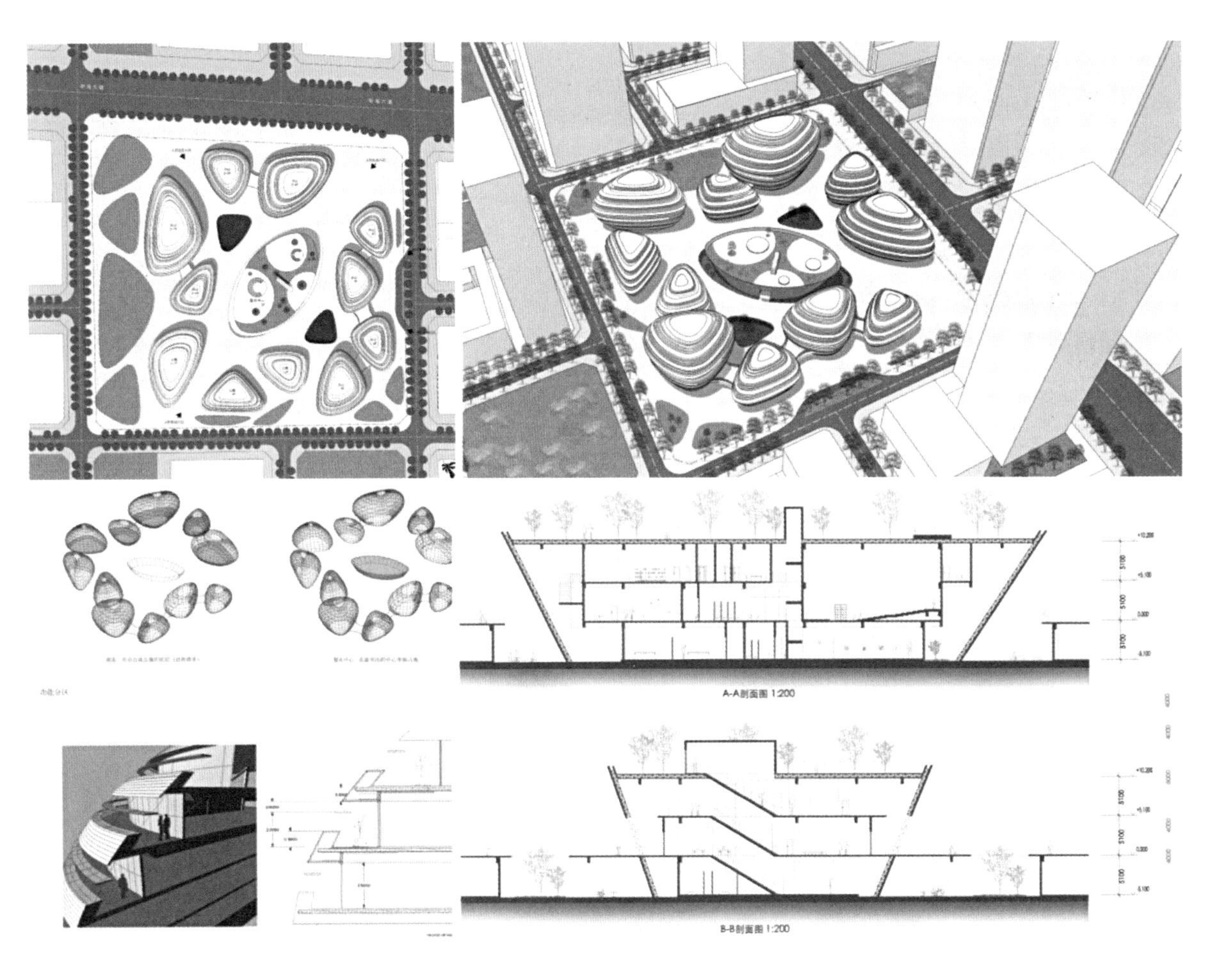

图3-32　总图设计作业（学生：郑好好）

模块5：快题设计

学生在总图设计内容基础上，利用快题方式进行建筑方案设计。教师利用单独或集中讲解的方式，对学生的快题方案提出改进意见。快题设计中注重体现方案的思路概念、场地关系、空间流线、尺度以及风格特点。学生在终期汇报中采用手绘图纸的形式进行了方案汇报（图3-33）。

2. 住区规划与设计

（1）住区规划与设计模块训练

模块一：自宅评价及改造，该模块曾获教学奖励（2周）

要求同学回忆或测绘自家户型平面图、梳理小区及周边社区规划，结合家庭诉求和自身理解提出

图3-33 快题设计评图

自家改造设计，通过集体讨论和教师点评帮助学生掌握住宅设计及住区规划基本概念和相关知识点，从“我”出发深入理解居住空间设计的多层次诉求，为后续学习奠定认知基础。

模块二：案例研究及专题研究模块（1周）

由于居住区规划设计的影响要素和知识点众多，本模块试图提供多个与居住建筑设计和住区规划相关的研究主题，要求学生作广泛的案例收集和可能的实地调研，从综合/专题视角对案例进行分析研究，从而进一步理解相关主题、要素和知识点，为下一阶段的设计奠定基础。

模块三：场地调研模块（1周）

与三年级上学期的场地调研相比，更强调学生调研框架的完整性、调研逻辑的一致性以及对影响场地居住质量的周边社区环境的系统梳理，从而帮助学生真正从街区/社区的视角理解场地与周边城市环境的多层次联系，进而要求学生根据社区调研结果对设计任务书作优化调整，强化学生的规划意识和城市视角。

模块四：强排训练模块（1周）

在此模块中，首先要求学生在满足任务书限定的基本框架内，根据调研内容，从居住人群的年龄、工作性质、家庭人口结构、经济状况、结构形式等方面提出待建住区的基本定位，并选择相适应的住宅选型。通过尝试多种住宅选型以及配套服务设施的组合方式，讨论满足容积率要求下的建筑布局方式的特点和利弊，本阶段教学重点是强化住宅建筑尺度、空间形态及功能布局的把控能力。

模块五：典型住宅单体设计模块（4周）

结合场地调研提出居住区设计目标和特色定位，进而对满足相关定位需求的典型户型或典型居住单元进行居住建筑单体设计，在模块一训练基础上，对居住建筑户型、公共空间、相关配套等作统一考虑和设计，并作为典型居住模块，用于后续的住区规划设计当中。

模块六：住区规划模块（6～8周）

本模块是学期核心教学环节，通过前述模块的准备，在住区规划阶段，结合深圳城市发展背景，鼓励学生在解决住区规划基本问题基础上，对未来的住区发展趋势和居住形态进行多主题、创新性的探讨，激发学生的规划自觉和创新自觉。

（2）住区规划与设计基地选址

由于不同的基地周边配套不同，城市人口类型不同，各年龄段也有区分，不同的基地形状能够营造出截然不同的住区规划设计方案。为此，在关于课程选题的设计上，教学组在控制用地规模（5～10hm^2）的基础上，结合深圳城市发展特色，尽可能给学生提供更多样的场地现状和类型，鼓励学生关注城市发展过程中新与旧的关系、权属领域与社会价值的关系、居住与产业的关系等社会问题，理解“高密度”“立体化”“多基面”等近年来深圳城市建设中的热门词汇意涵。近年来课程设计选题见表3-2和图3-34。

课程选题的设计主要归纳为新建类住区规划设计和更新类住区规划设计。前者为住区设计基础教学的理想情况，教学组在深圳市区内所选择的待建空地需有一定的城市环境作为背景，并能反映一定的城市问题，如2017～2018学年的“蛇口住区规划设计”和2020～2021学年的“蛇口老街住区规划设计”所在场地均在深圳市老城区内，用地周边的建筑功能相对成熟，用地内部存在高差和公共景观资源等相关问题，可在此条件基础上，较好地训练学生建筑布局、系统构建、形态设计、场所营造等一般设计能力。后者是将住区设计与深圳城市更新的现状趋势进行结合，教学组分别尝试了“城中村更新改造”“古村更新规划”“高密度城市旧区改造”等选题，逐步引导学生以专业角度去关注城市空间的更新、城市环境的改善和城市社区的营造，通过空间挖掘、植入新的功能，从而激发城市空间的活力，改善城市环境的品质，创造城市社区的公共价值，并最终实现对于人居环境质量的提升。期待学生通过不同选题的调研讨论，对比分析后，提出问题及更新策略，促进学生对人与城市的关系本质的进一步理解与反思。

针对不同类型的住区规划设计选题特点及要求，通过选取不同模块进行分阶段教学，以期分别在课程衔接性、理论渗透性、思维多元融合性方面均有较好的提升。

2017～2021 年住区规划与设计选题列表　　表 3-2

学期	选题名称	用地规模（hm^2）	选题关键词
2017～2018年下学期	蛇口住区规划设计+住宅设计	8.2	新建类、依山傍水、竖向设计
2018～2019年下学期	住区更新与规划设计+社区服务中心设计（天水围/湖贝/桂庙新村）	8～10	更新类、高密度、传统民居，城中村
2019～2020年下学期	大浪时尚小镇住区规划设计+住宅设计	9.92	更新类、高密度、城中村、产住融合
2020～2021年下学期	蛇口老街住区规划及住宅设计	6	新建类、城市绿地、高密度、立体化

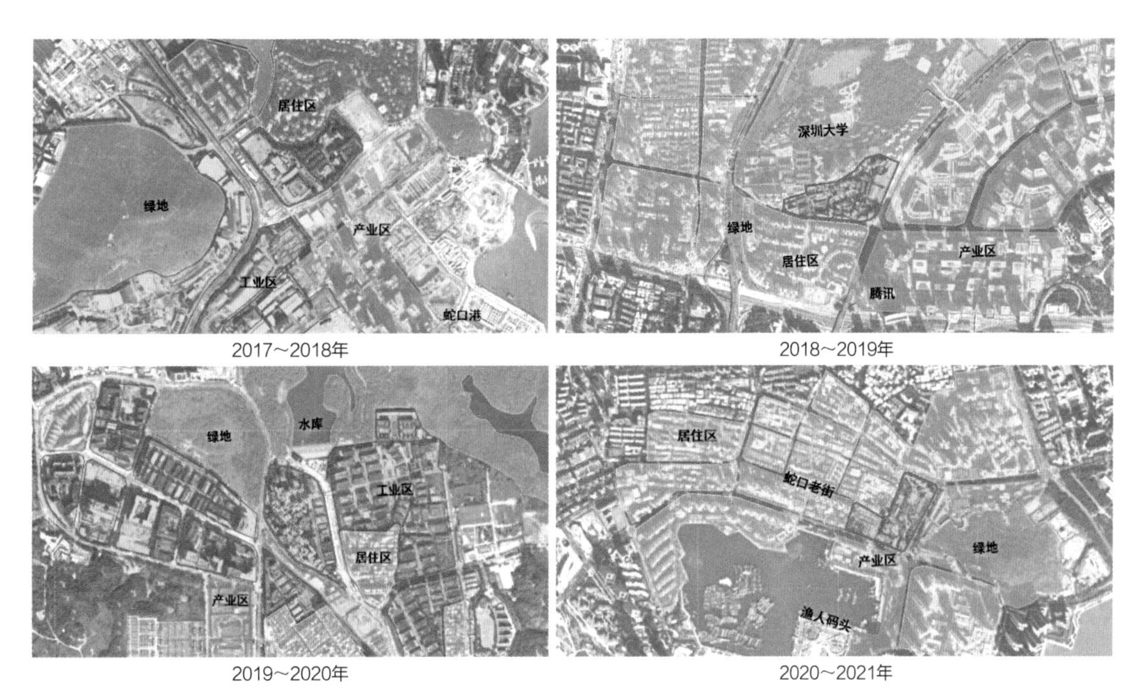

图3-34　2017～2021年住区规划与设计用地选取

（3）住区规划与设计举例

案例一

新建类住区规划与设计——以蛇口老街住区规划设计为例

选题介绍

以深圳市蛇口老街的一块城市广场及一侧空地作为本课程设计的选址，基地面积6hm^2，基地被望海路、金世纪路、蛇口新街、蛇口老街及其他道路限定，基地南面有部分海域及临海办公建筑群，东侧为工业区及城市公园，西侧和北侧分别为综合性生活街区，其中包含居住、休闲、商业和办公等多种功能形式。基地内部被贯穿南北的湾厦路划分为东西两部分地块，西侧地块建筑已全部拆除，现为空地，东侧地块为蛇口广场及临街商业办公建筑。

在基地范围内拟开发商品房住区，以期提升土地利用率，同时为周边社区提供生活配套。通过实地考察、分析对基地内进行住宅设计及规划重建设计，要求学生在规划设计阶段考虑本次方案以上学期城市规划方案的关系，鼓励学生在住宅设计阶段尝试多种住宅类型的混合。

模块1：自宅改造

通过“介绍我家、绘制我家、改造我家”等一系列实验环节的交流学习（为期两周），让同学们迅速进入住宅设计的内核，即居住空间与人的行为之间的关联。学生的居住地区、生活习惯和家庭构成的不同带来了对住宅空间的多种解读和理解，激发了其对自宅改造的兴趣，是住宅设计教学的有效启蒙方式之一（图3-35）。

该作业结合自家二孩的特点，讨论了空间使用和时间的关系。一方面，弟弟的成长变化对卧室的空间格局产生影响，另一方面由于自己和弟弟的生活习惯及时间规律的不同，白天和晚上的空间布局也会发生改变，从而引发了该生对住区生活空间可变性和适应性等问题的关注。

模块2：小区案例调研与评价

学生对自己所居住的小区或者感兴趣的住宅小区进行调研，包括现场踏勘、内外部条件收集整理及分析、同类型案例调研等。尤其强调对住区主体“人”的关注，从物理要素和精神要素两方面进行时态调查，发现传统居住区设计现存问题，提出解决问题的初步构思。本环节教学重点是引导学生将关注点从单体住宅建筑内部空间延展到外部公共空间中，时态调查与案例分析相结合，为立意构思的形成提供科学依据（图3-36）。

该作业通过对深圳市南山区大冲都市花园小区的调研，不仅对小区内部的公共服务设施的类型及布局有所了解，也对建筑外部空间营造有了初步的认识，并对相关数据进行了系统性统计及分析，关注城市中心区的高密度住宅，并比对新加坡的住区案例，提出高密度立体化的住区设计要点。

模块3：场地调研

通过自宅改造和小区调研两个模块的训练，学生对住宅和住区两个层面的相关理论知识和关键问题都进行了了解，在此基础上，再通过基地实际的调研、分析及规划定位，使学生对场地中所涉及的住区设计问题更加敏感和成熟。这个模块既是前两个模块的实践与反馈，也是后面教学的基础（图3-37）。

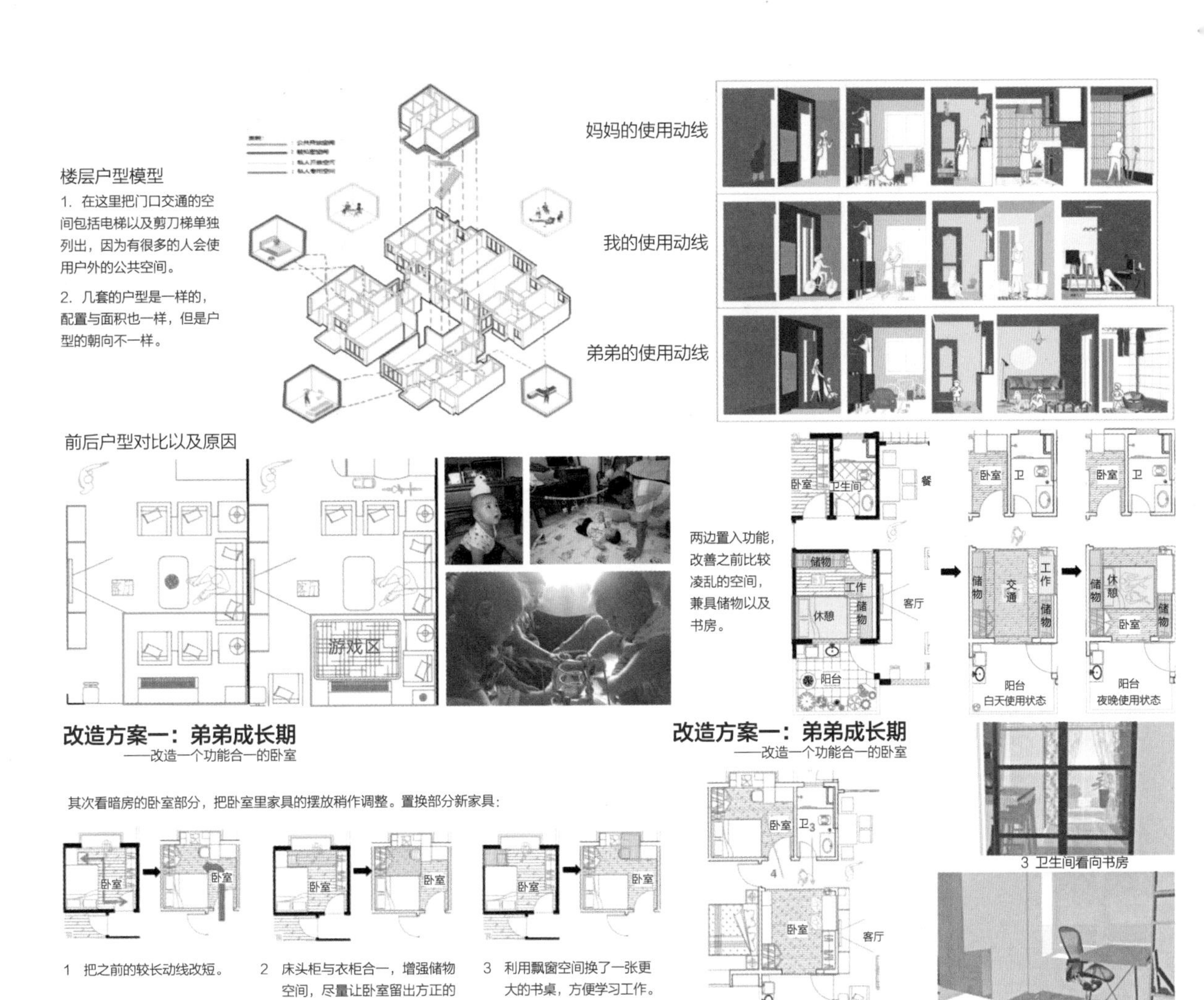

图3-35 自宅改造作业（学生：吕竞晴）

（二）内部情况

公共配套设施

设施类型	设施
交通设施	一楼非机动车停放点、地下停车场
卫生设施	垃圾桶、垃圾房
安全设施	安全出口指示、应急灯、消火栓、灭火器
体育设施	篮球场、游泳池、乒乓球室、健身器材等
生活设施	卖菜机、卖面包机、菜鸟驿站
绿化设施	景观凳、组合椅、景观小品、导向牌、标识

图3-36 小区案例调研作业（学生：吕竞晴、李泳霖）

空间在不同时段的利用

在小区当中，居民们在公共空间的使用方式多样且不同时段特征不同。

居民自带羽毛球网，将其拉在两侧树上，使小路成了羽毛球场；打完羽毛球后，小路恢复为交通空间。

游泳池前的阶梯平台是下午时段儿童及其家长聚集较高的运动空间，同时也可以成为观景平台。而傍晚时分又恢复平静。

弹性空间的利用

在小区当中，很多绿化以及道路都成为小区里面的弹性空间。

树间拉绳成了晾晒衣服的空间，又可以变成人们打羽毛球的场地。

小区与周边联系——活动路径

本图为生活中最重要的配套设施与小区的连接关系。

小区与周边联系——空间过渡

住区南侧紧邻万象天地与大冲国际中心，商务办公及休闲娱乐活动集中。住区南侧街角空间设置了咖啡桌椅、健身俱乐部等公共休闲设施以提供交往空间。而南门进入后居民先经过较荫蔽的狭窄小径，让人从喧嚣的城市中平静下来。行数十步后，大片宽敞的绿地空间展开，豁然开朗，略有曲径通幽之感。

图3-36　小区案例调研作业（学生：吕竞晴、李泳霖）（续1）

小区内部——儿童游乐分析图

小区内最重要的使用人群之一是儿童，基本上80%以上的活动都是围绕儿童开展。而作为一个学区房小区，这里的儿童友好型设施比较完善。儿童是小区邻里关系的重要纽带，游乐设施的完善也有利于小区的关系融洽。

案例分享——“The Interlace”新加坡翠城新景

关于公共空间：
也许该建筑最引人注目的特点之一是其六边形格局创造的室外区域。六边形格局创建了8个主题庭院，提供了社区、体育和家庭活动空间。本来难看的消防车道也被“伪装”成一公里自行车骑行和运动道路。当盛行风吹过通透的庭院，它们会先穿过水池或人工湖，营造出凉爽的微气候，公寓单元的叠加为众多屋顶花园提供了空间，从而使绿化和社交空间倍增。

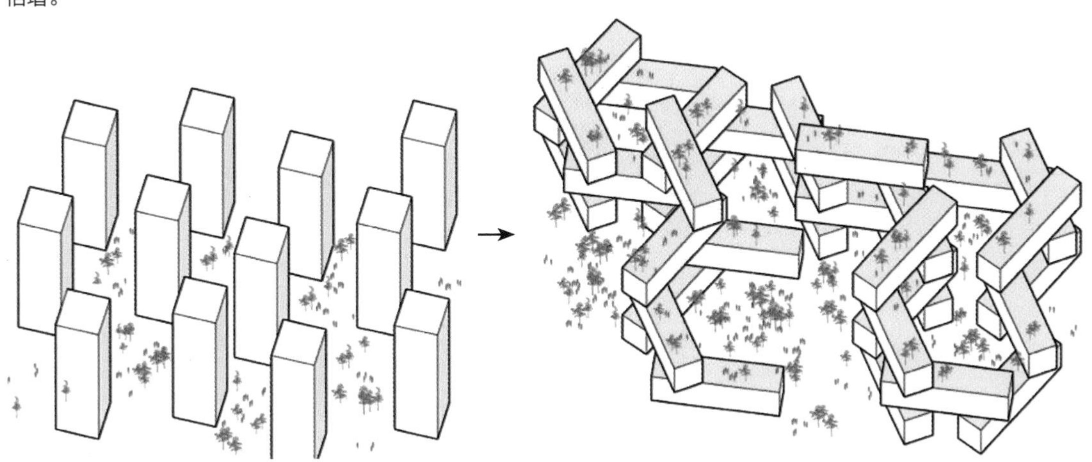

图3-36　小区案例调研作业（学生：吕竞晴、李泳霖）（续2）

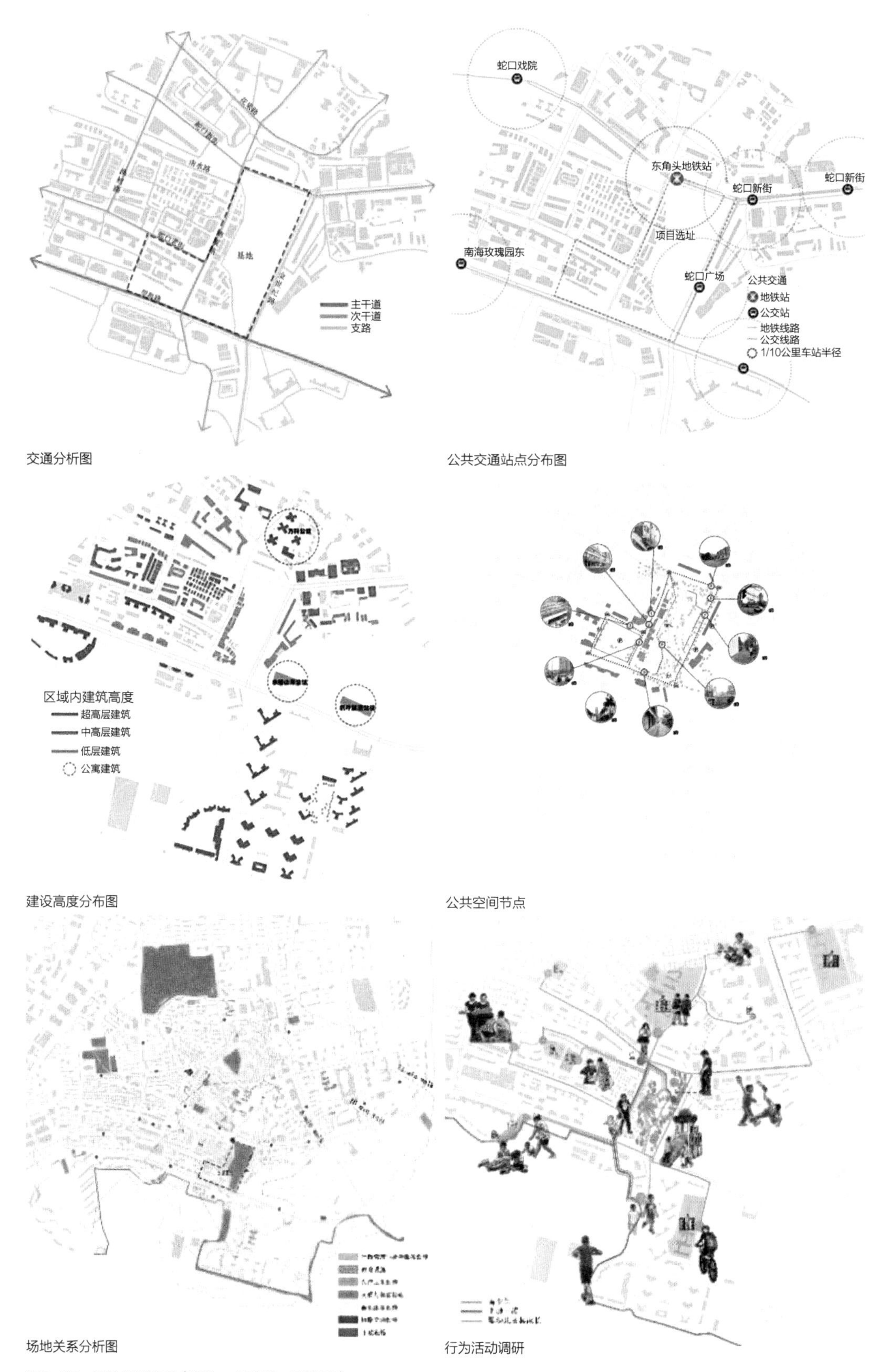

交通分析图　公共交通站点分布图

建设高度分布图　公共空间节点

场地关系分析图　行为活动调研

图3-37　场地调研作业（学生：吕竞晴、李泳霖）

图3-37　场地调研作业（学生：吕竞晴、李泳霖）（续）

该作业对基地所在的蛇口老街街区进行调研，对街区内人群类型及构成进行了统计及分析，分析了基地周边的用地情况以及公共服务设施的分布情况，并对基地内部既有的城市公园中的人群活动进行分析，得出此次住区设计所需要关注的问题：1）人群多样性导致的住区内部公共空间需求不一；2）此住区应为城市公众开放出足够的公共活动空间。

模块4：强排训练

由于本次课题的选址存在一定的特殊性，基地内部存在既有的城市广场，此城市广场虽由于功能单一逐渐缺乏活力，但依旧是蛇口老街区不可或缺的民众活动区。为此，在满足容积率的前提下如何实现公共活动区与城市共享，实现同等价值的活动空间的置换是本次设计的一大难点。此外，根据不同人群的需求选择合适的住宅产品，实现住宅产品的多样性也是本次设计需要考虑一大要素，强排训练的设置就是为辅助学生了解多样的住宅产品，并通过多种布局方案的比选，对住宅建筑的量的计算有基本的概念及控制能力（图3-38）。

该模块成果延续其调研的结论，初步定位未来

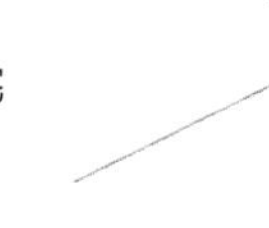

(*a*)需求分析

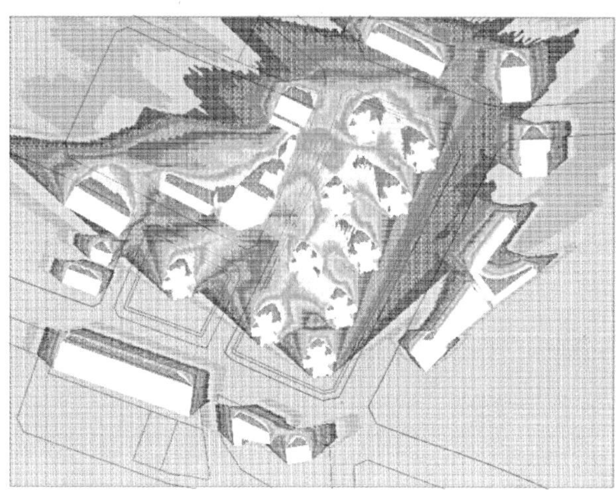

(*b*)日照分析

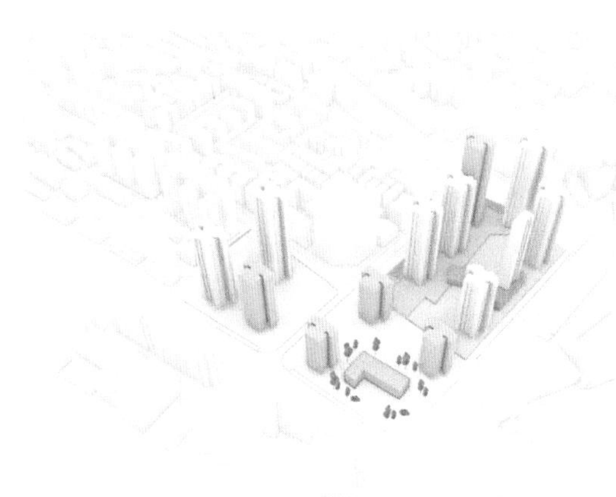
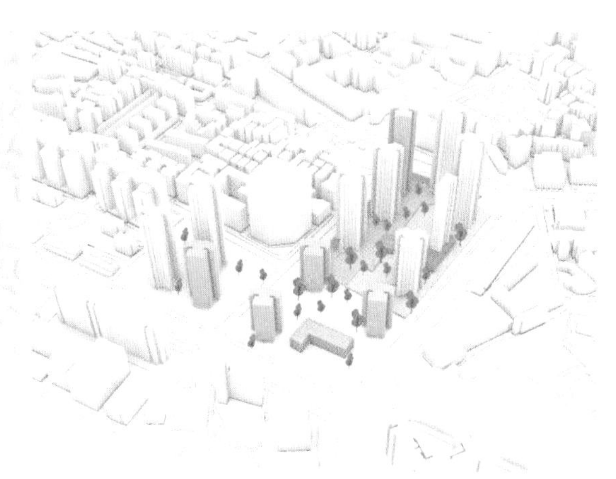

(*c*)强排建模

图3-38　强排训练(学生：吕竞晴)

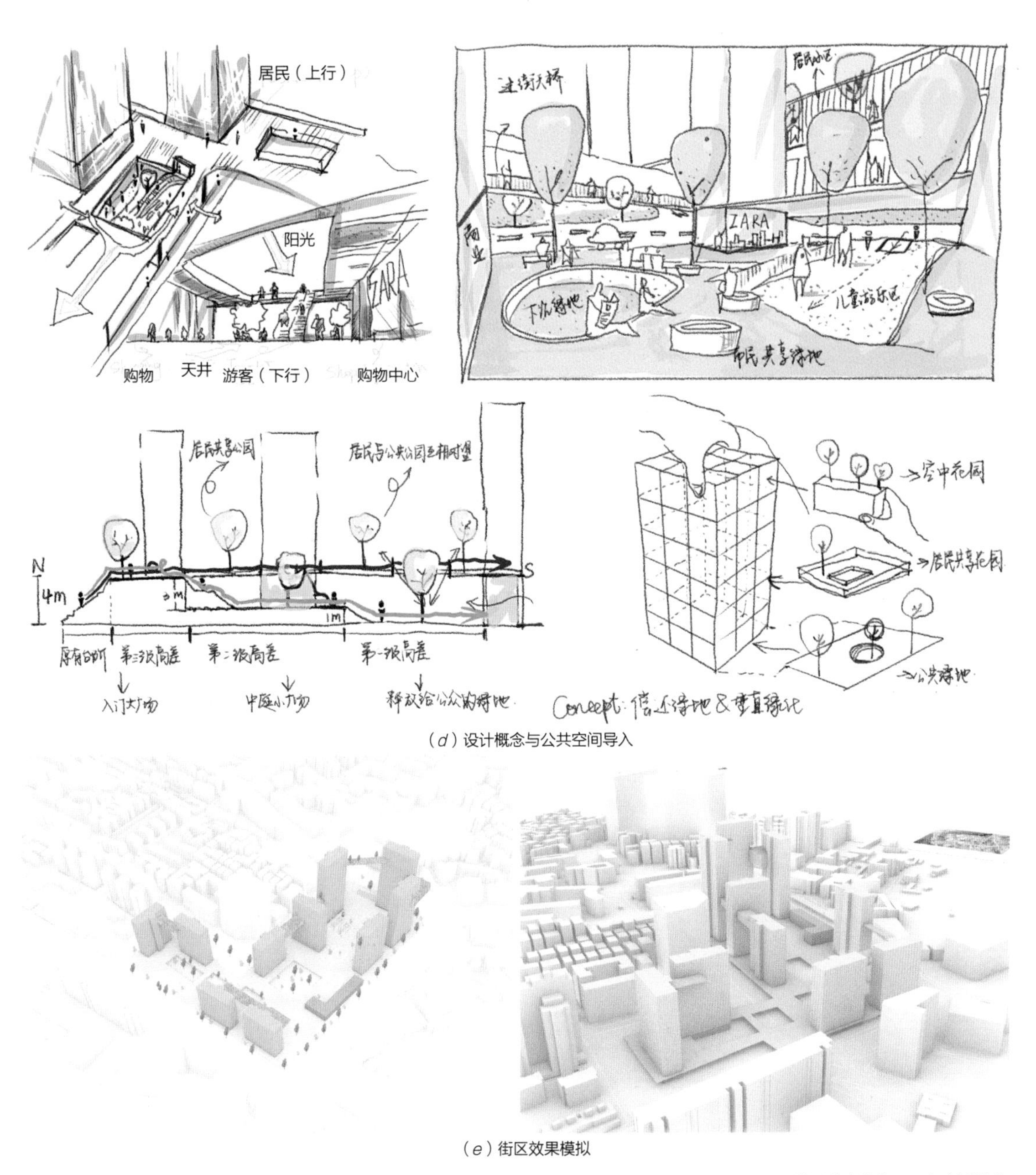

（*d*）设计概念与公共空间导入

（*e*）街区效果模拟

图3-38 强排训练（学生：吕竞晴）（续）

住区内的人群为周边就业年轻人，依据不同职业人群的生活需求，选择了不同职业年轻人相适应的住宅标准层平面，并对其进行布局，满足基本的日照、通风、防火规范要求，同时考虑到基地周边的人群来向，对小区进行入口的设置及主要展示面的控制，调整建筑裙房的形式和建筑高度，并合理布置配套设施。最后，关注不同人群对小区公共空间的使用情况，提出两层步行系统，并利用场地内的高差实现步行立体化的构建。每个阶段都有2～3个强排方案进行比选并有一定的分析。

模块5：住宅设计

在上一模块的基础上，要求学生选择一个主力住宅产品进行住宅设计，其设计需要适应前期调研对于人群的定位，在满足住宅设计的基本要求的基础上，鼓励探索新型住区规划设计模式。2020～2021年受到新冠肺炎疫情持续影响，在此期间的住区规划设计的教学让更多学生开始关注城市的韧性和可持续性，生长性、开放性、全生命周期等关键词又被高频率地提出，并有了新的解读（图3-39）。

在吕竞晴、李宜静同学的作业中，学生对不同

图3-39 住宅设计作业（学生：吕竞晴、李宜静）

户型平面图（列举部分）

图3-39 住宅设计作业（学生：吕竞晴、李宜静）（续1）

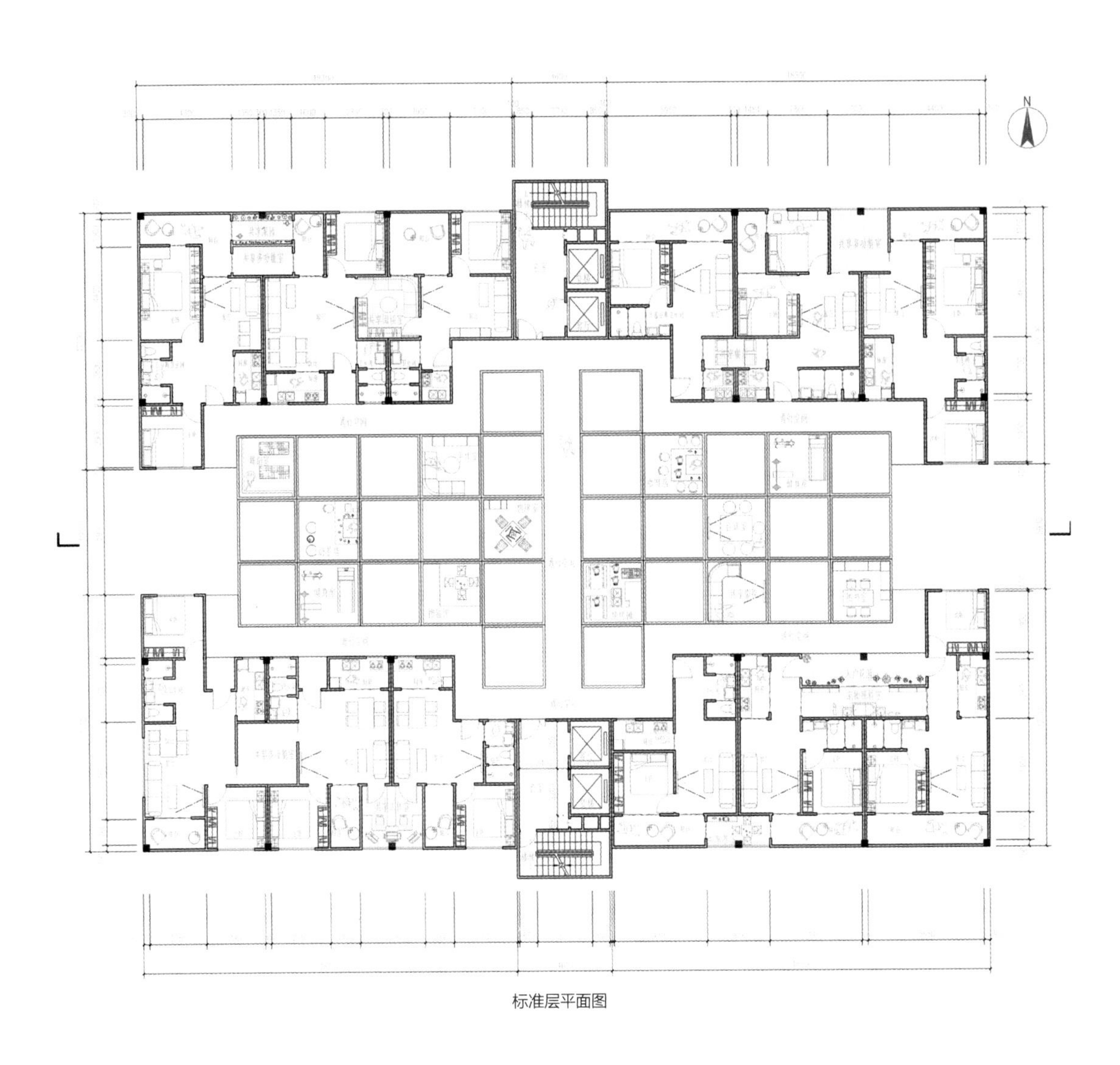

标准层平面图

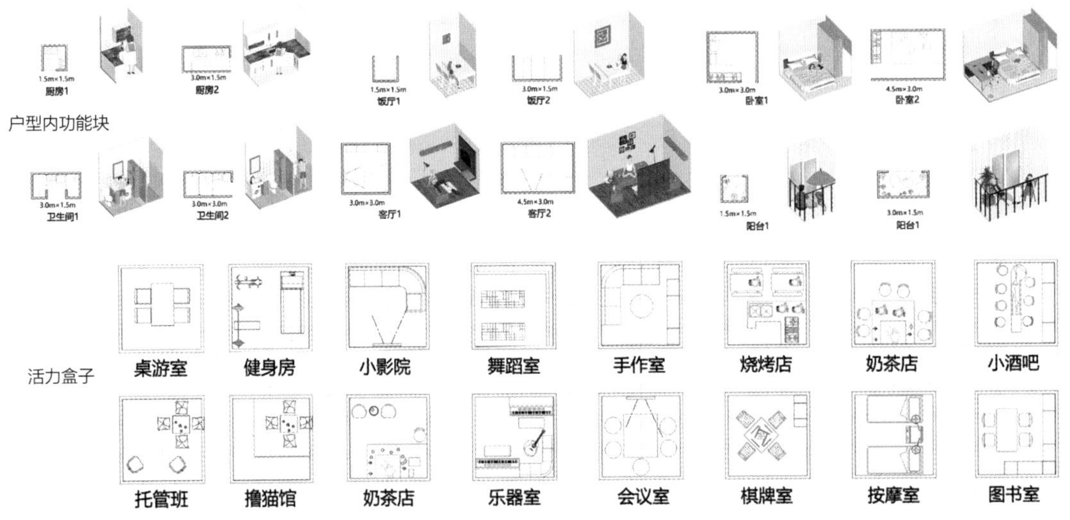

图3-39　住宅设计作业（学生：吕竞晴、李宜静）（续2）

户型生成

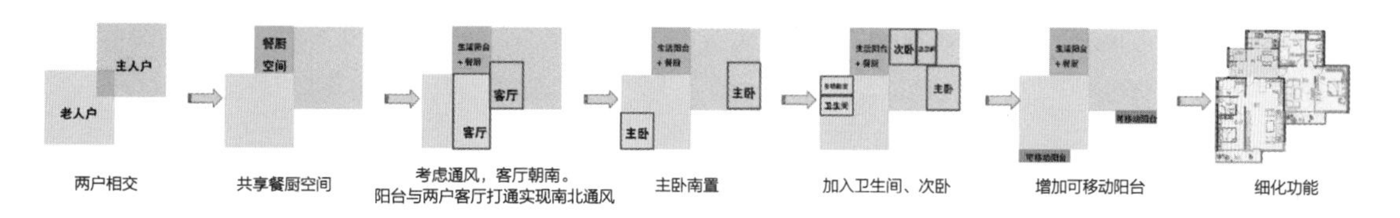

建筑单体生成

户型对称，加核心筒，得标准层平面图

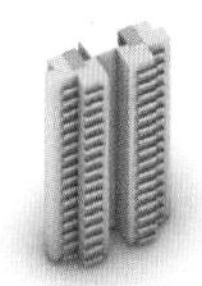

初始单体

首层开放，公共空间居民、市民混用，公共空间系统单一。

打通形成楼底灰空间，有聚集视线交流作用。

设核心筒转换层，转换层为社区级公共空间。底层置入社区服务功能。

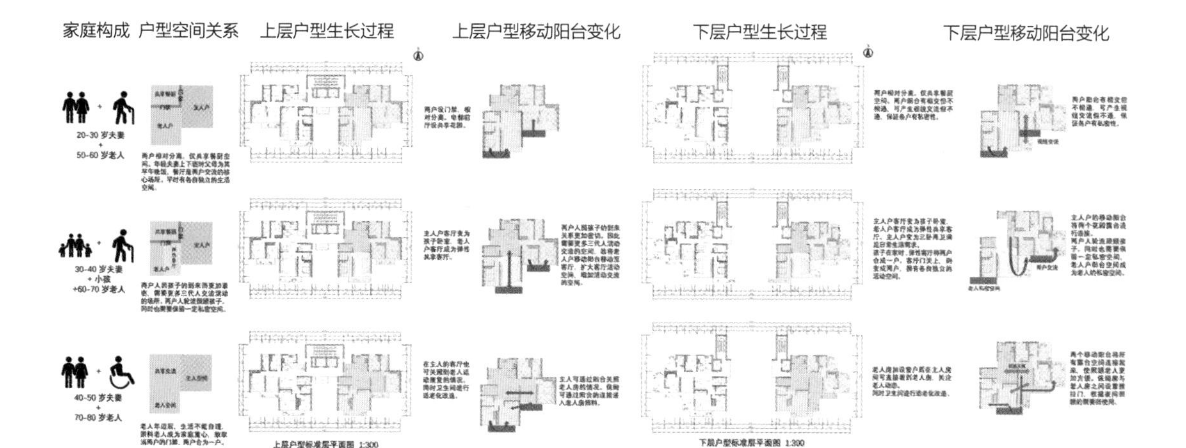

裙房连接形成社区活动中心

裙房屋顶形成公共绿地，视线交流

裙房底层架空，完美释放首层公共空间给市民

裙房通过空中连廊相连，形成系统。

沿街界面建筑形态调整，底层架空，空间渗透

裙房组合可能性

图3-39　住宅设计作业（学生：吕竞晴、李宜静）（续3）

年轻人群对空间的需求进行了细腻思考，并结合智慧技术，提出了装配式居住模块的概念，通过不同模块的自由拼合，形成满足多样人群的住宅单元。在李宜静同学的作业中，关注了蛇口老街不同人群的融合问题，提出了对不同年龄段老龄化住宅的概念，对不同年龄段的老年人与子女混居的居住模式进行了分类，并对每个年龄段的老年人和子女之间的居住空间进行深化设计，最后将不同居住模式的户型拼接在一栋建筑中。考虑到建筑与场地的关系，在建筑的低区进行空间形态上的灵活处理，以便与场地更好结合。

模块6：住区规划

以模块5的住宅设计为住区规划的主力产品，进行小区规划设计，规划要求满足不同居住群体需求，呈现丰富的空间组织形态和造型特点，对既有城市广场的拆除和保留要有充分的说明，强化组团的辨识度，营造促进邻里关系的交往空间和活动场所，提供可共享的公共服务设施，减少低频、低效空间，提高土地利用效果，鼓励多层次立体化的规划设计思路（图3-40）。

作品《新旧多元社区聚落》，考虑到本地居民和外地居民融合下的多元生活模式，构建出不

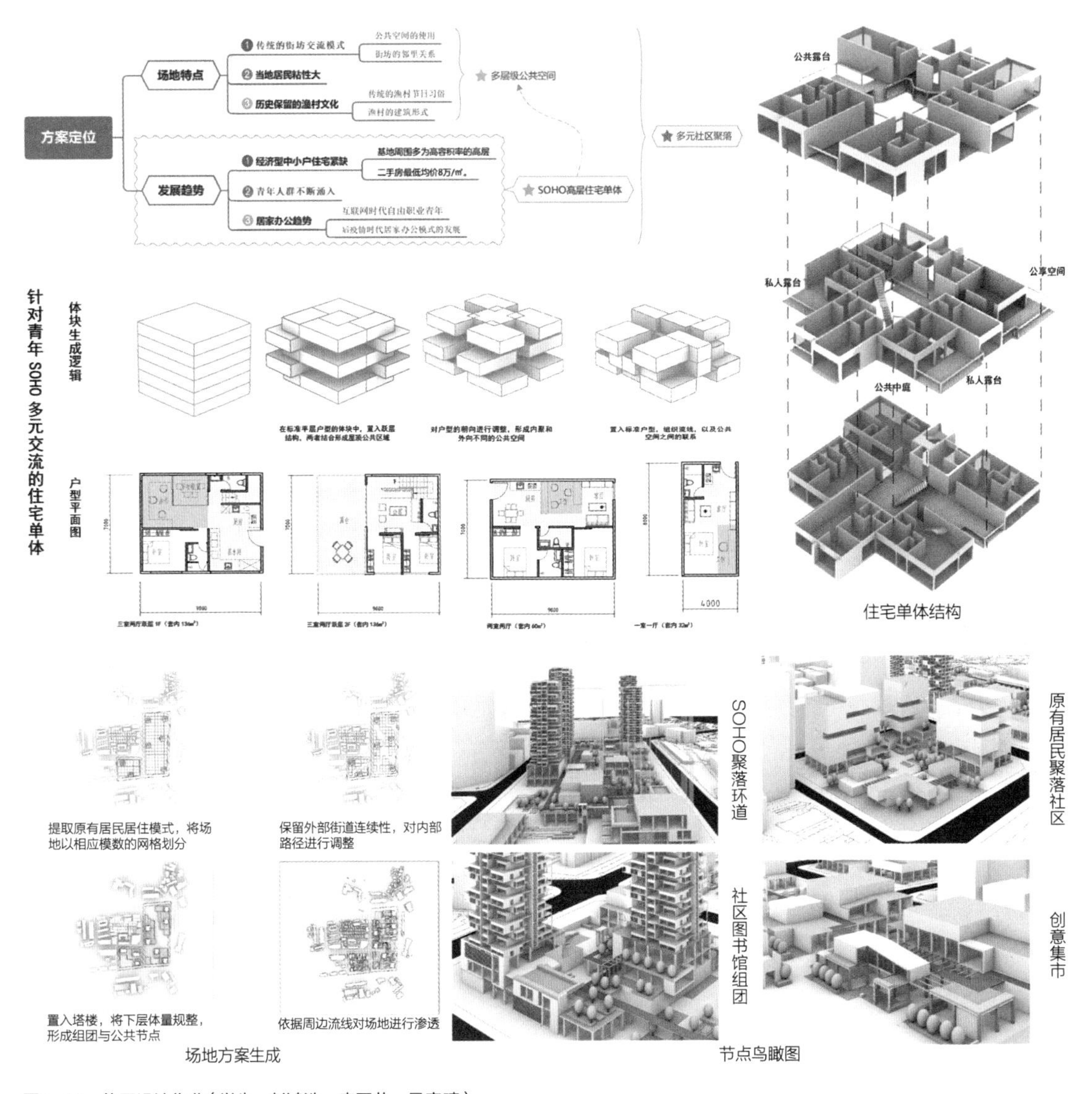

图3-40　住区设计作业（学生：彭鸿浩、李冠艺、吕竟晴）

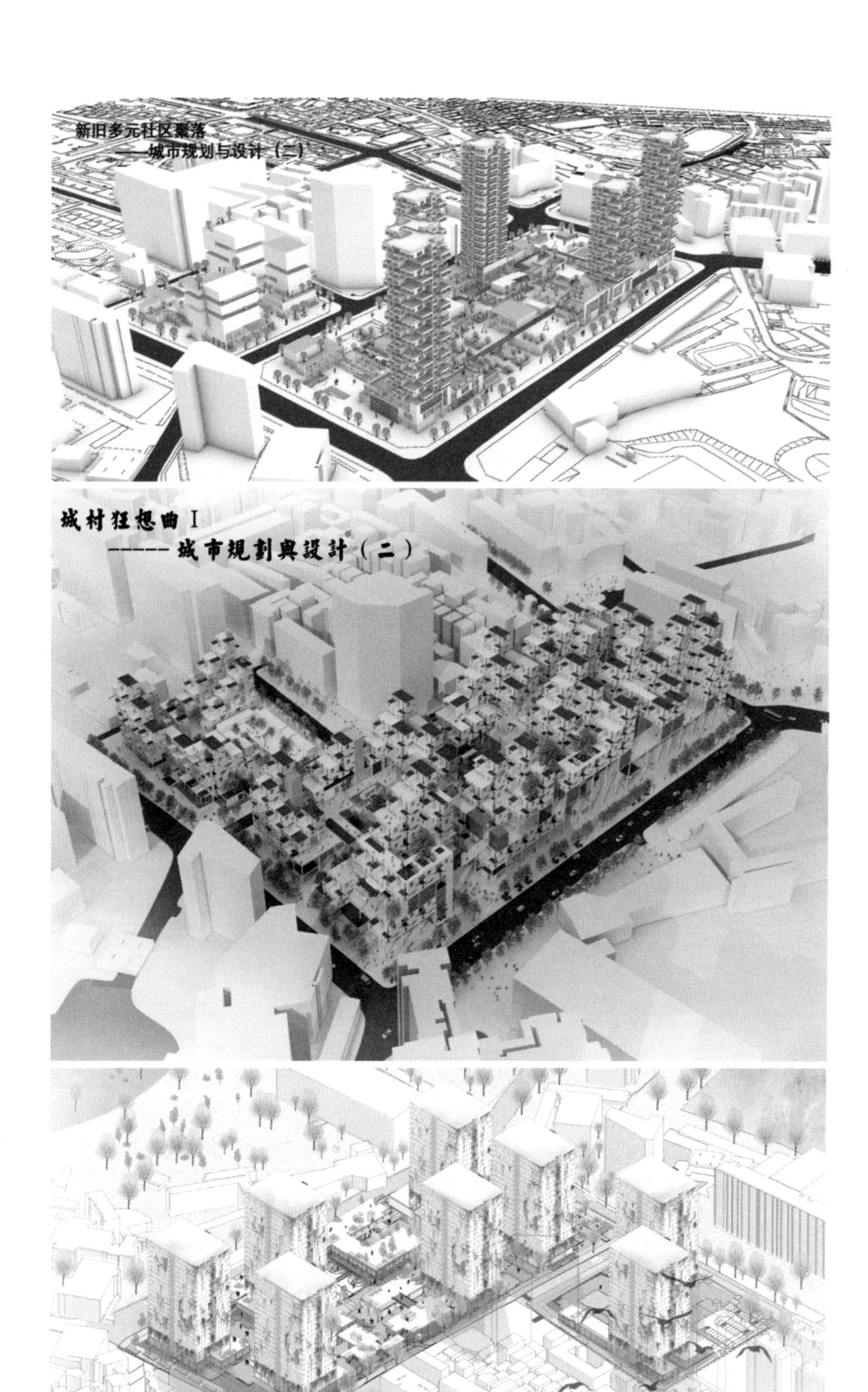

图3-40　住区设计作业（学生：彭鸿浩、李冠艺、吕竟晴）（续1）

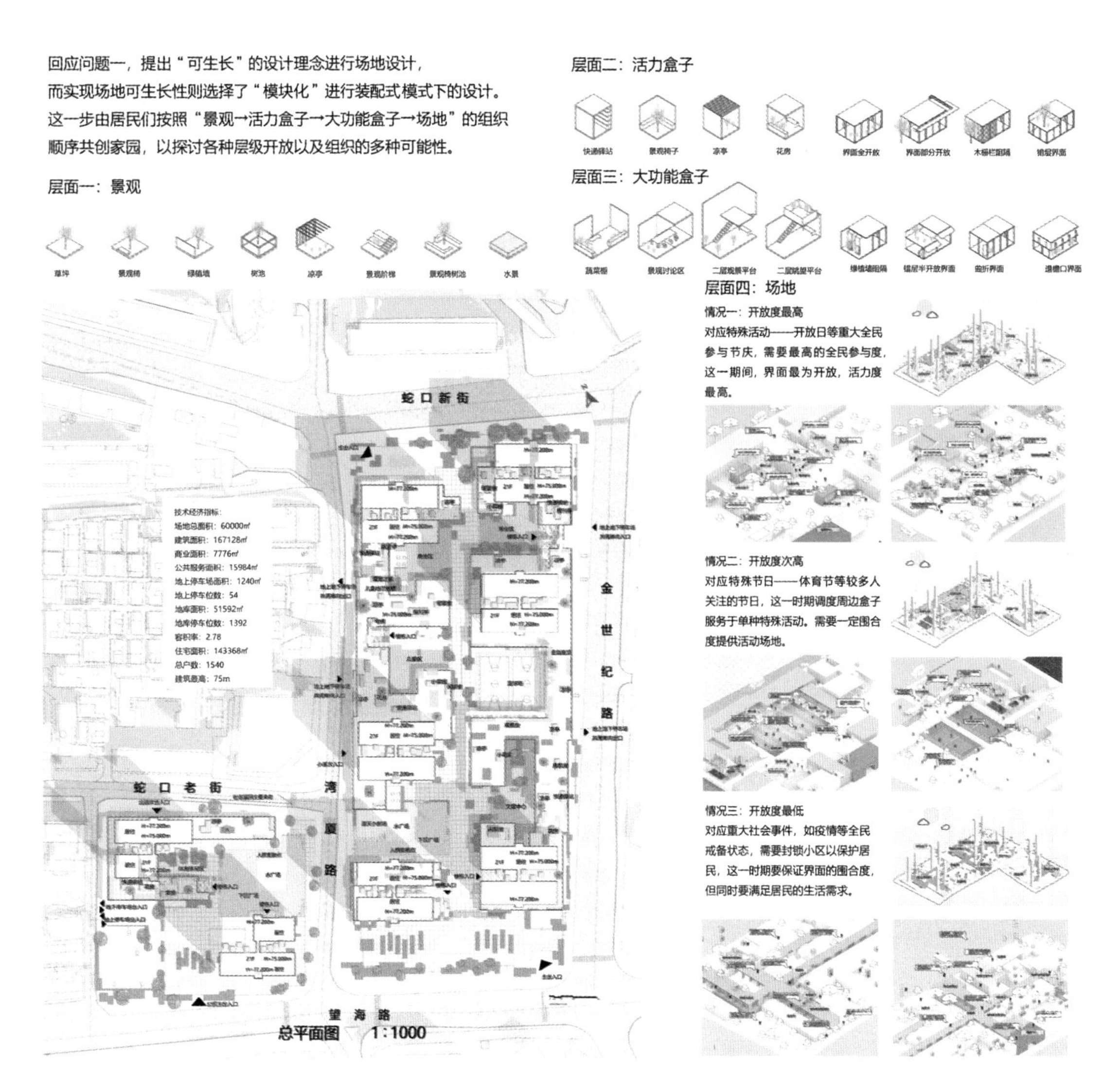

图3-40 住区设计作业（学生：彭鸿浩、李冠艺、吕竟晴）（续2）

同标准层分布形式，为不同住户赢得更多的景观面，关注邻里关系和住户的均好性，住宅集中布置成几栋高层，释放出更多的公共空间为街区开放，营造出更舒适丰富的公共活动空间。作品《城村狂想曲》，回应周边城中村的建筑肌理，用小体量实现高容积率的住区要求，融洽本地居民和外来务工人群的居住和租赁的关系，构建和谐的可生长的租住共存的社区环境，有一定的创新性。作品《共创、共享、共融》根据调研，针对周边不同职业类型的青年人群进行生活模式的构建，从而利用场地高差，构建出立体步行系统，以便完全将首层区域为公众开放，将二层步行系统留给居民使用，将城市居民与居住人群合理分流。

案例二

更新类住区规划与设计——以大浪时尚小镇住区规划设计为例

选题介绍

以深圳市龙华区大浪时尚小镇内的一片即将拆除的城中村作为选址，基地面积9.92hm^2，被浪荣路、大浪北路、大浪永乐路及新规划的商业步行街浪静路所限定。基地北邻九龙山和石凹水库，西侧地块为三年级上学期时尚小镇产业园的设计基地，东侧地块为工业用地，现面临时尚加工生产的产业升级转型。基地西南外侧有大浪河流经，未来有地铁25号线贯穿小镇。

用地范围内现有R2（二类居住用地）和R4（原农村居民住宅用地）两种用地型，拟开发成商品房住区，为周边产业园区员工提供生活配套。通过调研讨论城中村与周边地块、景观资源和城市设施的关系，从而判断住区内使用人员的构成和生活模式，讨论基地内建筑的去留问题，保留并更新的建筑面积不超过总建筑面积的30%。鼓励在城市高密度发展背景下思考住区现存问题，并通过设计给出相应的解决方案。

模块1：自宅改造

2019～2020年受到新冠肺炎疫情的影响，三年级下学期的课程为全线上教学，特殊的背景为自宅改造教学模块奠定了基础，考虑到疫情期间师生足不出户的特殊情况，在此模块中设计了“认识自己的家”这一实验环节，鼓励学生用设计师的眼睛观察自己所在的居住环境，从而发现问题。同时结合设计竞赛《2020，回家的你》启发学生思考：当“公共活动”因为疫情突然消失的时候，困居在家的人们如何把“公共性”引入到私人的居住空间里。引导学生观察家里的每一片空间，按照自己的需求重新改造，把家变成一个不出门就可以社交、娱乐、运动、工作的“无界社区”。此教学内容的设置让学生身临其境地体会设计与人和社会活动的关系，激发了学生对知识内核及本质的思考。

在这个模块中，以“自己的家”为研究对象和教学载体，要求学生通过查找资料，阅读文献和收集案例等方式，认识并掌握住宅设计中的基本术语与知识要点，学生将理论知识渗透在日常线下生活中，加深了对知识点的吸收，不同地区的学生将各自家中的特色进行线上分享，辅助学生理解住宅设计的在地性问题。此种教学方式充分发挥了异地同步、线上线下、课内课外的自由切换与无缝衔接，更好地激发了学生多元融合的学习思维（图3-41）。

学生作业反映出不同的关注点，有的同学关注了有限生活空间为多口之家带来的生活问题，提出空间的复合使用策略。有的同学则面对在过大的生活空间内，设计不合理导致的空间浪费的问题。有的同学对自己生活的“一亩三分地”进行了更细腻的探索，关注家具的设计与人的行为关系。

模块2：场地调研

本次设计选题涉及城中村高密度开发与生活品质的博弈问题，居住人群的构成多样问题、既有建筑去留与改造问题及现状开发与远期规划的融合问题。因此，本次调研不再要求学生面面俱到地根据规划设计中的几要素面面俱到地描述基地现状，鼓励学生带着问题出发，描述表象问题、剖析根本成因、分析相关案例、寻找解决策略，为学生四年级

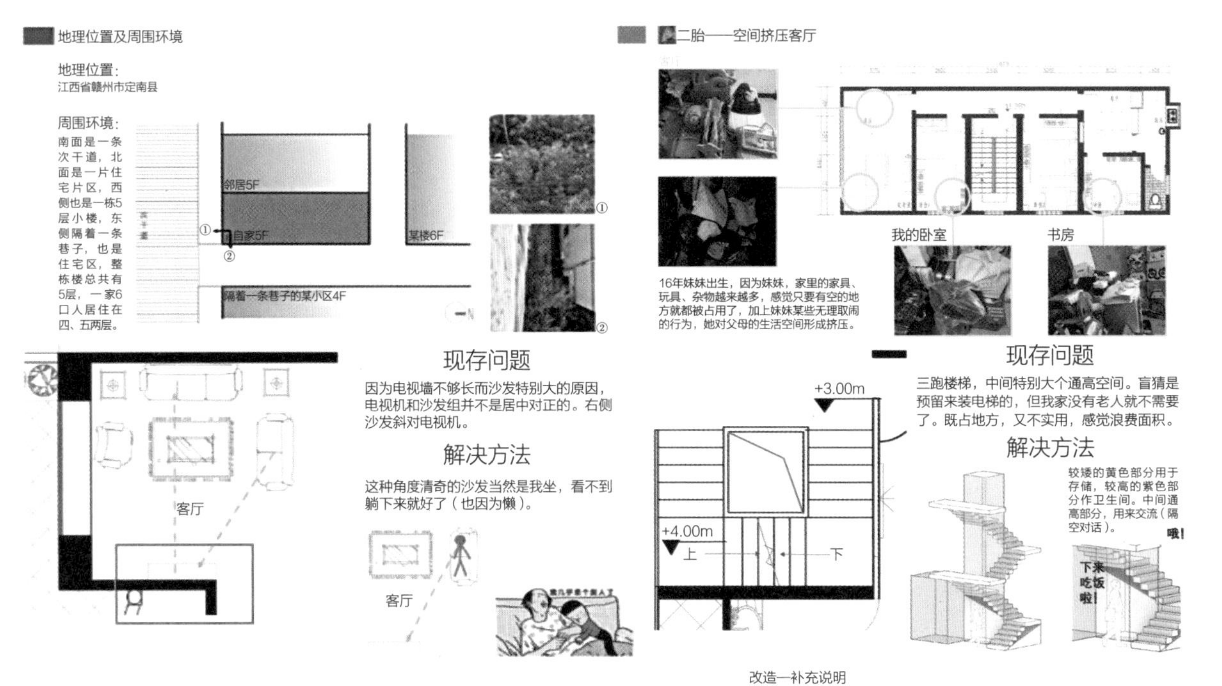

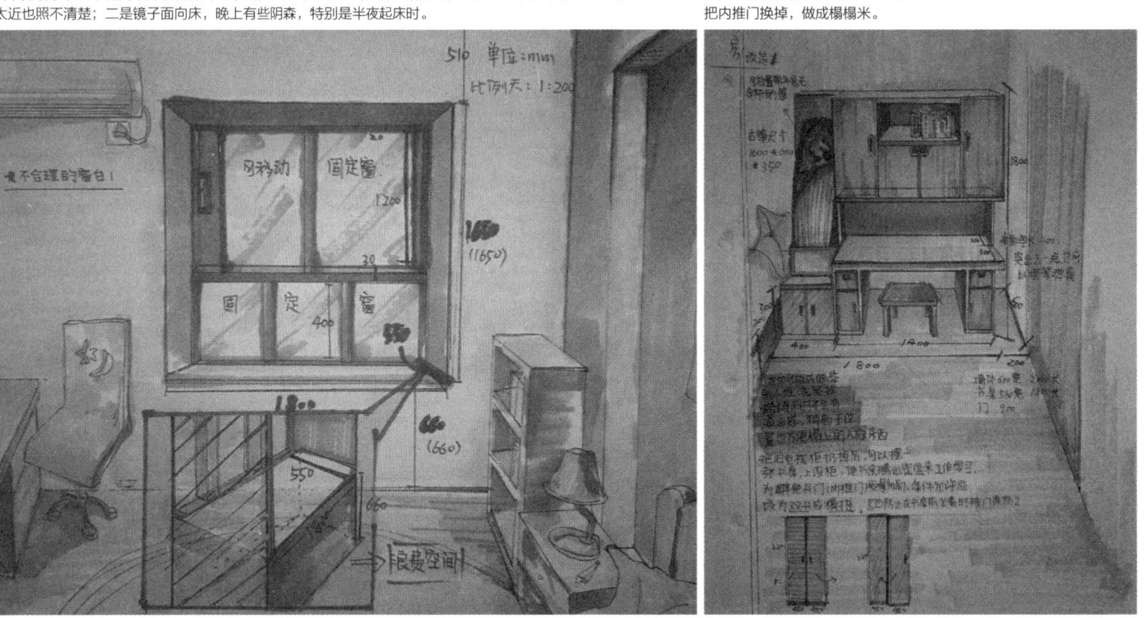

图3-41 自宅改造作业（学生：赖璐遥、梁欣媛、邱可筠）

城市设计及社会调查课程打好基础，做到三、四年级教学内容上的衔接（图3-42）。

首先，学生通过调研不仅梳理了现状，还尝试比对了远期规划文件，发现基地所在区域存在的不足与建设空间，提出待建住区的设计定位。其次，通过观察、访谈等方式提出了现状存在的表象问题，但不限于此，通过系统性地梳理规划设计要素，试图找到不同问题存在的根本原因，并提出应对策略，是一份以设计为导向的调研报告。

图3-42　场地调研作业（学生：黄颖欢、赖璐遥、蔡梓炜、张重阳）

模块3：住区规划

通过调研，从解决其中一个问题出发，展开规划设计的讨论，有的作业从未来高密度城市居住空间的想象出发，讨论共享、立体、高效的生活模式，有的作业从保留城市记忆的角度出发，讨论既有城中村的公共空间形态、特征如何在住区更新的过程中得以保留，有的作业从使用人群的多样性与特殊性出发，根植于人群的实际需求，讨论居住模式的开放性与灵活性（图3-43）。

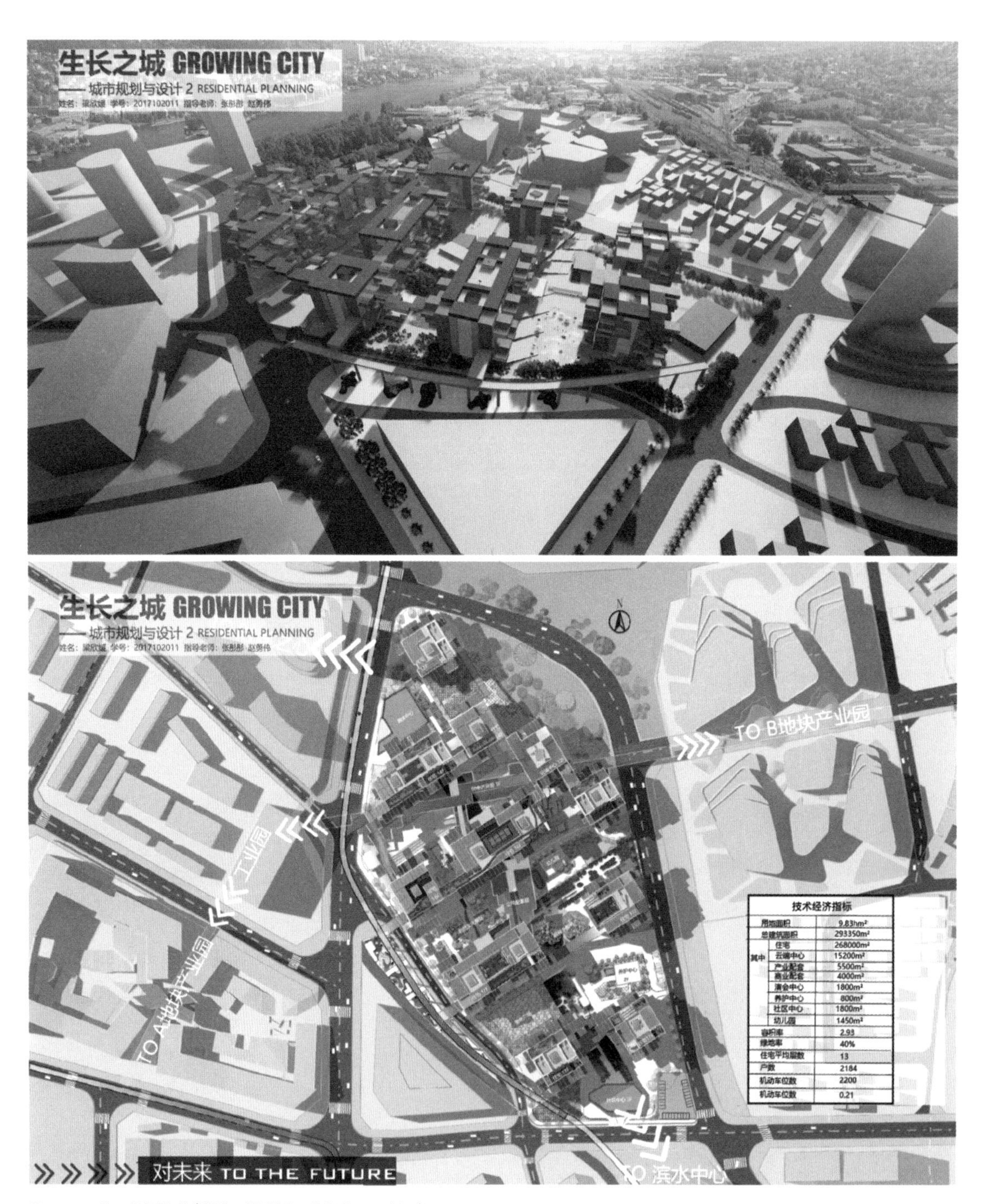

技术经济指标		
用地面积		9.83hm²
总建筑面积		293350m²
其中	住宅	268000m²
	云端中心	15200m²
	产业配套	5500m²
	商业配套	4000m²
	演会中心	1800m²
	养护中心	800m²
	社区中心	1800m²
	幼儿园	1450m²
容积率		2.93
绿地率		40%
住宅平均层数		13
户数		2184
机动车位数		2200
机动车位数		0.21

图3-43　住区规划作业（学生：梁欣媛、黄颖欢、王晓涵）

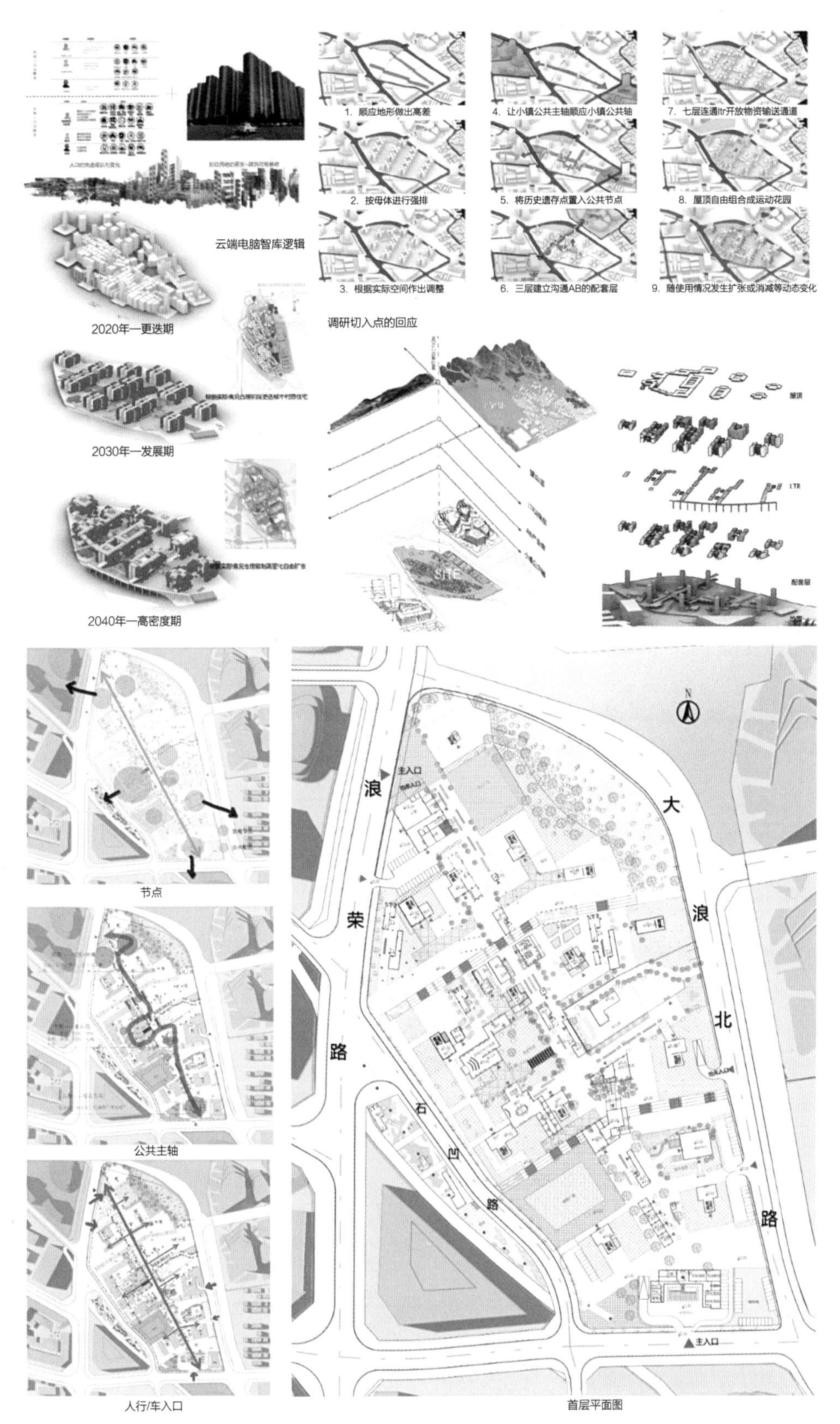

图3-43 住区规划作业（学生：梁欣媛、黄颖欢、王晓涵）（续1）

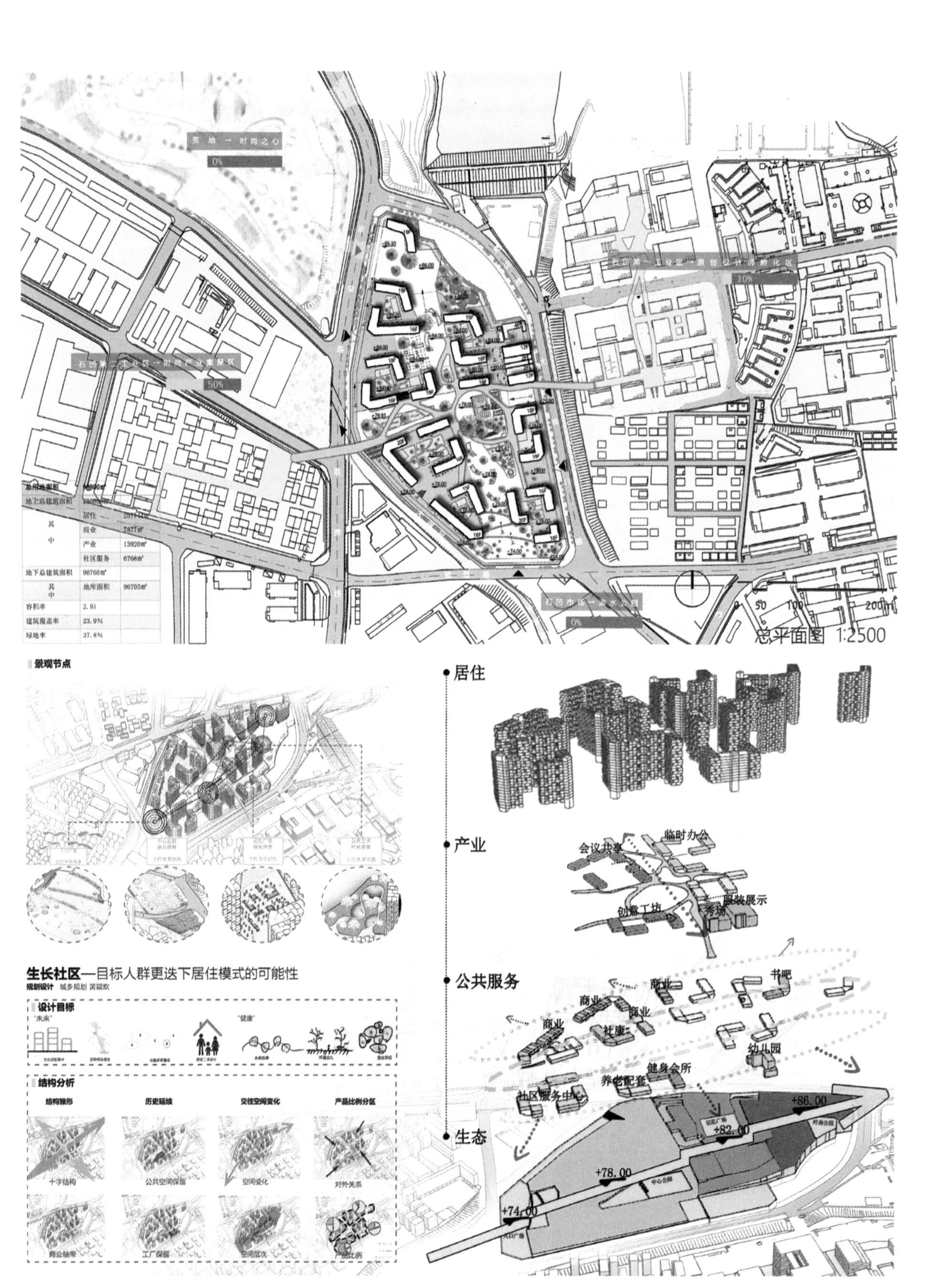

图3-43 住区规划作业（学生：梁欣媛、黄颖欢、王晓涵）（续2）

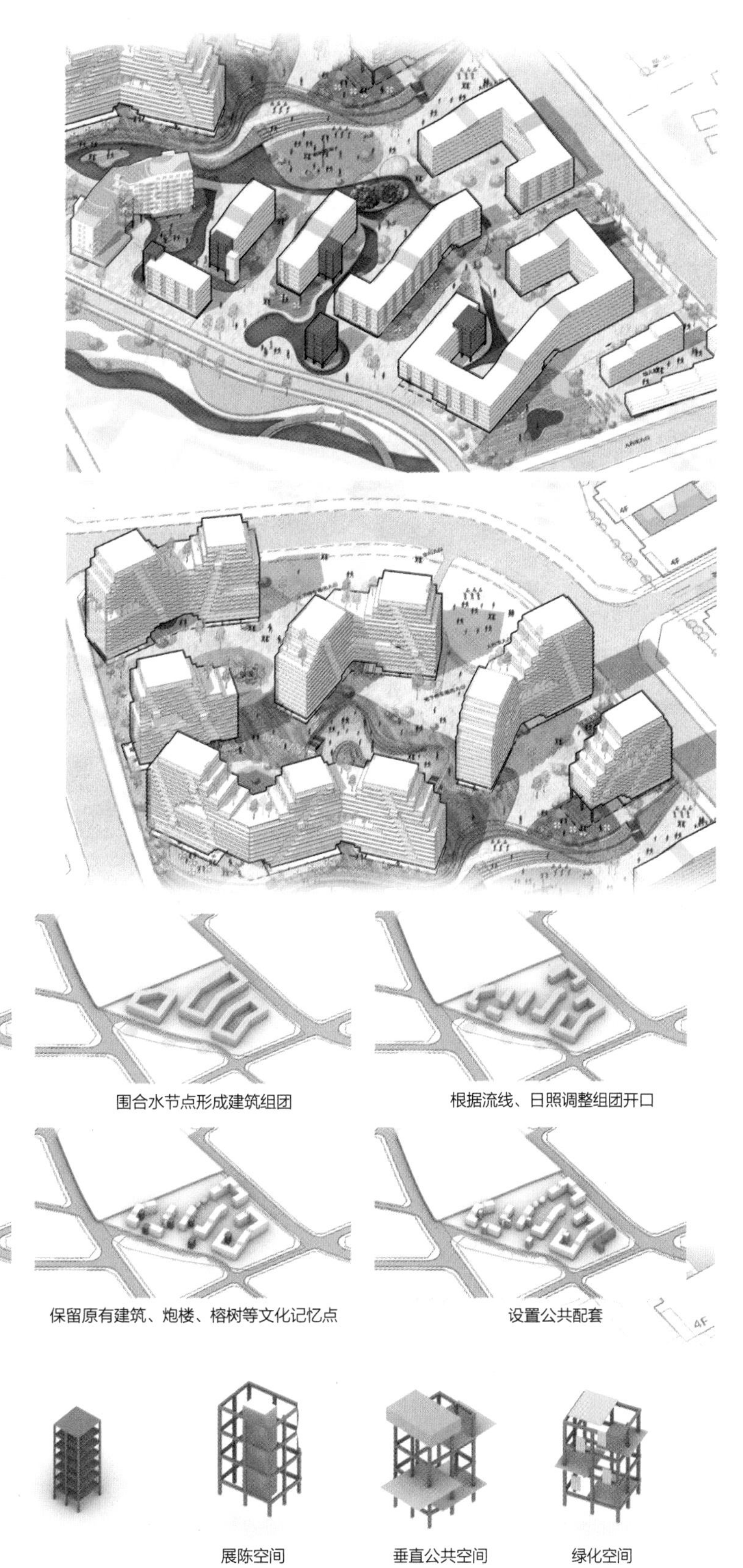

图3-43　住区规划作业（学生：梁欣媛、黄颖欢、王晓涵）（续3）

作品《生长之城》强调了调研时梳理出来的不同高度下的4个城市系统，并在不同层面的住区规划中回应了交通系统、产业街系统、物流系统、景观视廊系统，住区内部的系统与城市紧密结合，在此基础上，设置住宅模块、景观模块、服务设施模块，灵活应对城市生长过程的变化，该作品获得了2020年城市设计学生作业国际竞赛奖项。作品《生长社区——目标人群更迭下居住模式的可能性》关注青年人群全生命周期下的居住空间的改变，不同居住模块的自由组合，保留原有城中村的公共空间，增设了青年人群所需要的交往空间类型，丰富了住区公共空间的层次。作品《高效&生活》关注基地内部既有建筑的形式，对南区的部分建筑进行了保留和改造，为城中村的原有居民保留了之前的生活模式，提升其生活品质，对北区的住宅进行了拆除重建，为周边产业园的办公人群提供住宿。为营造更多景观展示面，北区的建筑留出不同的景观视野通廊与北区的山体景观呼应，并在南区和北区之间构建公共服务设施主街联系南北。

模块4：住宅设计

选取上一住区规划模块中某一典型住宅进行单体设计，既关注建筑单体与场地的关系，也关注户型设计理念的合理性，强调住宅设计与住区规划之间的衔接与递进。要求学生在理解住宅设计相关条例及规范下，但又不必完全苛求于规范指令，允许学生在各自的设计理念下，适当突破既有技术规范及经济条件的约束进行设计，鼓励创造性与前瞻性思考（图3-44）。

延续上一模块的三份作品的理念，分别深化某一典型住宅单体，有的作品为回应不同高度的系统轴线，住宅单体在不同高度的形体和公共空间及功能的设置均有一定扭转，形成空间形态层次丰富的住宅单体。有的作品回应了全生命周期下的户型适应性和生长性问题，对户型平面的推敲较深。有的作品关注老旧住宅改造过程中的关键问题，对建筑结构及公共空间的扩张均作了进一步的深化考虑。

图3-44　住宅设计作业（学生：梁欣媛、黄颖欢、王晓涵）

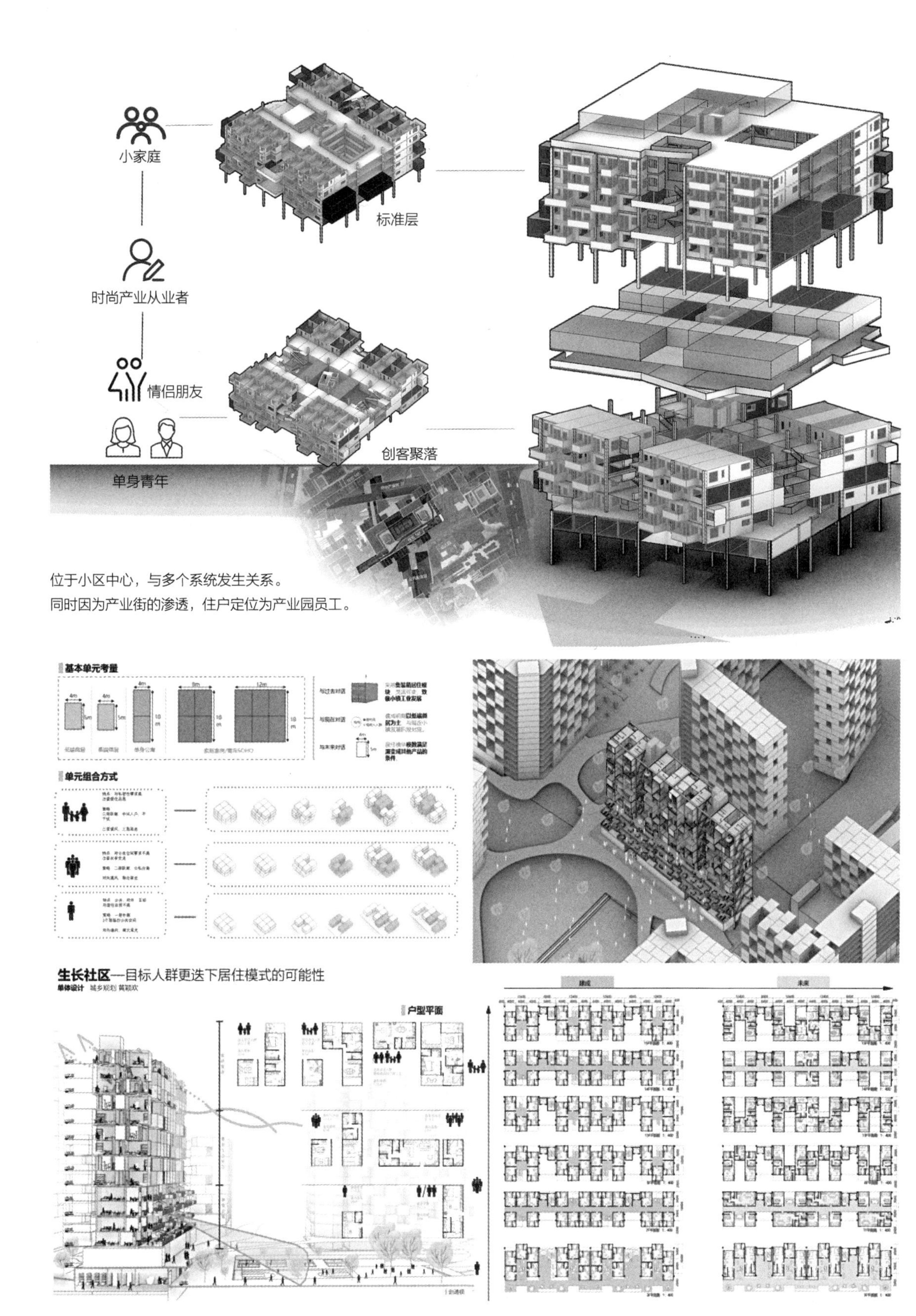

图3-44　住宅设计作业（学生：梁欣媛、黄颖欢、王晓涵）（续1）

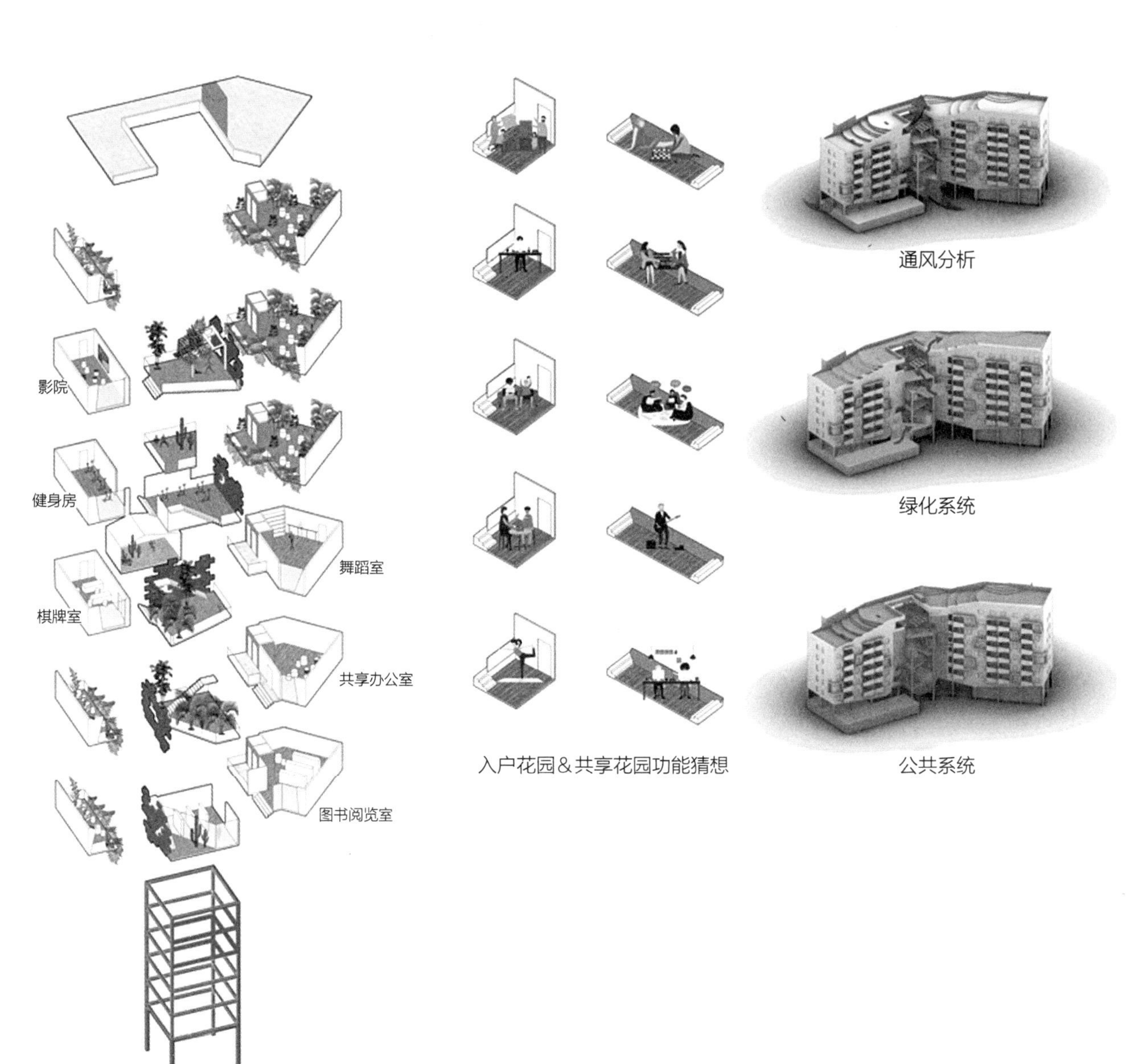

图3-44　住宅设计作业（学生：梁欣媛、黄颖欢、王晓涵）（续2）

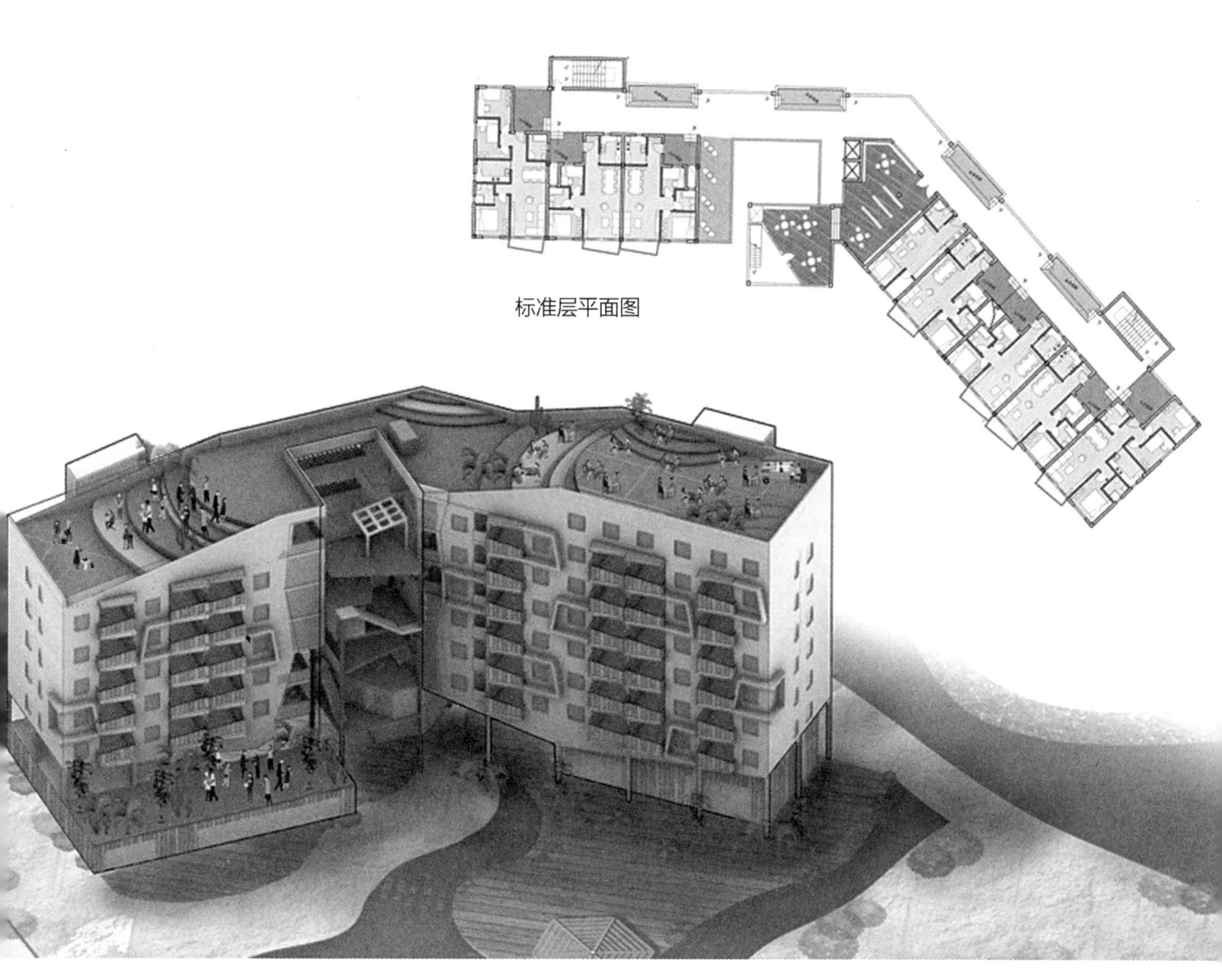

图3-44　住宅设计作业（学生：梁欣媛、黄颖欢、王晓涵）（续3）

五、思考与总结

基于以上的教学组织原则和特色，三年级教学在近年来的改革过程中不断摸索经验，总结教学过程中出现的问题和不足，通过集体研讨对教学内容安排、教学流程组织及教学成果要求等进行持续地优化和调整，以改善教学体验，提升教学效果。具体的优化和调整主要包括以下几个方面。

（1）课程内容安排的优化和调整

三年级上学期始终保持了总图设计课程的延续，在具体设计环节上则不断进行优化和调整。如基地选址和功能定位的调整，基地尺度的优化以及三年级上学期及三年级下学期选址的关联性调整等。

2014～2016年，三年级下学期课程设计内容为城市办公、商业及居住综合体规划设计，考虑其是总图设计训练的延伸，引导学生逐步掌握城市设计及综合社区规划课题。2017年至今，结合规划专业课程体系整体调整，将原为四年级上学期的住区规划设计课程调整到三年级下学期，在实际课程设计中，也有意识强调了深圳城市背景下的综合住区规划设计定位，从而在课程内容上实现整体稳定和持续优化，同时通过三年级上学期以创意产业为主导的产业园区规划设计，以及三年级下学期以住宅为主的综合住区规划设计，使学生在三年级能够深入理解并探讨产业和居住两种城市主导功能，逐步建立城市认知和社区理念，为后续的规划专业学习奠定认知基础和能力储备。

（2）教学流程的优化和调整

前期总图设计的教学中将总图设计环节前置，在总图设计基础上再选择重要单体建筑进行深化设计。为继续强化二年级单体建筑训练到三年级总图设计训练的过渡，经教学组讨论，尝试对总图设计教学流程作适当调整，将单体建筑设计模块前置，单体建筑设计内容也由产业服务中心改变为产业园区中的基本办公单元，强化了总图设计中依托单元原型进行群体聚落组织的教学设想。同时，将单体建筑设计拓展为单体建筑地块的总图设计，使学生在单体建筑设计阶段就能够建立总图设计的意识和框架。由于地块尺度限制，总图设计面对的问题和知识点可控，是学生进入下一阶段园区总图设计的一个过渡和预演，这个尝试在2021年三年级上学期的总图设计教学中已经落地，效果还有待进一步评估。但学生初步的反映还是较为理想的。

（3）设计成果要求的调整

1）注重过程成果

通过设计教学任务书，将整个教学课程合理分解为若干环节，明确各环节的教学目标和成果要求，并及时进行环节末的交流互动，从而将教学任务和目标逐步分解落实，如每个学期的教学均包括基地调研的成果及汇报环节、规划设计前期的小组讨论环节、规划中期的纵向组内评图环节以及学期末的年级组评图环节等。在教学过程当中也鼓励同学们以组为单位制作基地大尺度模型，结合基地模型作草模分析及多方案研讨，逐步建立规划早期学生的环境思维、城市思维和三维空间形态思维。同时，三年级上学期的总图设计与三年级下学期的综合住区规划也根据课题特征，在教学环节设计上各具特色。如三年级上学期总图设计在规划设计前期增加了不同容积率的总图强排实验，帮助学生建立开发强度和基地空间形态的初步关联意识；在三年级下学期综合住区规划中，在期初增加了“我的家”环节，通过对学生最熟悉的家庭居住空间的分析及改造尝试，帮助学生初步建立对居住空间尺度、功能和布局等基本要素的理解和认知。

2）注重空间和场景塑造能力的表达

鼓励学生以手绘的形式进行草图及成果表达；引导学生进行规划布局中的空间图底分析，并进一步对核心空间及节点进行空间设计和场景塑造，建筑设计环节及首层总平面图的设计表达，也意在帮助学生提升建筑内外空间设计能力和表达。

3）注重规划设计生成逻辑的表达

为避免基地调研与规划设计成果之间的脱节，从教学过程到最终成果表现，均有意识引导学生梳理思路，分析基地及环境问题，确立基地规划设计目标，明确解题思路，并在最终规划设计成果中充分展现其规划设计逻辑，从而帮助学生逐步建立良好的规划设计方法和逻辑思维素养，为后续的专业学习奠定方法论基础。

4）对最新的规划设计工具的引入和鼓励

当前支撑规划设计的数字化工具日益增多，在教学的各个环节之中，结合学生的兴趣和能力，有意识地向学生引介相关的数字化规划设计工具，如调研阶段的热力图地图和GIS地图，规划设计阶段的风环境分析软件的运用等，让学生逐步了解新的规划设计工具，为后续年级的深入学习和有组织运用奠定基础。

总之，三年级规划教学处于规划专业教学承前启后的重要转折点，本着“衔接、渗透、多元、互融”的出发点，教学组对教学版块设计及其课程选题、选址、教学任务书制定、教学组织安排等作了多方面探索和持续调整，以期更好地适应规划三年级学生的认知规律，提升教学效果，培养学生综合能力，为学生从基础平台向高年级专业学习过渡奠定良好的基础。同时根据教学过程中的反馈和对教学成果的评估，也持续对教学的各个环节进行反思和优化调整，未来这种思考和优化调整也将持续进行。

4

第四章

城乡·融合｜四年级：

多学科融合的
综合性规划设计能力培育

执 笔 者　高文秀　辜智慧　张　艳　刘　倩　邵亦文

教学团队　杨晓春　王浩锋　高文秀　辜智慧　黄大田
　　　　　张　艳　李　云　刘　倩　邵亦文　陈宏胜

一、教学目的

四年级对于城乡规划学生来说是专业知识体系构建以及从较小尺度设计转向更大尺度空间规划的重要学习时期。因此，四年级教学目的是使学生建立综合系统的城乡规划思维体系，对复杂城市系统有更深刻的理解，能够有效掌握城乡规划中不同尺度规划设计的内容及要点。

四年级教学以培养具有研究型设计思维和视野的规划人才为愿景，不仅注重基本职业能力的培养，即规范的城乡规划成果表达的能力，同时关注进阶能力的培养，如问题导向、逻辑思维与叙事、人本视角规划理论、大数据辅助设计支持等。因此，在教学中特别关注城乡规划行业的新发展和新变化。例如，紧随国家制度政策层面国土空间规划改革的新变化，以及当前大数据分析技术的兴起和普及对规划学生提出的新要求等。

二、教学设计与组织

1. 主要教学模块

教学模块的组织体现“知识拓展、多元思维、学科融合和交叉”3个关键词。四年级需要完成4个规划设计成果，分别是城市设计、控制性详细规划、乡村规划和镇国土空间规划（图4-1）。

4个规划设计模块的设计尺度从小到大，设计对象从单一到复杂、多元。教学过程中，注重学生逻辑思维能力的提升，以及综合运用城乡规划理论处理和分析复杂城市问题能力的培养。

2. 教学计划与安排

（1）城市设计与开发控制

1）课程介绍与教学安排

四年级下学期的“城市设计与开发控制”课程是深圳大学城乡规划专业四年级的设计核心课程。本课程由城市设计与控制性详细规划两个教学模块组成，每周授课2次小计8学时，18周共计144学时。其中，城市设计模块安排13周，控制性详细规划安排5周。学生首先以两人小组为单位，针对选定的基地提出具体的城市设计方案；然后以个人为单位，将城市设计方案转化为指导建设开发和规划管理的控制性详细规划文件。

在城市设计模块中，学生首先结成两人小组，针对面积30hm^{2}左右的城市用地，自行划定研究范围（一般为10～20倍基地的面积，以山水要素、道路和行政边界为研究范围界线），进行详实的现场调研，挖掘历史文脉、社会发展、产业经济、土地利用、景观生态等方面的特征，了解上位规划对场地的定位要求和使用人群的实际需求，充分收集支撑城市设计的相关数据资料；结合相关案例的研讨学习，在指导教师的引领下，提出鲜明的城市设计概念和可落实的策略方向；并通过设计大

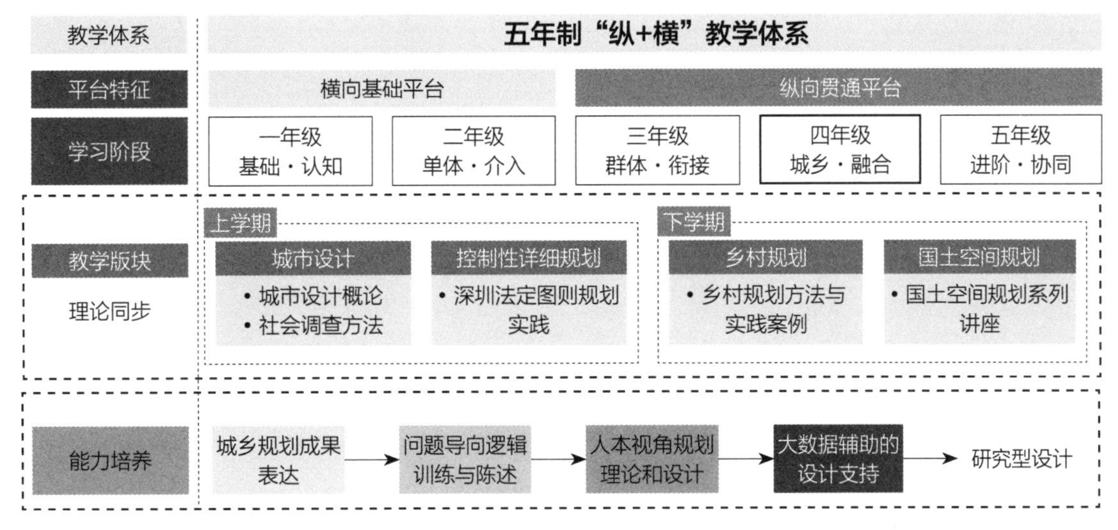

图4-1　四年级教学模块之于总体教学方案

纲、一草、二草和方案深化调整逐步形成具体的设计方案，鼓励学生进行专题探索和成果表达创新。控制性详细规划版块以个人为单位，要求每名学生将小组城市设计方案转化为可供建设开发指导和规划管理的一套控制性详细规划图文成果（表4-1）。

城市设计与开发控制课程教学安排　　表4-1

教学模块		周次	教学内容
城市设计（13周）	调研分析与概念生成	第1周	解读任务书，介绍基地，组织现场调研
		第2周	城市分析和技术讲座，研讨学习相关案例
		第3～4周	汇报调研分析成果，生成设计概念，提出策略方向
	方案设计与成果表达	第5～6周	形成城市设计大纲，完成方案一草
		第7～9周	完成方案二草
		第10～11周	进行方案调整深化，小组探索相关专题
		第12～13周	完善设计表达，提交成果，进行版块终期答辩
控制性详细规划（5周）		第14～15周	解读任务书，专题讲座，初绘控制性详细规划图纸
		第16～17周	进行组内评议和内容调整，撰写控制性详细规划文本和说明书
		第18周	提交控制性详细规划图文成果

本课程同时培养学生理性分析和感性思考能力，兼顾形象思维和抽象思维两方面的锻炼，并通过设置多个教学和考察环节，综合提升学生认知城市和场地、多方面获取资料、解析城市问题、运用空间分析技术和设计手法、查阅和采用相关规范、口头和书面表达等多方面能力。在课程中，学生不仅需要回答“如何设计”的问题，还需要回答“为何设计”“为谁设计”“如何实现设计构想”和“如何管控设计内容”等一系列问题。

2）课程基地选址

深圳开发建设40多年来，从边陲小城发展成为拥有1700多万常住人口的超大城市。伴随着早期快速且粗放的工业化和城镇化进程，当今深圳面临着土地资源短缺、产业升级压力大、公共服务设施和基础设施供给不足、交通改善需求迫切、外来人口融合、城市发展与历史文化遗存保护和自然保育之间的空间冲突等诸多严峻挑战。深圳这所大学堂不仅提供了丰富的城市设计对象，同时也给深圳大学城市设计课程的开展提出了更多、更高的要求。

“城市设计+控制性详细规划”两个教学模块的基地选择本着“坚持在地性、探索未来性”的原则，教学组充分参考深圳密度高、活力强、多元复合的特征，筛选出富有代表性的城市空间类型的课程基地。近年的基地分别为宝安区凤凰古村地块（2020年、2021年）、龙岗区和磡村地块（2020年、2021年）、福田区上步工业区地块（2019年）、龙岗区大运枢纽站前地块（2018年）（图4-2）以及罗湖区罗芳村地块（2017年）。这些基地位于深圳市的不同位置，包括历史村落、城中村、旧工业区、城市交通枢纽和口岸边界等不同类型，多为已建成地区。在存量发展时期，这些基地面临城市更新和提质改造的迫切需求，这就要求学生努力思考在资源约束的条件下新旧元素的协调和融合问题。

具体而言，这些基地概况如下。

图4-2　近年课程基地选取

① 宝安区凤凰古村基地位于宝安区福永街道，东靠凤凰山，南毗空港新城，西邻深圳会展中心和立新湖公园，北接福永的工业园区，规划范围内面积38.7hm^2。基地内的凤凰古村原称岭下村，是一座有着700多年历史的广府古村落，其内保存有祠堂、私塾、书室、民居、古井等100多处历史文化遗存，具有重要价值。凤凰古村是民族英雄文天祥后裔的聚居地，承载着民族记忆和爱国主义精神，凝聚了原汁原味的传统文化，成为深圳宝贵的精神家园。古村内居民现已迁出，并统一进行文化旅游开发，但由于种种原因，并未取得良好发展。除了古村以外，基地还包括凤凰新村和工业园区。

② 龙岗区和磡村基地位于龙岗区坂田街道坂雪岗科技城，五和大道以东，布龙路以南，和南路以西，光雅园路以北，设计范围内面积29.9hm^2。和磡村是典型的深圳城中村，村内“握手楼”遍布，外来人口占大多数，有极高的开发强度、人口密度和人员流动性。随着城市更新的推进，和磡村周边现已建成若干居住社区，包括位于和磡村西侧的万科四季花园、北侧和成世纪家园、十二橡树庄园等。城中村在快速城镇化背景下，其自身的发展、演变及其对城市空间的价值有待研究。

③ 福田区上步工业区基地位于福田区，设计范围东至燕南路、南至深南路、西至华强路、北至振华路，面积27.39hm^2，是曾经的上步工业区的组成部分，毗连“中国电子第一街”华强北。上步工业区是一个以电子工业和来料加工工厂为主的工业区，20世纪80年代因汇集了大量来自内地和香港的电子产业资源而成为全国知名的电子产业园。1988年，赛格电子市场组建，当地开始向电子商业功能转型，随后经过五次扩容，成为具有世界影响力的电子产业交易中心。

④ 龙岗区大运枢纽站前基地位于深圳大运新城南部和龙岗中心区，所在区域是深圳未来着力发展的城市副中心区，附近有大运体育中心、龙

岗大学城等大型公共服务设施配套。具体而言，基地位于龙岗区深圳地铁3号线（龙岗线）大运站前，设计范围北至龙飞大道、西至红棉路、东至龙岗大道、南抵荷坳新村和荷坳小学，总面积约27.4hm^2，现状包括空地、公交场站、少量城中村民房以及旧工业厂房。大运站未来规划为多线交会（3号线、14号线、16号线等）的轨道交通枢纽站点，客流量将显著提升，对城市功能、公共服务设施、交通组织和景观设计等各个方面都带来更多的要求。

⑤ 罗湖区罗芳村基地位于罗湖区延芳路，背靠猫窝岭，与香港新界隔深圳河相望，设计范围面积21.5hm^2。多年前，由于深港两地的地缘联系和收入差异，大量附近村民前往香港打黑工，补贴家庭生活，罗芳村成为有名的"偷渡村"。随着经济特区的建立和迅速发展，和深圳众多城中村一样，村民一跃成为城市居民，拥有了自己的物业，村属集体经济被改造为股份合作公司，和对岸的经济差异也出现了惊人的反转。罗芳村成为未来深港交流合作的地域空间，在深圳存量发展的大背景下也面临着日益增强的城市更新压力。

（2）乡村规划与国土空间规划

1）课程介绍与教学安排

"小城镇国土空间规划与村庄规划"是城乡规划专业的主要课程，也是理论联系实践的重要环节。本课程的教学内容与教学过程与国土空间规划和乡村规划实践密切结合，由教师指导学生亲历某城市（镇）的国土空间规划和某村庄的规划调研与编制过程，了解国家对国土空间规划和村庄规划编制的技术要求，并掌握国土空间规划和村庄规划编制各个环节的有关方法和技能。课程内容分为市（镇）国土空间规划和村庄规划两部分，原则上基于对市（镇）现状调研，并从中选择一个下属村庄进行村庄规划编制或调整。

主要教学目的：①通过对此课程的实践和教学，培养学生认识、分析、研究城市和乡村问题的能力；②掌握协调和综合处理城市和乡村问题的规划方法，基本了解和掌握国土空间规划和乡村规划的编制方法和内容；③基本具备国土空间规划和乡村规划工作阶段所需的调查分析能力、规划设计能力、综合表达能力。

课程由乡村规划和小城镇国土空间规划两个教学模块组成，每周授课2次小计8学时，18周共计144学时。其中，乡村规划约10周，国土空间规划约8周。暑期安排2周集中的实习和现场调研（表4-2）。具体安排主要分为4个阶段。

① 现场调研阶段：各教学小组根据指导老师的实际项目或相关课题，在三年级下学期期末的暑假期间选择适合的地点组织开展现场调研。要求对市（镇）及村庄进行详细的用地和建设情况的现状调查，走访各有关职能部门，查阅各类相关文献、统计资料和历史资料，为课程设计作准备。调研时间一般不超过2周。

② 现状分析与基础资料整理汇编阶段：在暑期调研的基础上，汇总所调研的小城镇与村庄的社会经济发展、空间布局等现状资料，并将所学的各门城乡规划专业课程如城乡规划原理、区域规划、城市道路与交通、城市工程系统规划等的相关知识在实践中进行综合运用，对所获取的资料进行系统的分析，提出城市及村庄发展和建设中存在的问题，编写"镇国土空间规划基础资料汇编"与"村庄基础资料调研报告"。教学时间约3周。

③ 村庄规划阶段：依据国家对村庄规划编制的有关技术要求，亲身实践编制村庄规划方案。教学时间约7周。

④ 镇国土空间规划阶段：依据国家对国土空间规划编制的有关技术要求，并结合当前国土空间规划的实践，亲身实践编制国土空间规划方案。各教学小组根据课题实际情况，形成至少1套完整的镇国土空间规划方案。内容包括规划文本、规划说明、规划图集。成果深度要求参照国土空间规划编制内容要求和项目所在城市及所在省的具体规定和要求。教学时间约8周。

教学进度及主要教学内容　　表4-2

阶段	周次	主要教学内容	习题或实验课内容
现状调研	暑期	讲座：现状调研的方法	现场踏勘与基础资料收集
现状分析与基础资料整理汇编	1	—	基础资料整理与现状分析
	2	讲座：GIS在规划中的应用	
		讲座：总体规划中的社会经济分析	
	3	讲座：乡村规划	
村庄规划	4	讲座：国土空间规划的编制	城市功能定位与功能预测
	5	—	
	6	—	
	7	讲座：国土空间规划与总体规划教学	镇村体系规划
		讲座：城市功能定位与规模预测	
	8	讲座：国土空间规划的成果表达	
		讲座：城乡一体化与镇村体系规划	
	9	讲座：城市总体空间布局规划	初步空间规划方案
		讲座：城市生态环境保护规划	
	10	—	
		中期汇报	
镇国土空间规划	11	讲座：城市综合交通规划	方案二草
	12	讲座：城市市政工程规划	
	13	—	空间规划方案深化与方案表达
	14	—	
	15	—	
	16	—	
	17	—	
	18	终期汇报（大组），提交成果	提交成果

2）课程基地选址与校企联培

“乡村规划+国土空间规划”两个教学模块本着结合实践性规划项目组织施教的原则，坚持产学研结合，探索校企联培。由于国土空间规划（总体规划）教学涉及广泛的资料收集、部门调研等，通过与深圳本土规划设计企业的合作交流，探索校企联合培养模式，让学生介入真实的国土空间规划项目，进行项目前期调研，并组织教学。

近几年与深圳本土设计企业，包括深圳市城市规划设计研究院有限公司、深圳市新城市规划设计股份有限公司、深圳市城邦城市规划设计有限公司等，开展实践教学联合。例如，与深圳市规划设计研究院有限公司等联合开展的东莞市横沥镇总体规划与重点村镇的规划设计，通过与实际项目结合，学生们有机会参与到真实的部门调研、资料收集、部门访谈等前期环节（图4-3、图4-4）。

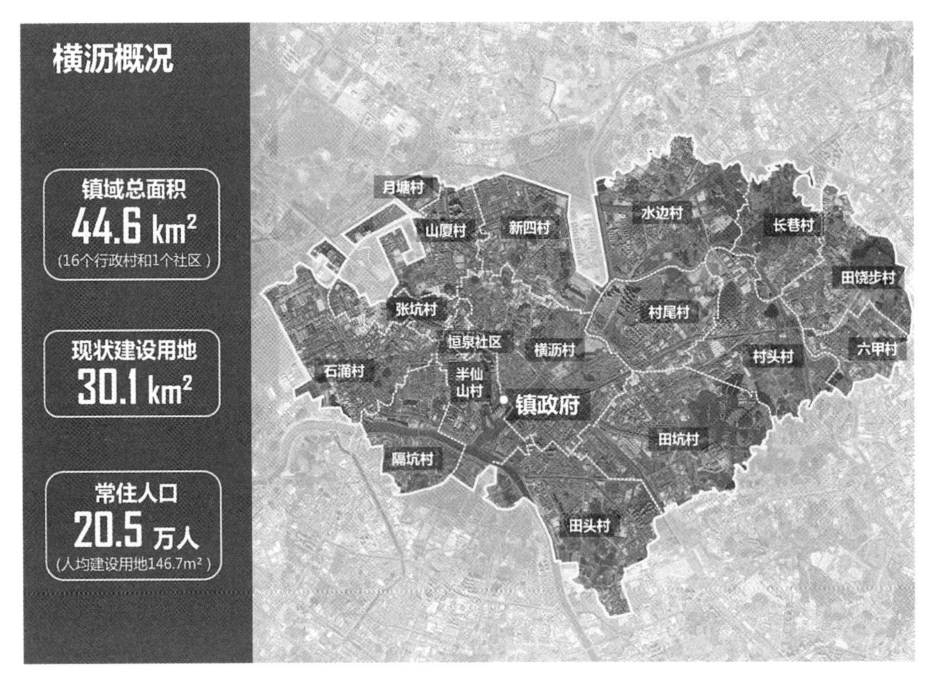

图4-3　2018年与深圳市城市规划设计研究院有限公司联合教学的总规基地：东莞市横沥镇

居民调查问卷

1. 你的年龄是？
   A. 18-29　　B. 30-45　　C. 46-60　　D. 61 及以上
2. 你的性别：　A. 男　　B. 女
3. 你或家庭主要经济来源有哪些？
   A. 工作　　B. 自营　　C. 务农　　D. 其他（请注明）________
4. 你期望看到本镇、本社区（村）更新改造后是什么样的？
   ____
5. 你认为本镇、本社区（村）最具有特色片区分别在哪里？
   ____
6. 你对本镇、本社区（村）的最具特色片区改造的想法和建议是？
   ____
7. 你认为目前生活、城镇建设的最显著的缺陷是？（多选）
   A. 出行不便　　B. 购物不便　　C. 用水用电　　D. 居住环境差
   E. 入学就医难　　F. 消防治安隐患　　G. 其他（请注明）________
8. 你认为需要通过更新改造最希望改善的是？（多选）
   A. 出行不便　　B. 购物不便　　C. 用水用电　　D. 居住环境差
   E. 入学就医难　　F. 消防治安隐患　　G. 其他（请注明）________
9. 你对城镇、社区（村庄）更新改造的态度是？
   A. 期待　　B. 无所谓　　C. 不愿意
10. 你更能接受或需要什么样的更新方式？
   A. 拆除重建（彻底改造）　　B. 原地综合整治　　C. 功能改变
11. 如果更新改造你接受怎样的赔偿方式？
   A. 货币赔偿　　B. 商品房安置　　C. 政府统建房
12. 如果更新改造你希望如何安置？
   A. 就地安置　　B. 异地安置
13. 如果更新改造，你是否愿意集中安置？
   A. 是　　B. 否
14. 如果需要集中安置，村民希望能安置在哪？（可写不止一处）有没有哪些区域是不能接受作为安置区的？（可写不止一处）
   A. 希望安置区域________
   B. 不能接受作为安置区的________
15. 如果更新改造，你希望的拆赔比例是________
16. 希望返还的集体物业的类型是什么？对返还集体物业的位置选择有什么要求？
   A. 住宅　　B. 写字楼　　C. 商铺　　D. 酒店
17. 用于自主的物业面积多大比较合适？
   A. 120 m²　B. 150 m²　C. 180 m²　D. 210 m²　E.240 m²　F. 其他（请注明）____
18. 用于出租的物业面积多大比较合适？
   A. 30 m²　B. 45 m²　C. 60 m²　D. 75 m²　E. 90 m²　F.其他（请注明）____
19. 当地有没有具有历史价值和文化价值、纪念价值，希望保留或重建的建筑物或构筑物？
   A. 祠堂　　B. 庙宇　　C. 老宅
20. 如果重建，选址希望选在哪种区域？
   A. 集体物业　　B. 安置区内　　C. 其他（请注明）________
21. 可否附设于会所等其他公共建筑？
   A. 可以　　B. 不可以　　C. 其他（请注明）________
22. 基于对该地区的认知及生活经验，你认为哪些地方需要更新改造、适合更新改造？
   ____
23. 对未来社区产业发展有什么构想？
   ____
24. 你对村更新改造政策了不了解？了解多少？
   A. 非常了解　　B. 有一定了解　　C. 完全不知道
   （如果了解请简要注明）________________

图4-4　东莞市横沥镇总体规划居民调查问卷

三、课程设计的特色与创新

1. “理论-技术-实践”融合的教学组织

城市是一个复杂的巨系统，城乡规划专业的学生应具备较强的综合思考能力。信息技术的发展，对城乡规划专业学生的技术能力提出了更高要求，地理信息技术、大数据及数理分析方法，在很多高校成为本科学生的必修课程。城乡规划实践与技术分析方法的融合需求越来越迫切。在这样的背景下，如何强化学生对理论知识的理解、对技术方法应用的切实感受，促进学以致用，是规划教学体系调整的思考点之一。为避免学生理论和技术方法的学习与设计实践脱节，我们对四年级设计课的组织上进行了如下变革，使技术方法的学习更有的放矢，强化理论应用、技术分析和设计实操在课程中的融合。

（1）理论课与设计课同步

深圳大学建筑与城市规划学院近年来开展了一系列的教学调整，旨在提高教学质量，促进产学研结合。教学体系上，从“强基础、重实操”两个层面，将部分理论课，如城乡规划原理、城市环境与城市生态规划、地理信息系统、中外城市建设史、城市工程系统规划、城市道路与交通、城乡规划管理与法规等课程下沉到大二下学期或大三上学期（图4-5）。与此同时，将部分理论课与设计课同步开展，促进学以致用，如城乡社会综合调查、城市设计概论、总图与场地设计导论、城乡概论、城市规划与设计等。

与此同时，四年级教学组为拓宽学生视野，还结合设计课进度邀请国内外知名专家、学者开展专题讲座。这些专题讲座围绕乡村规划设计、城市设计、国土空间规划、规划管理等内容展开，有助于同学们了解国内外设计行业发展趋势，更深刻地理解不同类型城乡规划的要点，扩展视野（图4-6）。

（2）地理信息技术教师全程参加设计课教学

强化技术支撑，探索从技术应用到设计支撑的研究式设计路径。地理信息技术方向教授全程参与设计课教学，通过指导学生开展基于大数据的人流分析等，从数据角度对场地吸引力、活力、公交可达性等各类因素进行分析，探索研究型设计的教学路径。

2. 社会调查与设计课联动

四年级设计课任务较重，城市设计和乡村规划两个大的设计作业完成时间均只有10～12周，往往出现调研不够深入、只重视图纸表达、开展以人为本的社会调查和研究时间不足等问题。为了使学生能够对设计场地有更深入的调查和前期研究，我们尝试了将社会调查与设计课结合的教学模式，取

强基础 核心理论课程下沉 （调整至大二下或大三上）	重实操 理论与设计课同步
□ 城乡规划原理（二年级）	□ 城乡社会综合调查（同步四年级）
□ 城市环境与城市生态规划（三年级上）	□ 城市设计概论（同步四年级）
□ 地理信息系统（三年级上）	□ 总图与场地设计导论（同步三年级）
□ 中外城市建设史（三年级上）	□ 城乡概论（同步四年级）
□ 城市工程系统规划（三年级上）	□ 城市规划与设计（同步四年级）
□ 城市道路与交通（三年级上）	
□ 城乡规划管理与法规（三年级上）	

图4-5　理论课与设计课的协同安排

图4-6　结合设计课进度安排的各类名家讲座

得了不错的效果。

例如，2019年社会调查课以参加2019年深港城市\建筑双城双年展为契机，组织2016级当时就读三年级的本科生，开展对深圳龙岗五和大道和岗村（城中村）和万科四季花城（商品房小区）居民微生活的调查，构建了道路交通与城市生活、产城关系、社区生活与融合、公共空间使用等不同主题的微生活行为观察资料库（图4-7）。这些对居民微生活的观察，较好地促进了次年以此为基地的城市设计课程的开展（图4-8）。

□ 容：城中村与门禁社区之间如何交互与包容

1. 门禁社区的“围”与城中村的开放性形成鲜明对比。万科四季花城“带刺”的围墙和严格的门禁管理，形成了它所谓的“高档次”社区价值。和岗村的开放性，使它有着接地气的自由，但这极大的包容又容易出现管理不便的现象，带来一定程度的空间混乱。

▶ 空间上的对比

图4-7　同学们在社会调查中开展的微生活调查

图4-8　2019年深港城市\建筑双城双年展城市微生活研讨现场

四、代表性教学实践

1. 城市设计与开发控制一体化教学实践

（1）城市设计教学模块

城市设计模块旨在引导学生掌握城市设计资料收集、调查分析、空间设计及其表达的技巧与方法，相应理解城市设计的内涵与意义；培养对城市不同类型片区的洞察和理解能力；运用已有的专业知识和手段，分析和解决比较复杂的问题。

1）调研分析与概念生成阶段

在调研分析阶段（图4-9），学生需要尽可能搜集基地乃至研究范围相关的资料和数据，结合地块的发展方向完成具有前瞻性的分析，提出初步发展构想。学生需要侧重考虑以下3个主要方面：①空间形态，包括土地使用、建筑属性（高度、质量和权属等）、公共空间、道路与交通设施、市政公共服务设施等；②社会经济，包括现状人口规模与构成、产业业态、社会文化、历史遗存、特色空间与历史建筑等；③地区发展，包括基地及周边的各层次规划和发展意见，对发展条件、限制因素及与周边地区关系等进行归纳整理。

调研分析中，学生一方面可以开展详细的版块化专题分析，结合自身的观察、体验形成批判性的思考，为城市设计提供具体的改善方向，例如图4-10所示两位同学一方面对于宝安区凤凰古村基地内公共空间存在的主要问题的探讨；另一方面，通过意象化、故事化的呈现方式，概括性地描绘基地在城镇化进程中的发展脉络，突出场地的冲突性矛盾，反映使用人群的主要诉求（图4-11）。通过这样的训练过程，学生能够丰富对于基地的全方位感知，逐步形成一套自洽的评判逻辑，并通过多元化的手段表达出来，为下一步打好基础（图4-12）。

设计概念赋予了一个城市设计方案以灵魂。好的概念构思不仅需要敏锐地抓住基地优势特征、回应主要问题，还能够契合规划设计的正面价值观，适时把握时代的方向性需求，通过高度凝练的文字引导策略方向。在课程中，教师鼓励学生不必拘泥

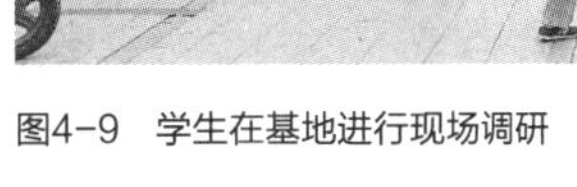

图4-9　学生在基地进行现场调研

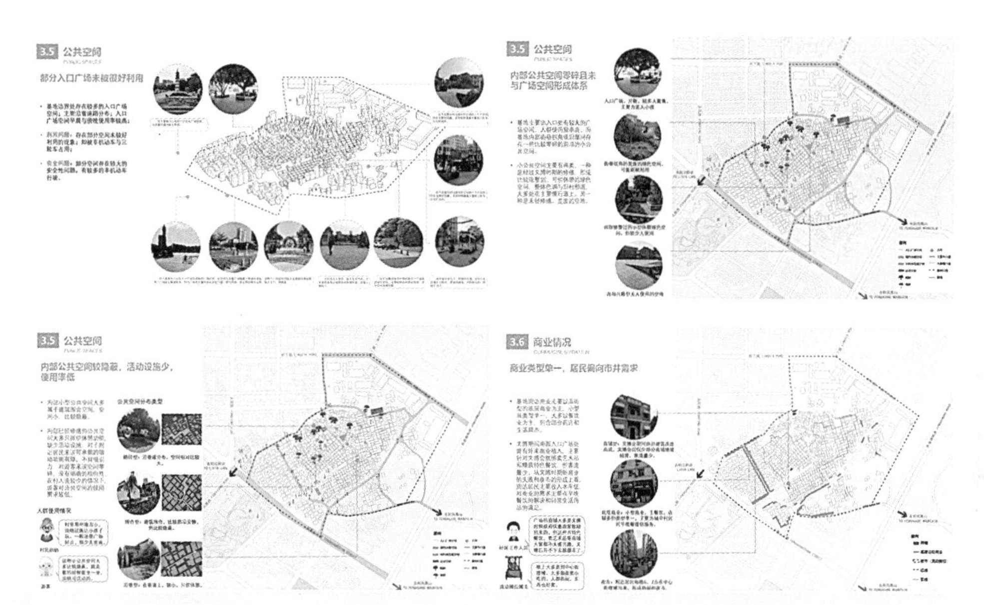

图4-10　专题分析示例（部分）（学生：邓琦琦、赵子怡）

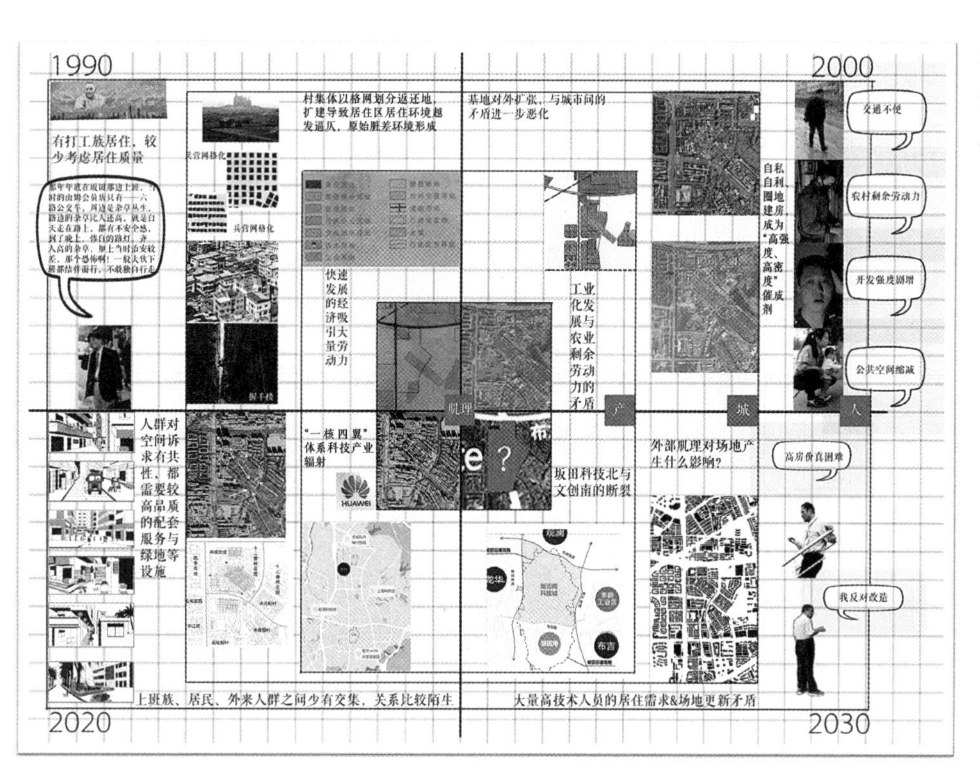

图4-11　场地故事示例（学生：黄峻、莫浩琰）

于原有思路，应创造性地思考问题，形成新颖独到的设计概念。例如，在“共享交流、慢活24H”方案的概念生成阶段（图4-13），学生观察到深圳生活节奏快、精神压力大、放松空间少的普遍性诉求，而凤凰古村由于拥有深圳鲜见的广府古村风貌和慢生活节奏，非常适合成为疗愈都市人群焦虑情

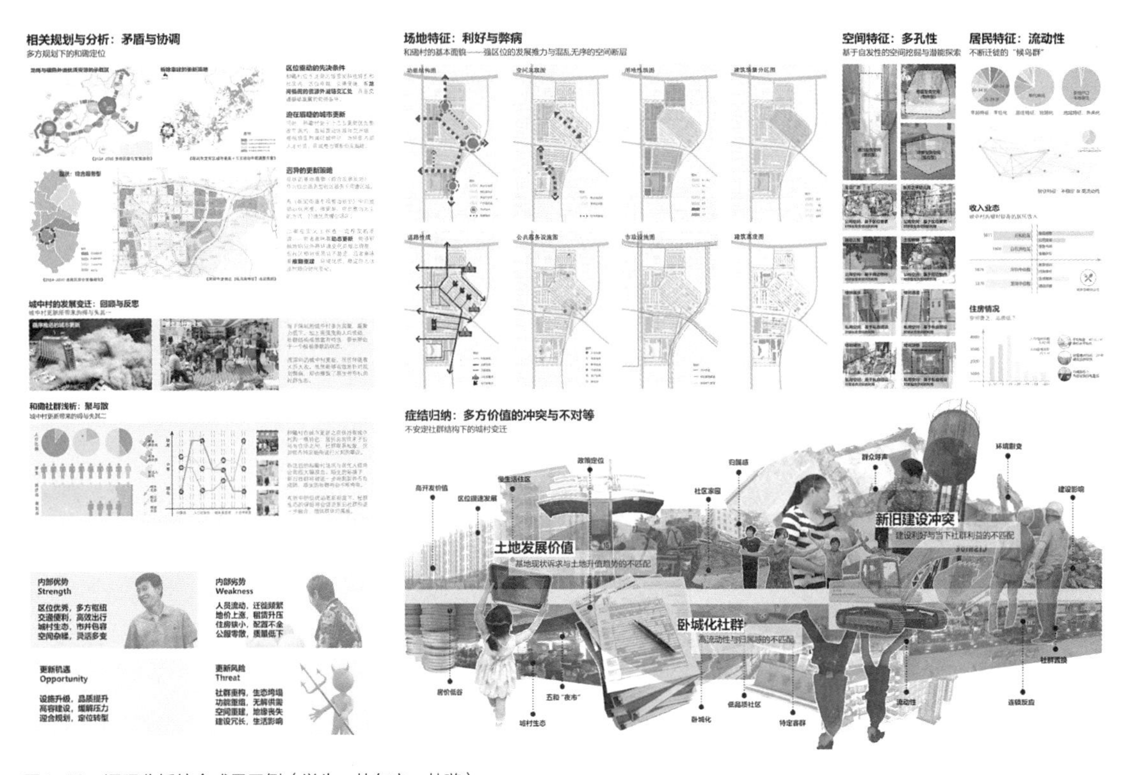

图4-12　调研分析综合成果示例（学生：林东方、林璇）

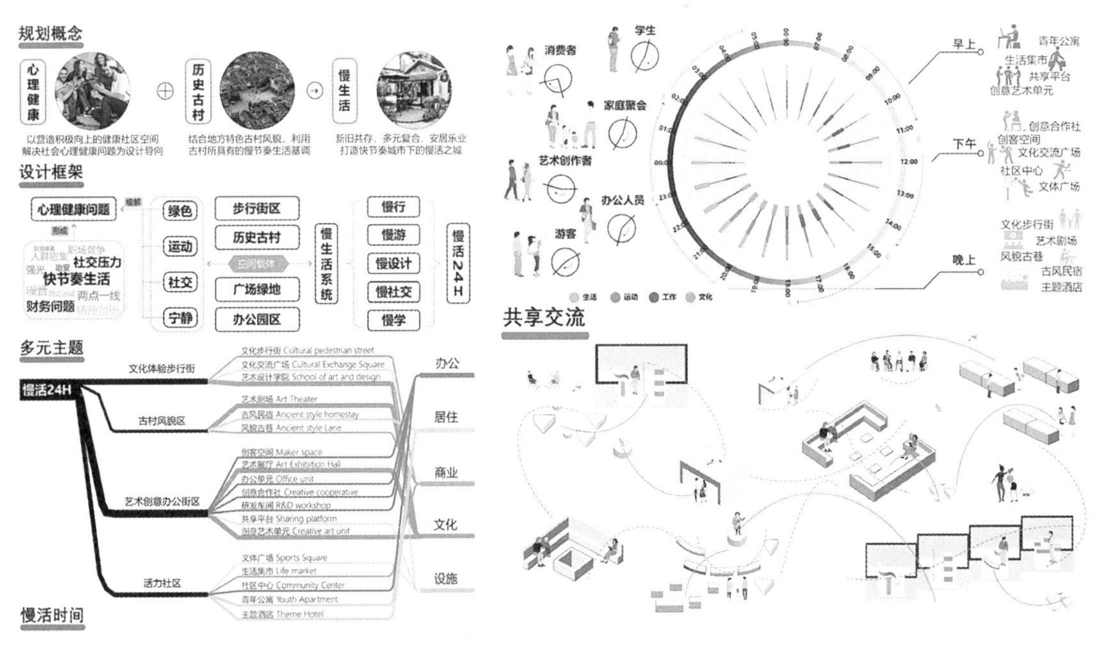

图4-13　概念生成示例（学生：林新彭、曾锐通）

绪的场所，这也符合建设健康城市的大方向。在教师的指导下，学生提出打造快节奏都市中融“慢行、慢游、慢设计、慢社交、慢学”为一体的“慢活24H社区”，充分利用基地现有的古村风貌、文化体验和艺术创意基础，加入适合多元人群的活动组织和共享交流方式，取得了不错的效果。

再比如，在同一个基地的另一方案中，教师引导学生从较大的空间尺度上展开思考，聚焦到目前基地周边城市生活和自然生态割裂分离的问题，进而提出“DNA生长智链”的概念，即以凤凰古村传承的文化基因为耦合点，联结城市生活，对接自然资源，构建生态、人文、可持续的智慧空间。空间策略和设计大纲进一步诠释了这一概念：通过设计大节点空间，向外打开基地，实现对外联系，DNA主链将不同功能区块进行联系；通过“催化酶”实现古村与基地内其他功能区的联系对接；最后构建“氢键”激活点状灰空间，实现轴带上的功能自由切换（图4-14）。

2）方案设计与成果表达阶段

通过三年级总图设计和住区规划设计的锻炼，学生已经初步掌握了商业和居住类型化空间设计、环境建筑群体组合、公共空间营造、交通流线和景观序列组织等方面的基础要领和技能。四年级城市设计则要求学生更进一步，尝试应对更为复杂多样的设计条件：首先，基地面积更大，土地使用构成更加复杂，往往混合了新旧小区、新旧城中村（非正规住区）、历史村落、商业建筑、工业区、交通场站、城市绿地、自然要素等多种元素，需要因地制宜地采用差异化的设计思路；其次，在空间资源约束条件下，各个基地不同程度地面临着使用群体之间的价值和利益冲突、新元素和旧场地的冲突、本地人和外来者的冲突，需要学生以巧妙的空间设计手段消解、调和与平衡这些矛盾冲突；再次，学生需要积极回应城市品质、城市复兴、绿色城市、健康城市、公共交通导向发展、社区生活圈、儿童友好城市、适老设计、无障碍设计等先进理念的要求，努力在自己的设计方案中体现出相关思考。

学生通过一草、二草、设计深化逐步完善方案，并采用电脑绘图的形式确定下最终方案

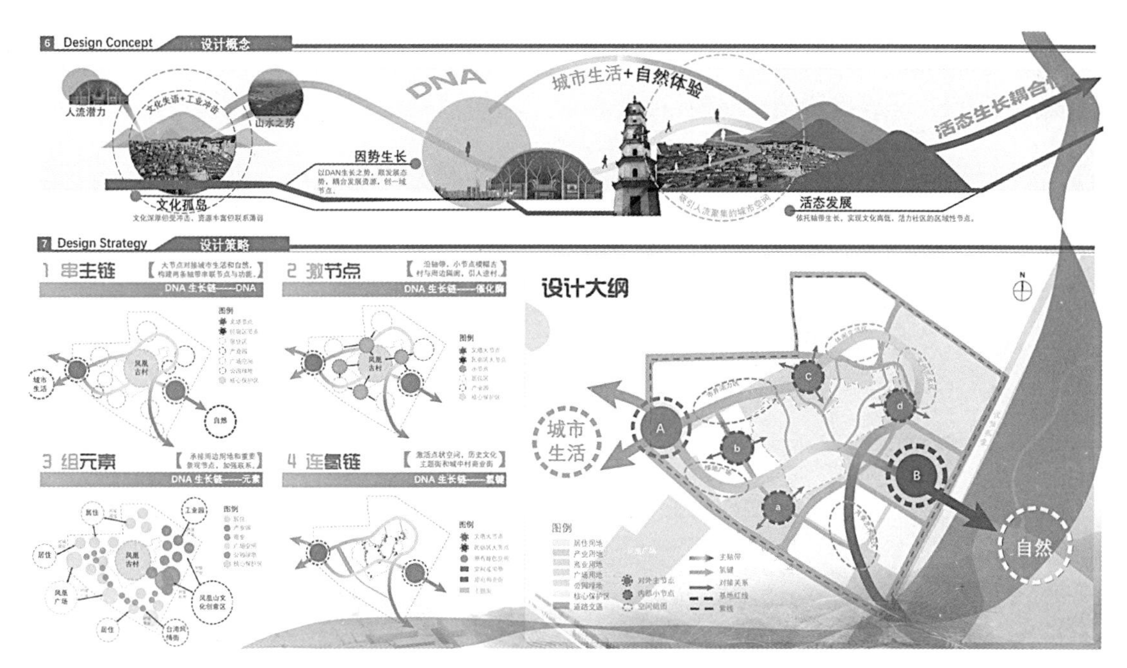

图4-14　从设计概念向设计策略和大纲的转化过程（学生：邓琦琦、赵子怡）

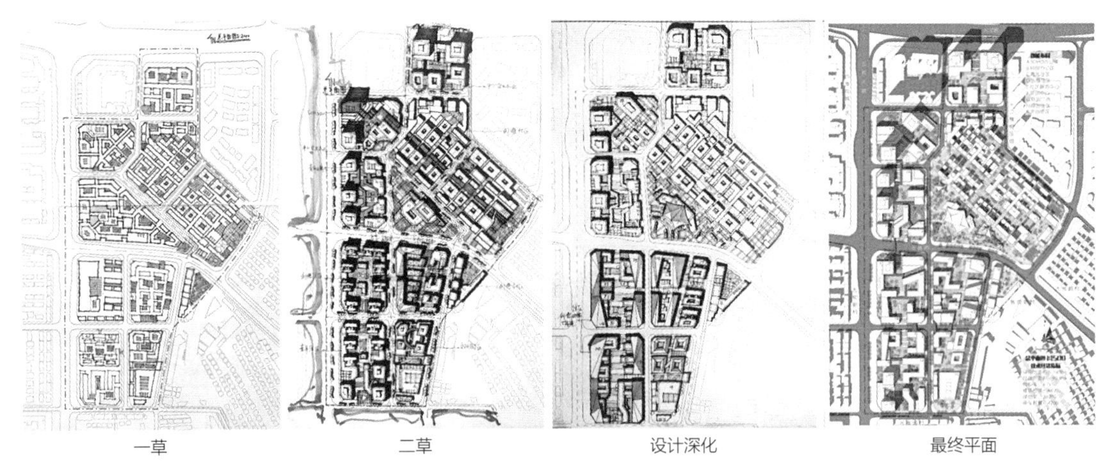

图4-15　城市设计深化过程示例（学生：黄峻、莫浩琰）

（图4-15）。方案设计的主要任务包括：①在参考学习国内外类似地区城市设计经验的基础上，结合基地规划及发展条件，明确切实可行的发展目标和功能定位；②明确主导功能，确定片区土地类别与基本比例，制定用地空间布局方案；③塑造地区空间，确定片区建筑群体关系，组织地区公共开放空间系统；④梳理基地与周边空间关系，完善对外交通联系与综合道路体系，规划内部道路系统，并根据方案需要组织快、慢交通；⑤综合考虑基地内旧建筑的城市更新需求，形成合理的微更新、功能置换或者拆除重建配比方案，并提出相关政策建议。

本版块设计原则上要求提交4张A1图纸（图4-16），具体内容包括：①区位和现状分析，包括但不限于用地、道路交通、公共开放空间、建筑质量与高度、开发强度、公共服务设施、市政设施、人口与经济等，以及相应现状指标；②方案表达，包括但不限于城市设计总平面图（1：1000～1：1500）、功能结构图、用地规划图、开发强度规划、道路系统与交通组织规划、公共服务设施规划、公共开放空间系统规划、景观与绿化系统规划、街道设计与沿街立面控制、建筑群体形态分析（群体关系、天际线分析、主界面控制等）、特殊控制（如历史建筑、边界控制等）等；③方案效果（图4-17～图4-19），包括但不限于三维鸟瞰及局部透视效果图、重要节点的放大设计平面图与效果图、专题设计和规划设计说明（含主要技术经济指标）等。

（2）控制性详细规划教学模块

本模块的教学旨在帮助学生掌握控制性详细规划编制的主要内容、方法、步骤和相关要求，建立城乡规划的控制性和引导性思维，掌握城市设计和控制性详细规划转换的技术要点与方法，掌握控制性详细规划文本和说明书的写作方法。学生既需要知其然、也需要知其所以然，在城市设计具体方案的基础上、逆向思考如何通过控制性详细规划手段管控土地使用、环境容量、建筑建造、配套设施和行为活动，提升城市空间环境品质。对于城市规划的学生，尤其是有志于将来从事规划管理的学生而言，这样的思维训练是非常必要的。

在此版块中，学生需要在上阶段设计成果的基础上，进行相应的内容提炼，个人完成编制一套缩减的控制性详细规划。要求通过对地区各项现状基础资料的调查分析，明确区域社会经济发展的优势和制约因素，确定地位、主要功能和性质；基于城市设计方案，进一步完善深化基地的土地使用性质和各项设施的结构，对城市空间形态、用地功能、建筑风格、交通组织、公共空间布局、生态环境等

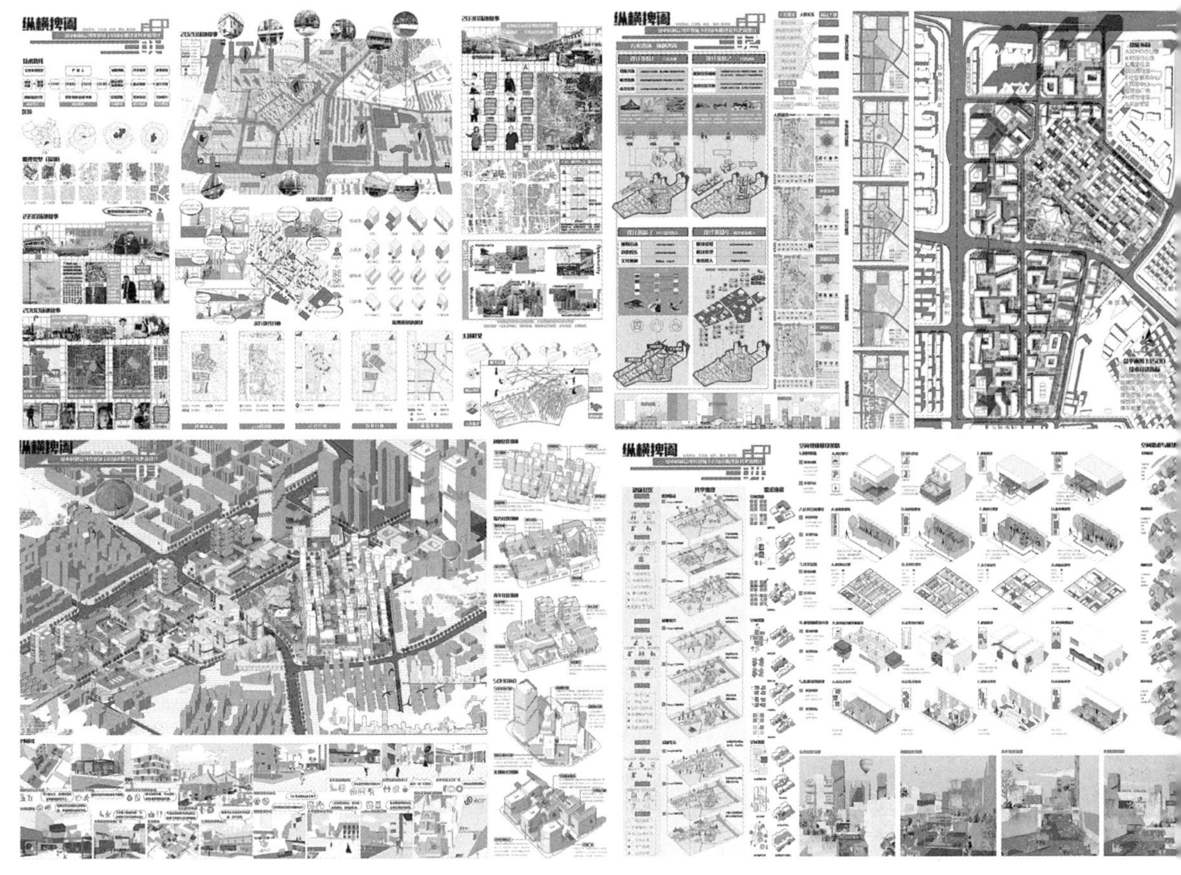

图4-16　城市设计版块图纸示例（学生：黄峻、莫浩琰）

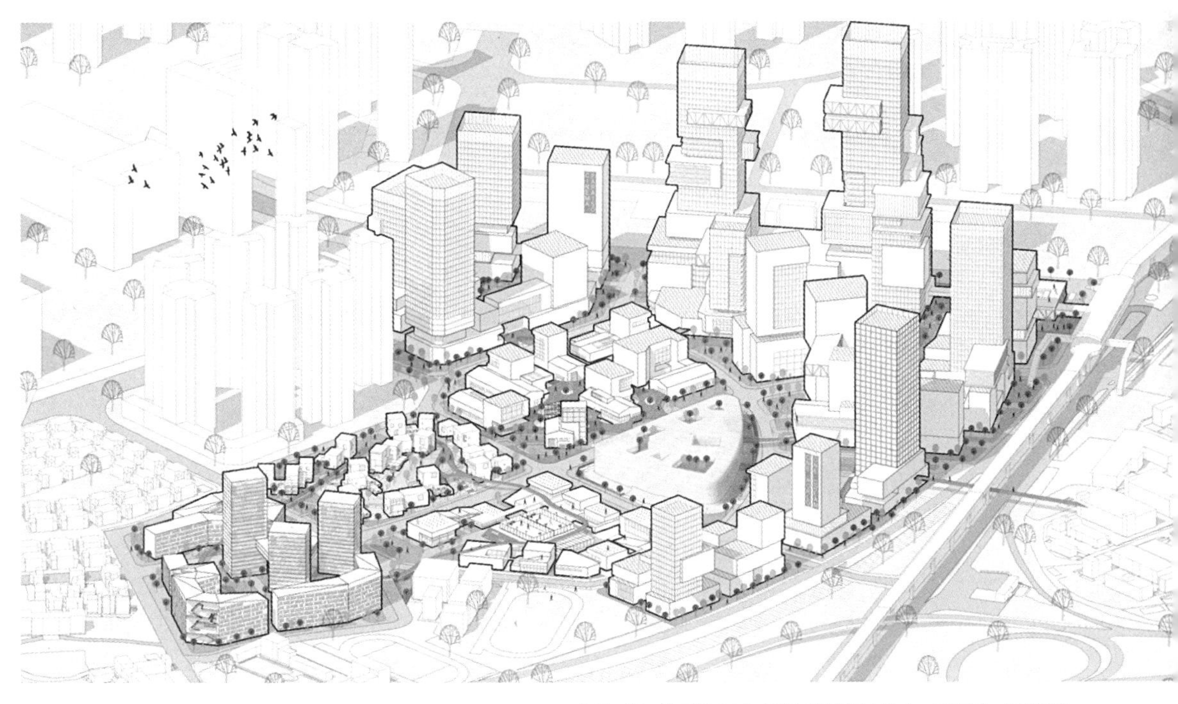

图4-17　“云享城市”方案三维鸟瞰（学生：麦青堃、侯天悦）

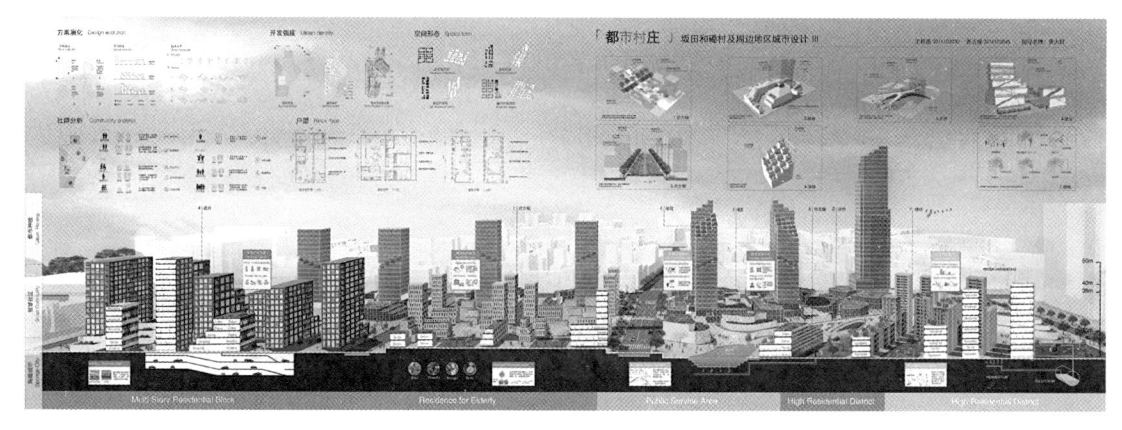

图4-18 “都市村庄”方案设计表现（学生：王梓丞、张志健）

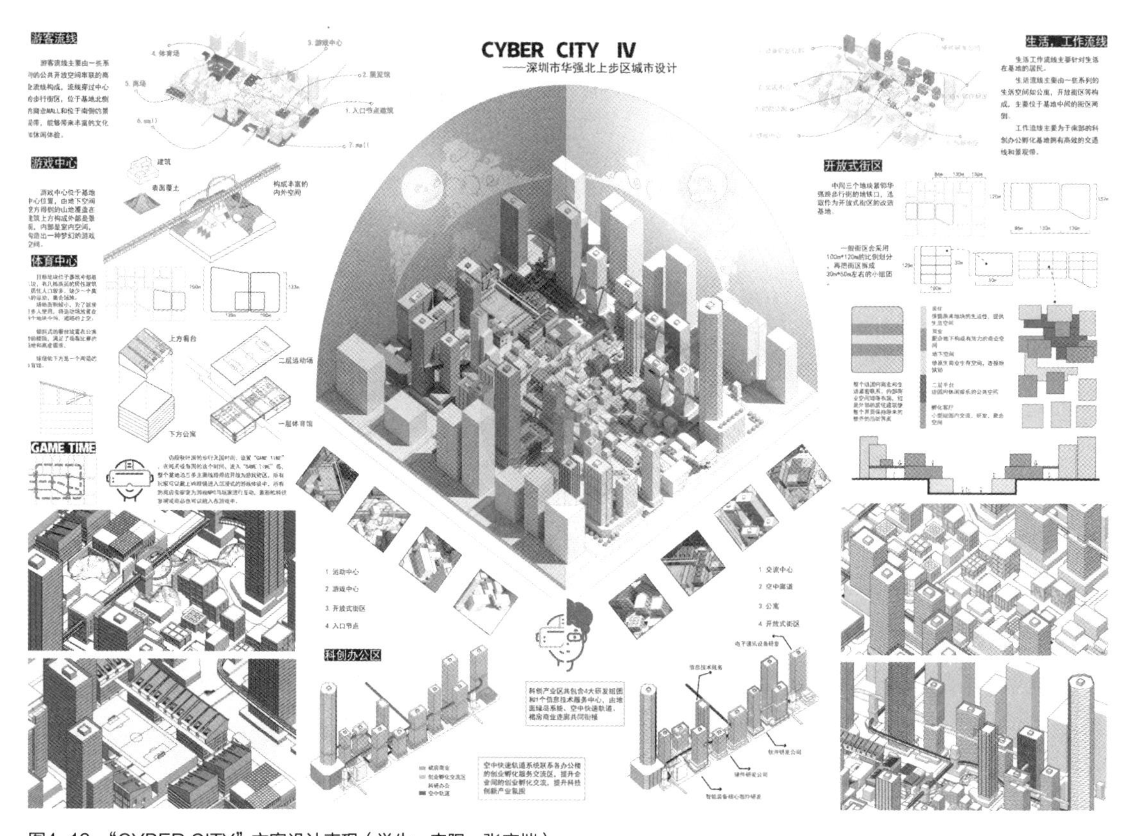

图4-19 “CYBER CITY”方案设计表现（学生：李阳、张庭恺）

要素提出总体控制原则，提出建设用地的各项控制指标和其他规划管理要求。

具体而言，学生需要确定规划范围内各类不同使用性质用地的界线，规划各地块的建筑高度、建筑密度、容积率、绿地率等控制指标，规定交通出入口方位、停车泊位数、建筑后退红线距离、建筑间距等要求，提出各地块的建筑体量、体形、色彩等要求，确定各级支路的红线位置、控制点坐标和标高，确定公共服务设施的位置、类别、等级、规模以及相应的建设要求。

本版块需要提交文本（A4）、规划说明书（A4）以及4张图纸（A1）（图4-20）。其中文本

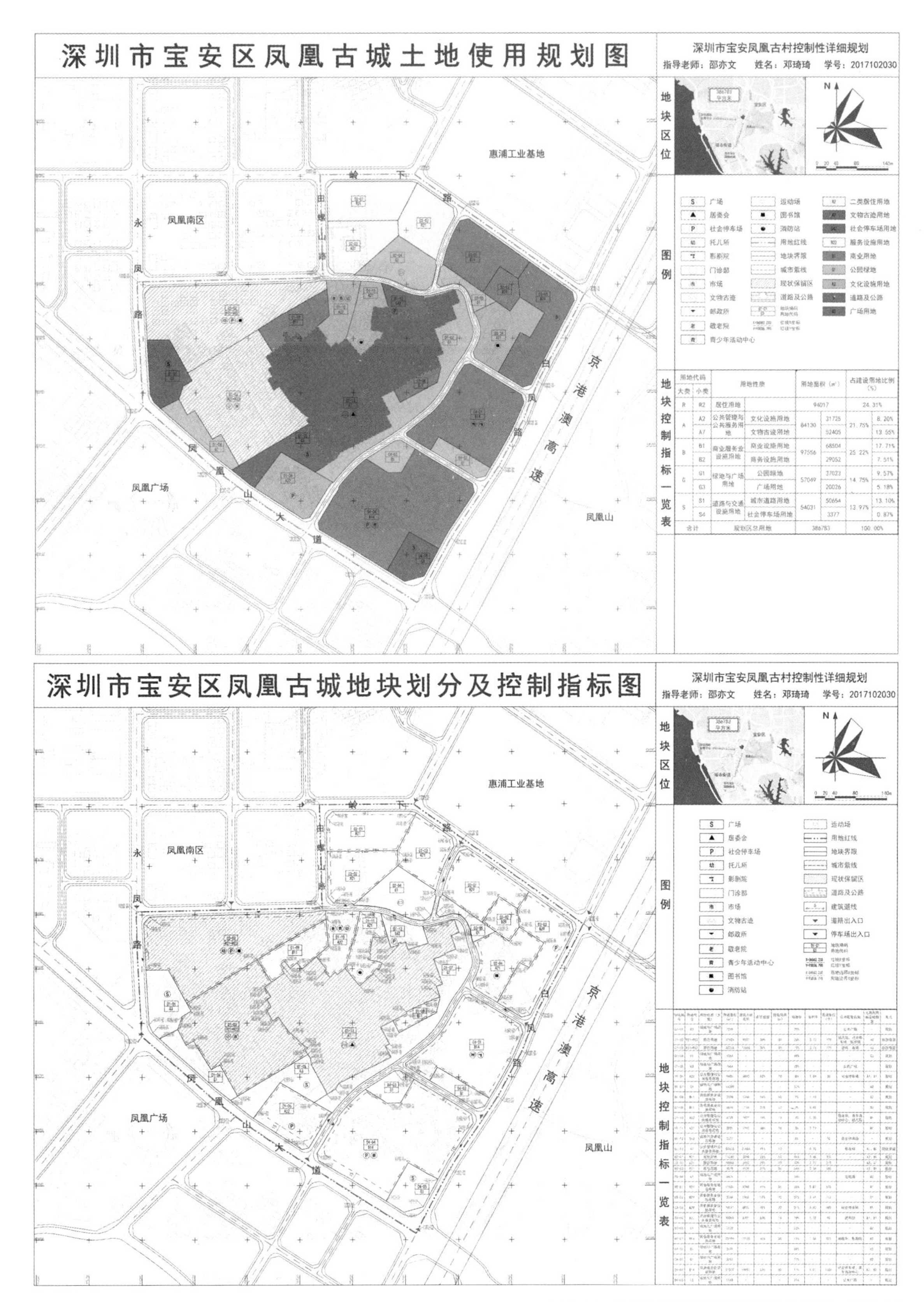

图4-20　控制性详细规划版块图纸示例（学生：邓琦琦）

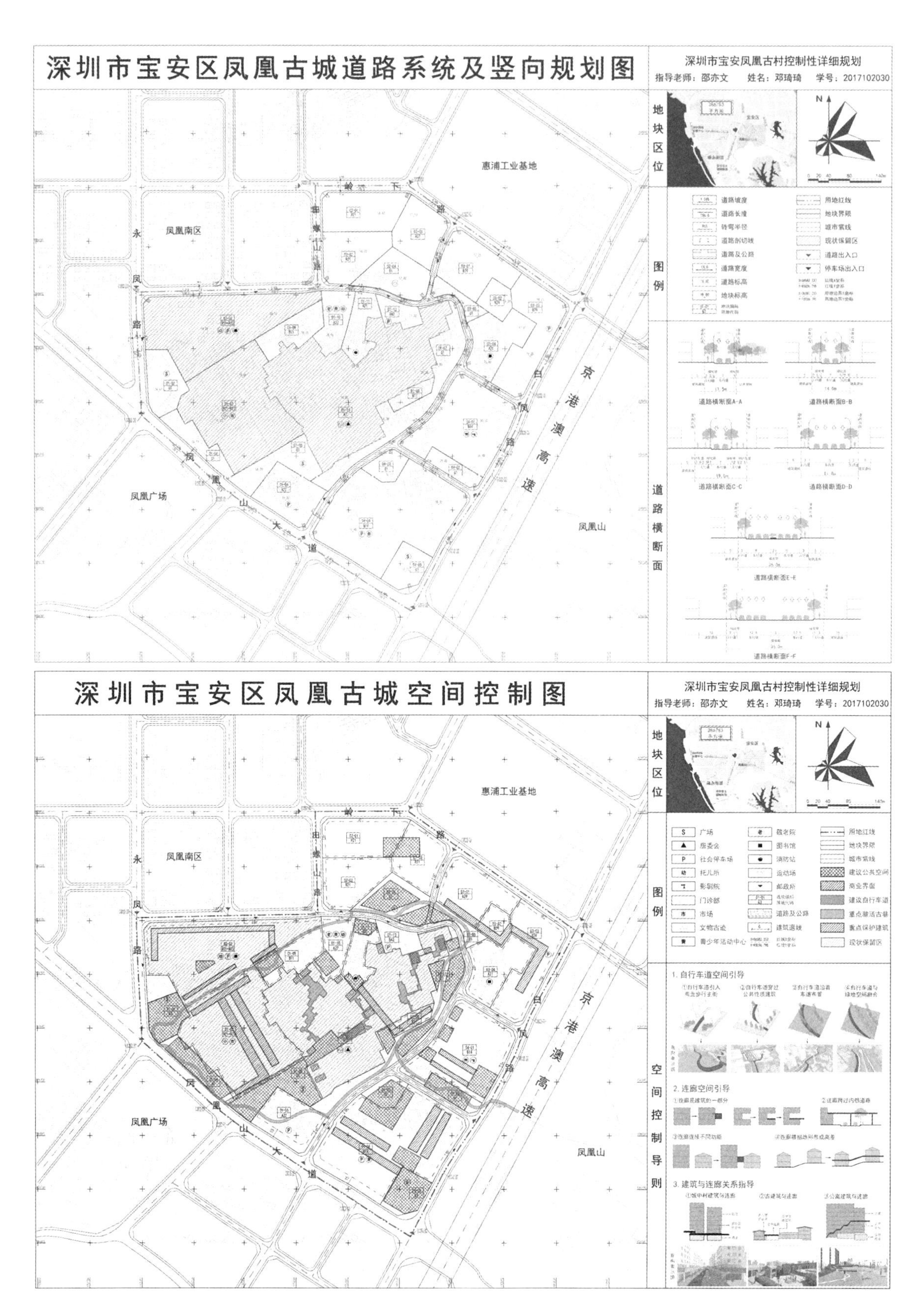

图4-20 控制性详细规划版块图纸示例（学生：邓琦琦）（续）

需以条文方式表达土地使用与建筑管理的相关要求与规定，规划说明书是编制规划文本的技术支撑，主要内容是分析现状、论证规划意图、解释规划文本等。图纸要求包括以下几个方面。①土地使用规划图：表达规划范围内各地块的用地性质、配套设施等情况，编制“规划用地汇总表”。②地块划分及控制指标图：标明规划范围内各个地块的界限及其用地性质，确定各类用地内适建、不适建或者有条件允许建设的建筑类型；标明各地块的建筑高度、建筑密度、容积率、绿地率等控制指标；确定公共服务设施配套要求、机动车出入口方位、停车泊位数、建筑后退红线距离等要求。③道路系统及竖向规划图：规定各级道路的红线、断面、交叉口形式及渠化设施、控制点坐标及其标高。根据交通需求分析，确定公共交通场站用地范围和站点位置、步行交通以及其他交通设施。④空间控制图（即城市设计引导图）：根据城市设计方案构思，在必要的情况下对规划范围内的相应地块标明建筑体量、体形的控制要求，公共空间、公共通道控制等城市设计指导要求。

（3）总结与思考

本课程具有如下鲜明的特点：①导师日常独立指导与导师组定期集体评图相结合，一方面充分激发学生的主观能动性和尊重学生的判断创新能力，另一方面也保证了充分平衡的指导；②城市设计与开发控制的教学紧密联系，循序渐进地培养感性表现和理性分析的能力，不仅鼓励学生善用设计语言创造人性化、高品质、可持续的城市空间，而且锻炼学生运用强制性和引导性规划管理工具的能力；③基地选择注重在地性，与深圳的社会经济发展实际紧密结合，重点关注高密度建成环境中的典型城市空间类型。

本课程取得了良好的教学效果，城市设计版块的最终成果择优选送参加全国城乡规划专业指导委员会本科生城市设计作业评优和WUPENiCity城市设计学生作业国际竞赛，多次获得各类奖项（表4-3），受到了行业专家的肯定和兄弟院系的好评。

近年城市设计作业获奖情况一览　　表4-3

题目	学生姓名	基地位置	指导老师	奖项
WUPENiCity城市设计学生作业国际竞赛				
DNA生长智链	邓琦琦 赵子怡	宝安凤凰古村	邵亦文	提名奖
纵横捭阖——城中村利益博弈视角下的城市肌理及其更新设计	黄峻 莫浩琰	龙岗和磡村	王浩锋	优秀奖
释与融——基于社区联系网络重构的深圳和磡村更新改造城市设计	梁湛权 赵祥峰	龙岗和磡村	王浩锋	提名奖
Life in the Circle　圈内生活	柯丹梓 郑好好	龙岗和磡村	王浩锋	提名奖
街道视角下自组织城中村的健康城市改造计划	梁峻 陈佳鸿	龙岗和磡村	刘倩	提名奖
低扰动下的城中村立体模式探讨——深圳市龙岗区坂田片区和磡村城市设计	林璇 林东方	龙岗和磡村	黄大田	提名奖
共享交流，慢活24H	林新彭 曾锐通	宝安凤凰古村	邵亦文	提名奖
新旧共享，共睦凤凰	李泽锐 蔡林墉	宝安凤凰古村	张艳	提名奖
EDU DISNEYLAND——基于社区营造的文化教育小镇设计	陈淑婉 马志杰	宝安凤凰古村	张艳 王浩锋	提名奖
全国城乡规划专业指导委员会本科生城市设计作业评优				
循脉通今——深圳市龙岗大运地铁站地段城市设计	王子豪 王鹏深	龙岗大运枢纽	黄大田	三等奖

续表

题目	学生姓名	基地位置	指导老师	奖项
Patterns to enrich life 叠加模式 添彩生活	张进 余晓颖	龙岗大运枢纽	黄大田	佳作奖
CYBER CITY	李阳 张庭恺	福田上步工业区	李云	佳作奖
“X”g时代，华强有为	李宗泽 陈信	福田上步工业区	李云	佳作奖
PLUG-IN & SEW-UP 且存且更新——深圳市罗芳村城市设计	庄江铨 傅哲泓	罗湖罗芳村	黄大田 罗志航 李云	佳作奖

近年来教学组织及教学过程中反馈的问题，在维持教学特色稳定的基础上，结合教学改革和学科发展的新动向、新趋势，调整教学流程、优化教学安排，取得了一定成效。具体的优化和调整体现以下几个方面。

① 结合社会调查课程，深化城市设计前期调研分析环节。城市设计需要建立在详实的现状调研分析基础上，但以往受教学日程所限，最多只能安排2周左右的调研分析时间，很大程度上限制了调研的深度和广度。通过结合大四上学期的社会调查课程，学生可以有多达一个学期的时间充分了解基地及其研究范围的特征，深入挖掘隐藏的社会经济问题。这就对课程任课老师之间的协调工作提出了更高要求，需要至少提前一年谋划基地的选择和教学设计。

② 回应新技术与新数据的发展趋势。城市设计前期输入以往更多依赖手工分析和经验判读，带有比较强的主观成分，不可否认这种分析方法更适合增量设计。随着我国城镇化步入下半场，当前城市设计正在进入以存量更新设计为主导类型、以城市品质提升为主要任务的新阶段，精细化设计成为新的需求；同时伴随着新城市科学所代表的一系列新技术与大数据涌现，学生有了更多的选择，同时也对城市设计的教学提出了更高层次的要求。本质上，这门课程是一门设计课程，而非技术课程，但在教学安排上也作出了适应性调整。例如通过安排讲座介绍多源数据获取技术和量化城市形态分析技术等，取得了一定成效。

2. 基于城乡差别认知的乡村规划教学实践

（1）课程背景

2017年10月习近平总书记在党的十九大报告中提出了乡村振兴战略；2018年9月，中共中央国务院印发了《乡村振兴战略规划（2018—2022年）》，要求各地区各部门贯彻落实。乡村振兴战略的提出，不仅对未来乡村地区的发展起到引领性的关键作用，也对城乡规划学科的发展产生方向性的重大变化。乡村地区面临着经济、社会、资源、环境、文化等方面的发展挑战，当前社会亟待专门的、具备乡村规划知识体系的乡村规划专业人才。在城乡规划专业本科教学中，需要在教学目标和课程设置等方面进行一系列的调整，以适应这一变化趋势。2018年下半年，深圳大学城乡规划专业首次将“乡村规划”设计实践环节纳入2015级本科生“城市规划与设计”课程，进行了有益的教学尝试。

与城市规划相比，乡村规划的方式和途径有着很大的差异。深圳大学城乡规划学专业的本科生大多为城市生源，较少有在乡村长期生活的经历，对乡村的认知多停留在图片和视频上，对乡村问题没有深刻的感悟与理解。在教学过程中，为了避免学生用城市规划的思维去解决乡村问题，教学团队明确了以“城乡差别”为切入点来开展乡村规划教学实践，结合乡村振兴战略实施的要求，从课程选题、现场调研、方案生成、成果评价等多个环节着手，帮助学生们建立“城乡差别”认知思维，掌握城乡不同的规划理论和方法，并思考城乡统筹发展的意义与内涵。

（2）教学目标：理解“城乡差别”认知的多重维度

我国长期的城乡二元结构造成了乡村发展与城市发展的差距。“城乡差别”不仅体现在物质空间环境上，还体现在生产生活模式、土地产权模式、社会治理模式等诸多方面。这些方面决定了乡村规划在规划理念、规划方法上均无法简单地套用城市规划的模式。不仅如此，不同地域的乡村的差别性也非常之大，沿海发达地区的乡村与内陆较偏远省份的乡村、城市边缘的乡村与传统的农业乡村，在经济发展水平、发展趋势上显著不同。因此，针对不同的乡村案例，需要在充分理解这些差异的基础上，根据不同的地域文化特征、不同的经济发展阶段、不同的产业特色等来因地制宜地考虑（表4-4）。

首先，在理论层次上帮助学生厘清乡村与城市在资产属性、运作模式上的差异。在土地和资产的性质上，村庄内的土地属于集体所有，村民是村庄的主人；村民的承包责任田、宅基地、公共服务设施等资产同样属于村集体或个人所有，不同于城市的公有制性质。这决定了乡村的运作模式相比城市而言综合得多，城市建设有着相对明确的专业化分工，而乡村往往呈现出规划、建设、管理、运营四位一体的特征。

再次，针对具体的乡村个案，则在实践层次上鼓励学生从区域关系、空间形态、产业发展、历史文化、生态环境、社会发展等诸多方面进行扎实调研与深入研究，并对比乡村与城市的差异。在此基础上，以乡村振兴战略的产业振兴、生态振兴、文化振兴和人才振兴为目标，将产业、文化、教育、基础设施、生态、经济等进行整体统筹的考虑，体现村庄规划的综合性与全过程性。

（3）教学特色

特色之一：与小城镇总体规划课程的结合及选题的多样化为“城乡差别”认知奠定基础

在教学设计中，将村庄规划的课程选题与总体规划的课程选题相结合，并将二者的调研进行合并。由此，有助于加强城市与乡村之间的比较，让

“城乡差别”认知的多重维度　　表4-4

	内容		认知侧重
理论层次	产权模式		乡村土地与资产的性质及其与城市的差异
	运作模式		乡村的运作模式与村庄建设所需要的资金来源，财政补贴的可能性等
实践层次（个案）	区域关系		区位条件，乡村在城镇化过程中的地位
	空间形态	土地使用	村庄用地构成及分布特点，乡村居住空间与生产空间的复合性特征及其与城市的差异
		建筑功能	居民点建筑功能、空间规模、空置情况等
		公共服务设施	村庄公共服务设施配置情况，与所在城镇在文、教、体、卫等基础公共服务设施上的供给水平比较，居民使用满意度与诉求
		基础设施	村庄水、电、气等配置现状，居民的基础设施配置需求
		景观风貌	村庄景观特色及其与城市的差异，空间优化布局的可能性
	产业发展	产业发展	村域经济及产业现状与特点，与所在城镇产业发展的关系及特征比较
	历史文化	历史遗存	村域历史文化资源的空间分布，在村庄发展历程中的地位与作用
	生态环境	生态环境	村域生态环境资源情况、生态现状及存在问题，村域产业发展与生态环境的关系
	社会发展	生活方式	村庄居民的生活、就业状态与诉求，村民的收入及支出构成
		社会网络	村庄社会结构、社会关系、人口特点等，村庄人口迁移趋势，与所在城镇人口特征的比较

学生们能够获得对于同一地区的城市与乡村在生产、生活、生态方面的发展差异有较直观的认知对比。

此外，4个教学小组一共选择了6个乡村作为基地，选题的类型较为多样化（表4-5）。既有位于沿海发达地区的，也有位于中部地区、西部地区省份的；既有传统的农业乡村，也有位于城乡接合部、在城市空间蔓延的过程已经与城市功能连为一体的城边村；既有尚处于成长扩张过程的，也有发展前景不容乐观、极度收缩的类型。这些不同的选题各具特色，呈现出多种不同的城乡关系模式，通过不同组之间的交流与碰撞，为学生们更深入地理解“城乡差别”奠定了较好的基础。

特色之二：深入的现场调研获取“城乡差别”认知体验

现场调研可以给予学生最直观的感受，深化他们对于“城乡差别”的理解。在现场调研的过程中，要求每组学生针对所选择的村庄进行区域、村域和集中居民点进行3个空间层次的调研：①区域层次。重点调研区位特征、与周边城镇及所属建制镇的产业、交通等关系；②村域层次。重点调研村域产业发展特点、生态资源环境；③集中居民点层次。重点调研人口状况、开发建设状况、历史文化遗存、社会生活习惯等。在对现场进行详细踏勘的基础上，与村干部进行访谈，对村民进行了详细的问卷调查，以了解村庄及村民发展的诉求。基于现状调研的内容，要求每组学生发现村庄发展中的主要问题、可利用的资源以及可能的开发利用方式，并撰写现状调研报告（图4-21）。

特色之三：方案生成过程穿插多个讲座以梳理“城乡差别”认知

乡村规划设计是一门以实践为主体的课程，但

4 个教学小组的 6 个选题一览　　表 4-5

	区位	区域经济水平	与城市的关系	主要产业形态	发展趋势
选题一：田饶步村	广东省东莞市横沥镇	较发达	城边村	工业+生态园	稳定型
选题二：水边村	广东省东莞市横沥镇	较发达	城边村	工业	稳定型
选题三：大湖洋村	广东省惠州市良井镇	不发达	城郊村	农业	收缩型
选题四：水源村	湖南省蓝山县新圩镇	不发达	传统农业村	农业	收缩型
选题五：愁里村	湖南省蓝山县新圩镇	不发达	传统农业村	农业	收缩型
选题六：谢村村	广西壮族自治区岑溪市归义镇	不发达	城郊村	农业	成长型

图4-21　学生在村庄现场进行详细的调研

实践离不开理论的指导。为了实现理论与实践的有机结合，教学中以专题讲座形式、根据方案设计进度有针对性地补充理论课程的配套学习。

1）在现状调查报告汇报与答辩完成之后，邀请同济大学李京生教授为同学们进行了6学时的“乡村规划”讲座，全面梳理乡村规划的特征、乡村发展的历史以及乡村规划相对于城市规划的差异。由于同学们已经完成现状调研与调查报告的撰写，因此对于乡村的发展现实已经有了较为直观的认识，讲座的开展不仅引发了同学们在理解乡村发展上的共鸣，也对同学们切入对本组所选择的村庄基地未来发展的定位及具体规划策略提供了指导。

2）在方案一草过程中，教学团队组织了第二次专题讲座“乡村规划设计”，重点讲解乡村规划的主要内容和不同类型乡村规划的路径。一方面为同学们建构乡村规划常规项目的基本框架，另一方面，通过“汕头市潮南区美西村村庄整治规划”“江苏省宜兴市湖父镇张阳村村庄规划”“广州白云区太和镇白山村村庄规划”等不同类型规划实践案例的讲解，帮助同学们更具体地了解针对不同地域条件、发展状况、发展诉求的乡村规划如何因地制宜地考虑。相应地，讲座后要求同学根据本组村庄基地地方发展资源和面临的主要问题，结合国家乡村振兴战略，以及当地的特色产业、生态条件、历史文化资源条件、产业组织等情况，形成切实可行的发展策划，包括发展理念、发展目标、主导产业的选择及其实施路径、村域层次的产业空间安排等。

3）在方案二草过程中，教学团队组织了第三次专题讲座“乡村人居环境建设与发展”，针对更微观层次的乡村人居环境规划与设计部分比如村庄居住空间布局模式、乡村建筑色彩风貌景观、乡土植物的搭配等进行详细的讲解，以配合同学们在集中居民点规划及节点建设等方面进行更细致入微的设计。

三次专题讲座从宏观逐步到微观，从纲领性、普适性逐步到具体的、个案的考虑，每个讲座环节紧扣同学们方案生成过程的阶段性需求，融入方案生成的过程中针对性强，相比一般的纯理论课程而言更受同学们欢迎，内容也更容易被理解和吸收，收到了较好的教学成效。

特色之四：阶段性成果汇报时的组间相互点评以强化“城乡差别”认知

教学过程中，在多次小组辅导和内部汇报点评之外，安排了3次4个教学小组共同参与的大组阶段性成果汇报，分别为现状调研报告汇报、方案二草成果汇报和方案终期评图。其中，现状调研报告要求以演示文件形式或图纸形式呈现，方案二草成果和方案终期评图要求以4张A1图纸形式呈现。

由于6个基地特征各异，不同的小组提出了“融入城市但保留记忆”“乡村收缩”“基于山水环境建设养老产业基地”等非常多样化的发展概念并进行了具体的方案设计。在阶段性汇报的过程中，通过不同组之间的相互点评，促使他们换位思考其他组同学所选择的村庄基地与本组基地的差异性，不仅对本组基地有了更深的理解与认知，更进一步强化他们对“城乡差别”的认知，在此基础上反思提出的规划方案的可行性与合理性（图4-22）。

（4）总结与思考

作为一项新生的事物，乡村规划的教学实践对于深圳大学无论是教师还是学生来说，都是一项较为困难的挑战。总体上看，教学团队基于“城乡差别”认知来开展乡村规划教学实践，避免学生们以城市发展的思维先入为主，具有相当的合理性。在半个多学期的教学过程中，既有满满的收获，也留下了一些遗憾与不足待今后改进。

教学收获

1）促进学生对城乡统筹发展的思辨

2003年国家提出“统筹城乡发展”的战略，要求建立起促进城乡经济社会发展一体化的制度，

图4-22　现状调研报告汇报和评图阶段的大组成果汇报

尽快在城乡规划、产业布局、基础设施建设、公共服务一体化等方面取得突破，促进公共资源在城乡之间均衡配置、生产要素在城乡之间自由流动，推动城乡经济社会发展融合。但“城乡统筹”并不等同于城乡的无差别化发展。通过本次乡村规划的教学实践，同学们深刻感受到城市与乡村在建设发展上的巨大差异。这深化了同学们对于城乡关系的认识，也促进了同学们对于城乡统筹发展的思辨。既要尊重乡村的特点，又尽可能地通过城市的发展带动乡村的进步，成为同学们思考乡村规划的一个重要出发点。

2）深化学生对于“以人为本”的理解

2008年《城乡规划法》第十八条明确提出：“乡规划、村庄规划应当从农村实际出发，尊重村民意愿，体现地方和农村特色。”村民是乡村规划的主人公，也是乡村规划的基本利益主体。只有围绕尊重村民意愿而设计，规划成果才是现实可行的。

两个月的教学中，同学们不仅在调研阶段努力发现和理解村民们发展的诉求，同时在方案阶段设身处地、基于“乡村人”的视角来切实反映村民的诉求并寻求解决方案（图4-23）。由此，避免了以主观的感受去做规划，切实地深化了对于“以人为本”的理解。

3）提升学生对乡村发展多维度的综合分析能力

在教学的过程中，除了关注传统的空间层次上的分析能力，比如对于村庄居住空间布局模式的认识与理解之外，特别强调学生们要加强对于国家宏观产业和生态政策的理解，以及在调研过程中的分析观察及与村民的交流沟通。由此，提升学生们对乡村发展多维度的综合分析能力，避免重物质空间规划、轻经济社会规划，重“点”规划、轻“域”规划。

不足与遗憾

主要有3个方面：①由于整个乡村规划设计教学的时间相对较短，而我们所选择的基地均在外地，同学们仅在方案设计前进行了一次调研和访谈，在方案形成的过程中，未能再次到基地现场进一步听取村民意见，形成更具可操作性的方案；②各小组的最终成果在产业选择上存在一定的同质化倾向，即以发展乡村旅游为主要方向，针对各地乡村发展特点的更多路径探索仍显不足；③我们的教学团队以城市规划、城市设计专业背景的老师为主，对一些乡村专业知识的了解较为欠缺。比如在村域产业发展方面，有小组提出发展火龙果、百香果、生态水稻等经济性作物的方案，但由于农学的知识相对缺乏，只能停留在概念提出上，具体的策略可行性尚待探讨。

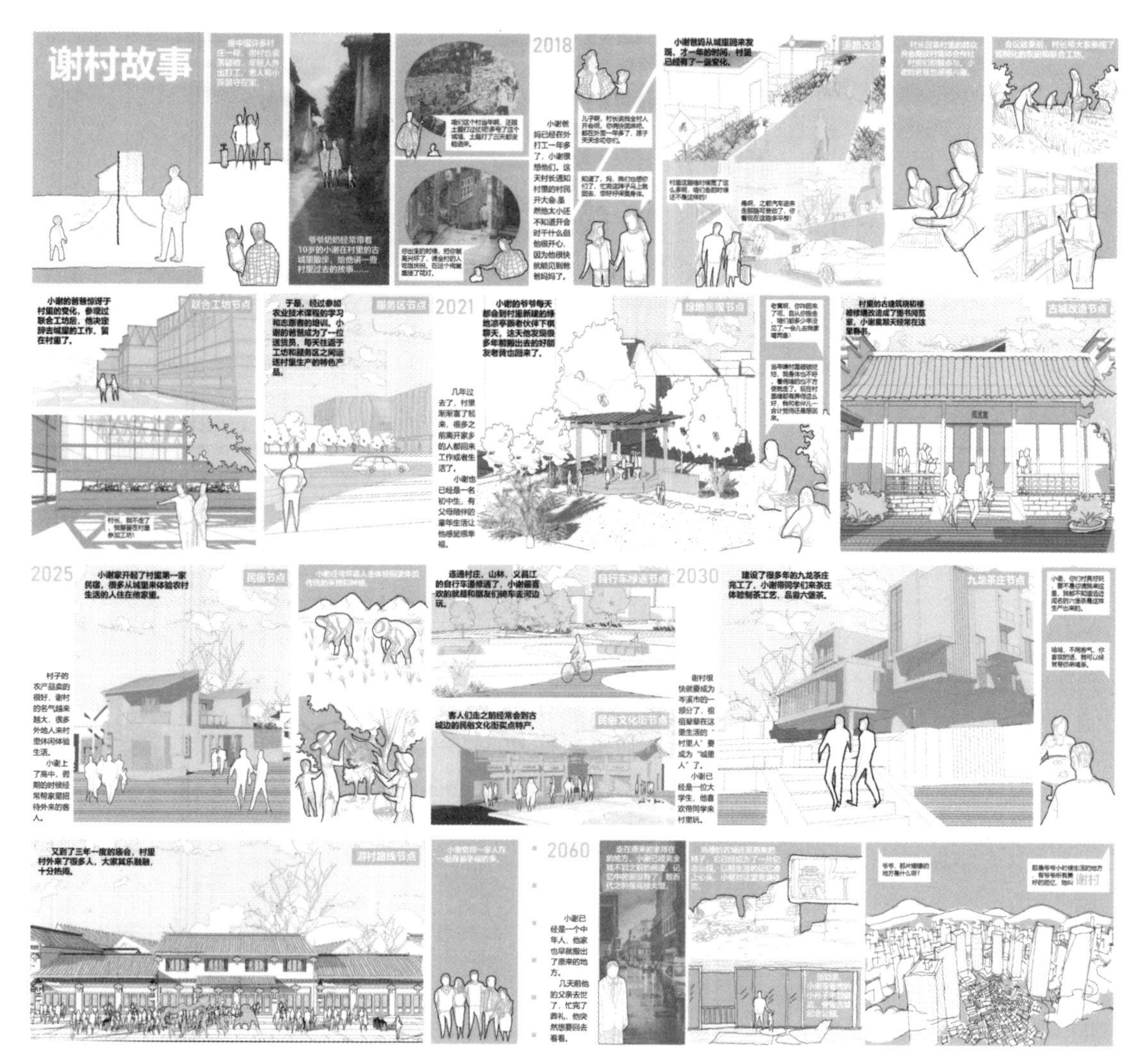

图4-23 学生绘制的“谢村故事”（学生：黄婷、张进、余晓颖、李阳、向海伦、彭迪铭）

（资料来源：学生作业成果《此间记忆——岑溪市归义镇谢村村庄规划》）

3. 基于问题导向思维引导的乡村规划教学实践

（1）教学基地概况

稔山镇地处广东省惠东县稔平半岛西北部，是一个集山、海于一体的沿海乡镇，有着丰富的自然资源，素有“鱼米之乡”称誉。据惠东县稔山镇官网发布的信息①，2000年以来，稔山镇在沿海地区大力开发旅游综合项目，碧桂园、富力、合正、融创、合生、佳兆业等滨海旅游房地产项目建设快速推进，依次建成了合正东部湾、合生海角一号、碧桂园十里银滩、华润小径湾等大型旅游度假为主题的商业楼盘。黄布角村是稔山镇南部联丰村的自然村，地处偏远，距离稔山镇中心区直线距离7km，距离惠东县城中心区22.8km，距离惠州市中心区51.4km。黄布角村在范和港内海湾，红线范围内海岸线1.5km，有许多滩涂分布。黄布角村原有5770亩林地和650亩耕地（包括450亩水田和200亩旱地）②，1960～2010年村民的主要收入来自于种

① http://www.huidong.gov.cn/pages/cms/hdxrs/html/news-rs-2f5ddb383aac49289cec2cd7f90c5f18.html

② 1亩≈666.67m^2。

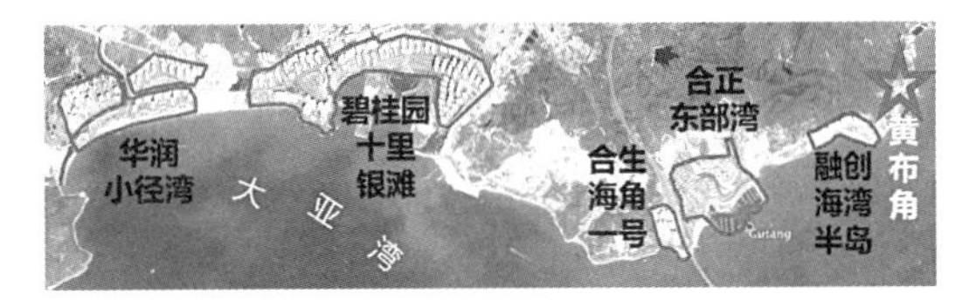

图4-24 基地周边商业旅游地产楼盘

植稻田、马铃薯、荔枝、龙眼以及渔业。融创中国地产于10年前在黄布角村及其附近征地26hm²，紧邻海滨资源，开发建设62万m²的商业楼盘——融创海湾半岛（图4-24、图4-25）。

这些滨海旅游地产项目落地后对周边村落产生了怎样的影响呢？2019年7月11～17日，深圳大学建筑与城市规划学院城乡规划专业2016级本科生一行8人和2位老师对稔山镇的多个村特别是黄布角村进行了调研，并在调研和设计教学过程中，着力引导学生以问题为导向，对村庄的现状和未来发展进行思考和研判。

（2）问题认知引导："飞地式城镇化"村落的现状与未来

1）旅游地产与村落的现状与问题

融创海湾半岛所临海岸线为泥质海岸，岸线较短，楼盘前的人造海滩长约200m，宽约50m，在较深的海域及半岛周边海域都有淤泥，楼盘内餐饮及其他旅游项目配套设施较少。访谈中游客反映海滩质量较差，游泳时身上会有很多泥巴，且旅游项目过于单一，项目品质也在逐年下滑。由于海滨旅游的季节性决定了融创海湾半岛的酒店业收入同样存在明显季节性，每年只有6～9月旅游旺季会有比较多的游客，入住率最高可达到100%，每晚价格一般在300～400元，而淡季的入住率较低，每晚价格为100～200元。

黄布角村的部分村民售卖了大部分土地和鱼塘，加之农产品价格不足以支撑劳动力价格的上涨，因此，原来种植的大片荔枝林长期处于自然生长状态，即使在丰收季节，村民也不会采摘；渔业也因为地产开发而面积缩小，产量大幅下滑。村民失去了从事农业和渔业生产的积极性。在融创海湾半岛建成几年后，黄布角村村民在附近搭建了很多临时建筑，经营餐饮和小商品售卖（图4-26）。此外，由于周边城镇的吸引，大量村民外出务工和居住，特别是年轻人，使黄布角村出现空心化和老龄化现象。村民还在靠近海岸线一侧散落地修建两三层高的风格各异的新住宅，村内老宅逐渐空置、荒芜甚至倒塌，使得村庄格局混乱，景观环境较差，影响了游客的游玩乐趣。

黄布角村民的收入主要来源于楼盘内的酒店服务以及餐饮服务。以游客为主要消费对象的黄布角村的餐饮店收入也具有较强的季节性，在淡季时很多店家甚至关门歇业，而在旺季时餐饮店之间存在较大竞争，餐饮类型较为单一，就餐环境不佳。在访谈的54位游客中，约89%希望增加旅游项目，约75%说不会再来玩，而15%的回头客有部分是购买房屋的业主，有部分游客选择融创海湾半岛是因为其他附近旅游度假区人满为患且交通限行（图4-27）。

2002年

2010年

2014年融创楼盘建成后

图4-25 黄布角村空间格局的历史变迁

（a）黄布角村垂直鸟瞰图

（b）从融创海湾半岛楼上看黄布角村

图4-26 黄布角村临时建筑［（位于融创海湾半岛（左侧）与黄布角村（右侧）之间的彩色屋顶）］

总体上看，融创海湾半岛和黄布角村都面临经济收入下行和环境衰败的趋势，村楼之间形成了一种恶性循环状态，特别是黄布角村由于经济收入单一且不稳定，村民的经济收入和生活品质难以持续提升。在这种情形下，地产和村落的发展都面临较大困难。这类村落在广东沿海区域有很多，都或多或少地存在上述困境，因此迫切需要针对现存的问题探索一条适宜的乡村振兴和经济可持续发展之路（图4-28）。

2）问题缘由分析

在过去十几年，地处偏远的黄布角村由于旅游房地产商业资本介入，催生了产业转型，直接从农业转型至第三产业，即旅游服务业和餐饮服务业，村民的生产方式和生活方式都发生很大变化，一定程度上表现出农村城镇化的发展势头。但它不同于传统的城市近郊农村地区逐步城镇化的基本模式，不是从已有城市边缘逐渐向农村土地辐射形成连片分布的城市建设用地，而是通过对远离中心城区的自然村落农村土地的征收和转让，由商业资本主导发展旅游度假地产，带动此地酒店、餐饮、娱乐等服务业的发展，将城市生活方式快速引入该区域，因此将其称为“飞地式城镇化”。这种“飞地式”的建设用地的开发与第三产业的发展导致了现阶段黄布角村及融创海湾半岛的困境。

对于融创海湾半岛而言，由于其规模小且距离镇或县级市及周边村域较远，对外交通不够便利，缺乏公共交通系统，临近的黄布角村规模也较小，且污水处理、教育、医疗等公共设施配套较差，较

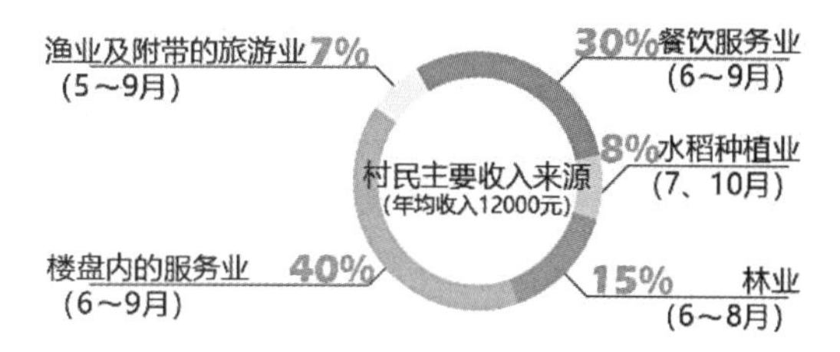

图4-27 黄布角村农民的收入来源

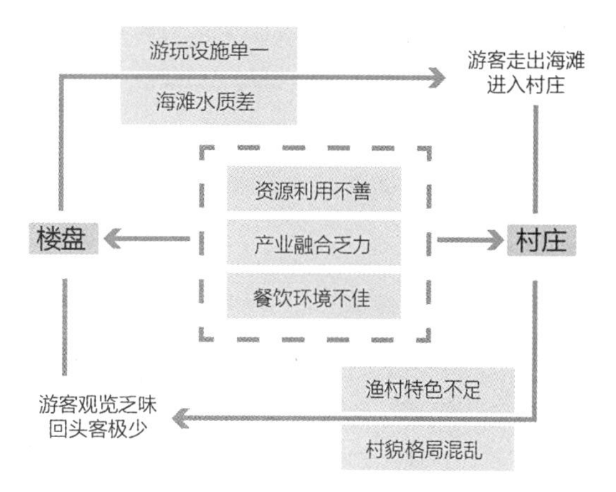

图4-28 村楼之间的恶性循环状态

大程度地限制了融创海湾半岛的吸引力和游客规模。同时，融创海湾半岛与位于其东侧的其他几个商业旅游地产存在一定的同质化竞争，由于没有自建充足的餐饮和其他服务配套，且淤泥质海滩资源欠佳，因而竞争力相对较弱（图4-29）。

对于黄布角村而言，融创旅游地产的落地对村落环境和经济发展都产生很大影响。老的建筑风格和空间格局被放弃，新的环境以粗放式开发为主；经济收入主要依赖旅游地产的游客，既存在同质化竞争，又受到旅游的季节性影响，村民生活并没有实质性提高。因此，黄布角村逐渐失去了原有的村

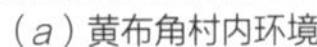

（a）黄布角村内环境

（b）融创海湾半岛楼盘内环境

图4-29　黄布角村与融创海湾半岛的环境对比

庄特色及文化特质，其环境与融创海湾半岛内部有较大差异，因此并没有具备城镇的空间品质。可以说，这种“飞地式”旅游地产发展改变了村民原有的生产和生活方式，却并没有实质性地带动村落的经济发展和城镇化，反而将城乡二元的环境差距在如此小的地理空间尺度上凸显出来。

从区域角度讲，这类商业旅游地产的购房者、经营者和外来游客大多来自较远的大城市，这与农民进入城市的常见模式逆向而行，是迎合城市人口向往乡村自然环境需求的结果。这在一定程度上与西方国家曾经出现的逆城市化相类似，但由于在空间上呈现规模较小且成不连续的点式分布，并不会形成实质性的逆城市化，却会对邻近自然村落原本脆弱的经济体系造成严重影响。

此类“飞地式城镇化”现象在广东沿海较常见，同样在一些拥有其他独特自然资源（如山林资源）优势的村落也存在，对当地的自然生态环境、经济发展和社会生活产生了巨大影响，并且还一度存在公共资源私有化使用的现象。因此，需要深入思考：此类依赖商业资本的自然资源的单一化、分散化的开发方式是否合理？此类开发方式的实质是城市反哺农村并带动农村经济发展一种途径，还是城市侵占农村资源和消费农村的另外一种方式？此类开发方式是否是一种可持续地带动周边农村土地城镇化以及农民市民化的有效途径？

在探究上述问题与缘由的基础上，深圳大学建筑与城市规划学院城乡规划专业2016级8个本科生与2位老师讨论并设计了两组村庄规划方案来改善黄布角村的空间环境，以促进其经济的可持续发展。

（3）总体发展定位与规划思路

当前，中国乡村建设缺乏指导不同区域类型乡村重构实践的规划技术体系和标准。乡村振兴规划与设计应当遵循因地制宜、扬长补短、循序渐进、破解难题的准则，系统开展特定区域乡村振兴战略规划。类似黄布角村这类因自然资源吸引旅游地产“飞地式”介入的村落，如何通过乡村规划与村庄设计保持农村经济的可持续发展，保护或增强地方特色和农业文化，是当前此类村庄规划需要思考和解决的重点问题。

我国在20世纪80年代城镇化建设初期，江南一带呈现出“离土不离乡，进厂不进城”的城镇化模式，有助于发展小城镇，避免大城市的膨胀，既有利于保留和传承乡村的地方文化特色和生活习俗，又避免在乡村形态和经济发展模式上的同质化发展。当前类似黄布角村这类“飞地式”土地城镇化发展形成的村-城交融区未来的经济发展可以借鉴上述发展模式：整合已有商业地产与周边村庄的自然资源、经济资源和人口资源，通过村落与旅游地产自筹资金、自身发展、政府扶植和外力资金投入，分阶段规划与发展多元化产业模式，促进村落与商业地产共同发展。

具体讲，首先从发展第一产业着手，遵循自然条件开发特色农、林、渔等生态产品，并延伸发展第二产业提升农产品价值。一方面为旅游产业提供高品质的食物资源，另一方面逐步摆脱旅游产业和农业养殖季节性收益的限制；其次，将旅游元素注入农业生产环节，拓展特色旅游资源，吸引更多游客，为村落和旅游地产带来持续的客流资源和经济收益。在完成一定的财富积累之后，联合周边村落形成规模化农村经济发展模式，进一步增强村落自身发展能力，打破对于旅游地产的单向依赖和季节性收益限制，形成互惠互利、共存共生的经济稳步发展的模式。在发展过程中，必须通过政策及制度严格限定商业地产的进一步扩张，保护农业用地，引进先进的农业生产技术，在不破坏自然生态环境的前提下，发展以农业和农产品为主的农村经济，既有利于留住现有村民，又能吸引原村民回乡发展，遏制农业资源被侵占或退化、农村经济衰退以及空心化，提高农村生活品质、传承村落历史文化，缓解公共资源私有化导致的社会不公平问题。

（4）规划方案的生成

基于上述总体思路，深圳大学建筑与城市规划学院城市规划系8位同学分两组分别设计了规划方案，探索有助于黄布角村可持续发展的途径。

1）方案一：村楼连理枝 相濡共生济

本组同学有曾庆翔、曾锐通、孙逸灵、谢成聪，他们的方案旨在探索旅游地产介入后自然村落发展的困境与路径。方案设计了以下3个阶段性发展思路。

第一阶段：农业经济起步和财富原始积累阶段，旨在巩固黄布角自身资源经济实力。充分利用黄布角村的农田、林地、渔场等已开发的农业资源，通过自筹资金或合作社贷款，以小规模合作生产和销售方式为游客和外来居住者提供高品质绿色农产品，同时打造绿色农业品牌和酒店旅游品牌，提升游客对于村庄餐饮服务和融创海湾半岛酒店服务的满意度和吸引力（图4-30）。

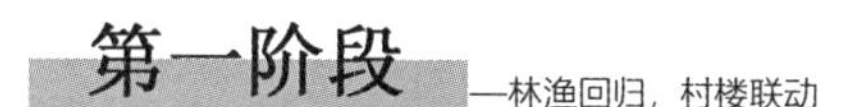

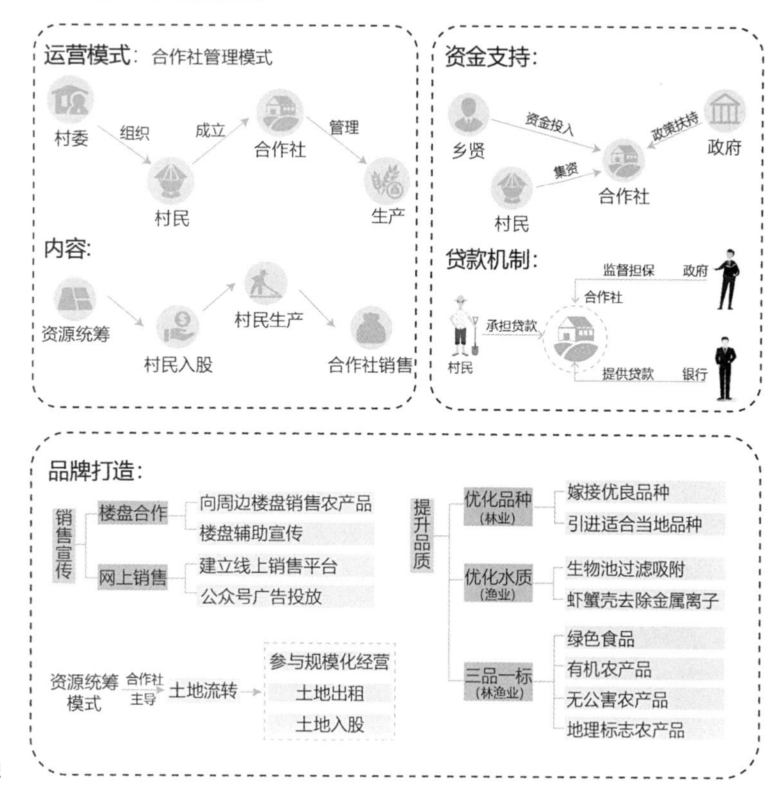

图4-30　第一阶段的设想

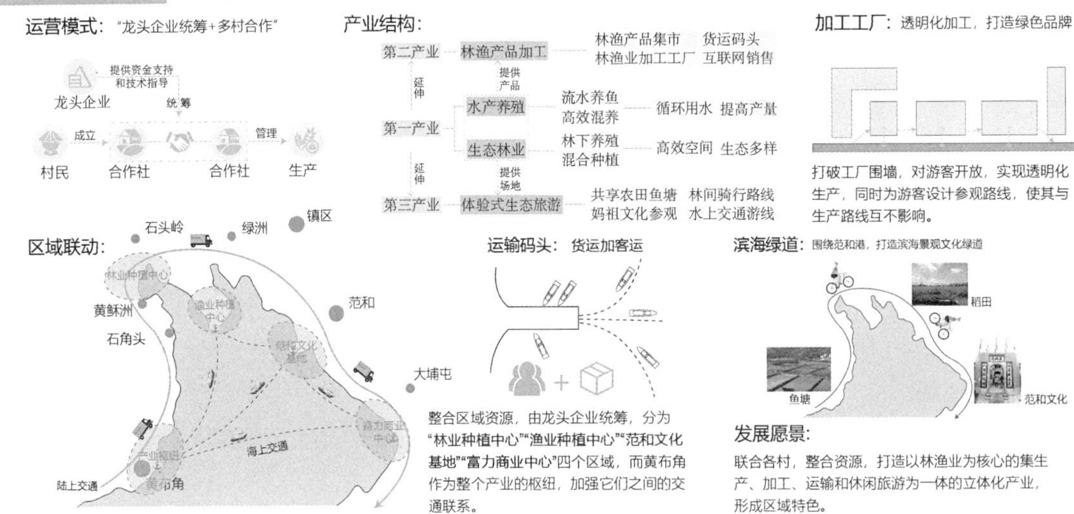

图4-31　第二阶段的设想

第二阶段，农业经济升级和旅游资源提升阶段，旨在增强村城之间的联络和共同发展潜力。通过第一阶段的经济发展和财富积累，逐步完善村庄基础设施，改善村落生活环境。并引入龙头企业与周边村庄合作，共同完善区域产业结构，通过将农业生产及农产品加工与特色旅游相结合，丰富和扩展融创海湾半岛的旅游资源，进一步增强对游客的吸引力，为其自身和黄布角村村民都能带来更多的经济收益（图4-31）。

第三阶段：农业经济规模化与旅游产业稳步发展阶段，旨在实现村城共同可持续发展和共同富裕。在产业结构逐渐完善的基础上，多村联合自办企业，共同建设农业产品加工基地或企业，与龙头企业合作，开发更加多元化的农业产品，既为融创海湾半岛游客提供服务，还能够为更远的大城市提供农产品及深加工产品，实现村庄与旅游地产相互依赖、相互促进的经济发展模式（图4-32、图4-33）。

2）方案二：鱼渔娱愉

这组学生有钟宇林、欧泽平、翁艺芹、郑玉清，他们在深入挖掘当地渔村文化历史沿革的基础上，从问题出发，探讨了传统渔村文化的衰落原因，旅游地产介入后，高档楼盘与传统渔村聚落二元化问题，以及村民自发经营服务于旅游地产楼盘的小微经济体的利与弊等问题（图4-34）等。通过对问题的剖析，绘制了村落与楼盘之间现实关系的问题导图（图4-35），以缓解这些问题为出发点，进行了规划策划和方案设计的探索性尝试。

运营模式：多村合办企业，与龙头企业合作

技术革新：5G时代下的数字化农业

传感器装配每一个农业物种，数据监测，智能生产。

AI大数据处理，系统化管理种植

发展愿景：

联合多村，合办属于村民的企业，与龙头企业形成合作关系，采用数字化管理和生产，扩大影响，使村庄彻底摆脱旅游地产带来的窘境，转化为出路。

图4-32　第三阶段的设想

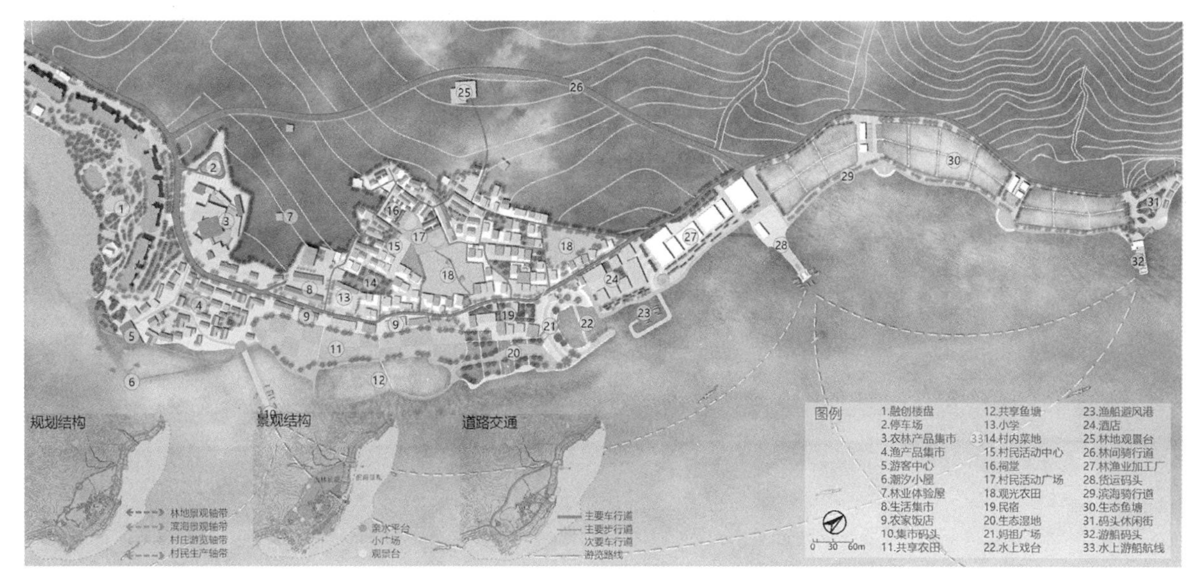

图4-33　总平面规划图（学生：曾庆翔、曾锐通、孙逸灵、谢成聪）

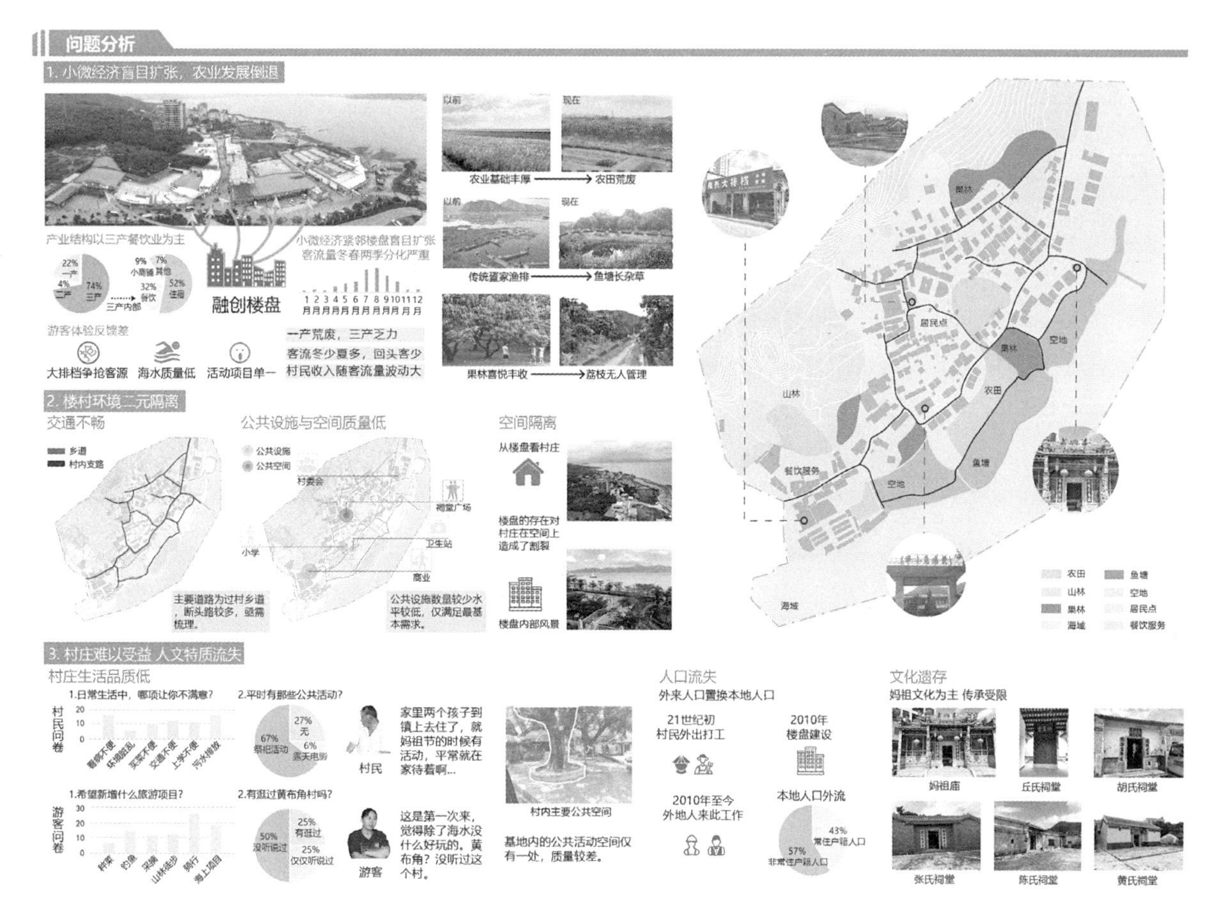

图4-34　现状问题分析

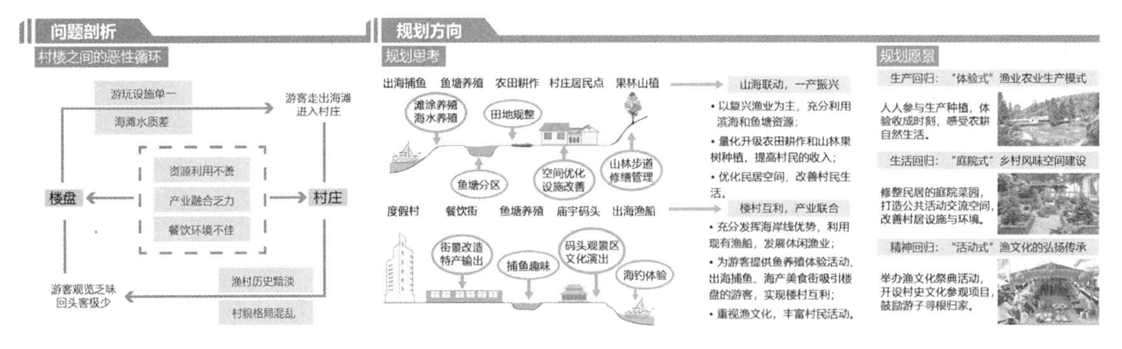

图4-35　问题剖析及规划方向和愿景

图4-36　规划思考与规划愿景

基于传统渔业文化衰落、村落二元化等问题，这组同学提出了生产回归（渔业生产与渔业旅游相结合）、生活回归（乡土生活与游客体验相结合）和精神回归（妈祖文化与文化旅游融合）3个层面的规划愿景，以促进"村楼互利、渔村复兴"的规划目标。具体而言，同学们提出了从"鱼"到"渔—娱—愉"的转型策略（图4-36），不再是消极地把传统渔业看作低附加值的一产，而是通过与旅游地产的结合，通过对渔业资源（滩涂、鱼塘等）的精细化开发和社区支持农业等政策措施，逐步实现渔业、农林业、餐饮业、鱼类加工、零售等产业的联动发展，促进渔业经济和文化产业的复兴。在问题和策略研究的基础上，同学们也进行空间方案的初步设计（图4-37～图4-38）。

（5）总结与思考

以上两组方案是在为期7天的调研基础上完成的，虽然在设计思路上有所差异，但都认为应该从农业着手完善，发挥原有的农业资源和自然资源优势，逐步完善产业结构，都注重村与楼的互利以及村与周边村的联合发展。"飞地式城镇化"超越了传统城镇化的模式，打破了远离城市中心的乡村地区的发展模式，甚至造成发展困境，但从另一个角度讲它给偏远乡村带来了一种发展契机。那么，如何利用这一契机促进偏远乡村的经济可持续发展呢？在我国快速城镇化过程中，一度实行农村支持城市的发展策略，从农业中提取工业化和城镇化所需的积累资金，因此我国城镇化水平在短期内大力提升，同时也拉大了城乡差距，当前应遏制城市继续对农村资源的掠夺和消费让工业反哺农业、城市支持农村。

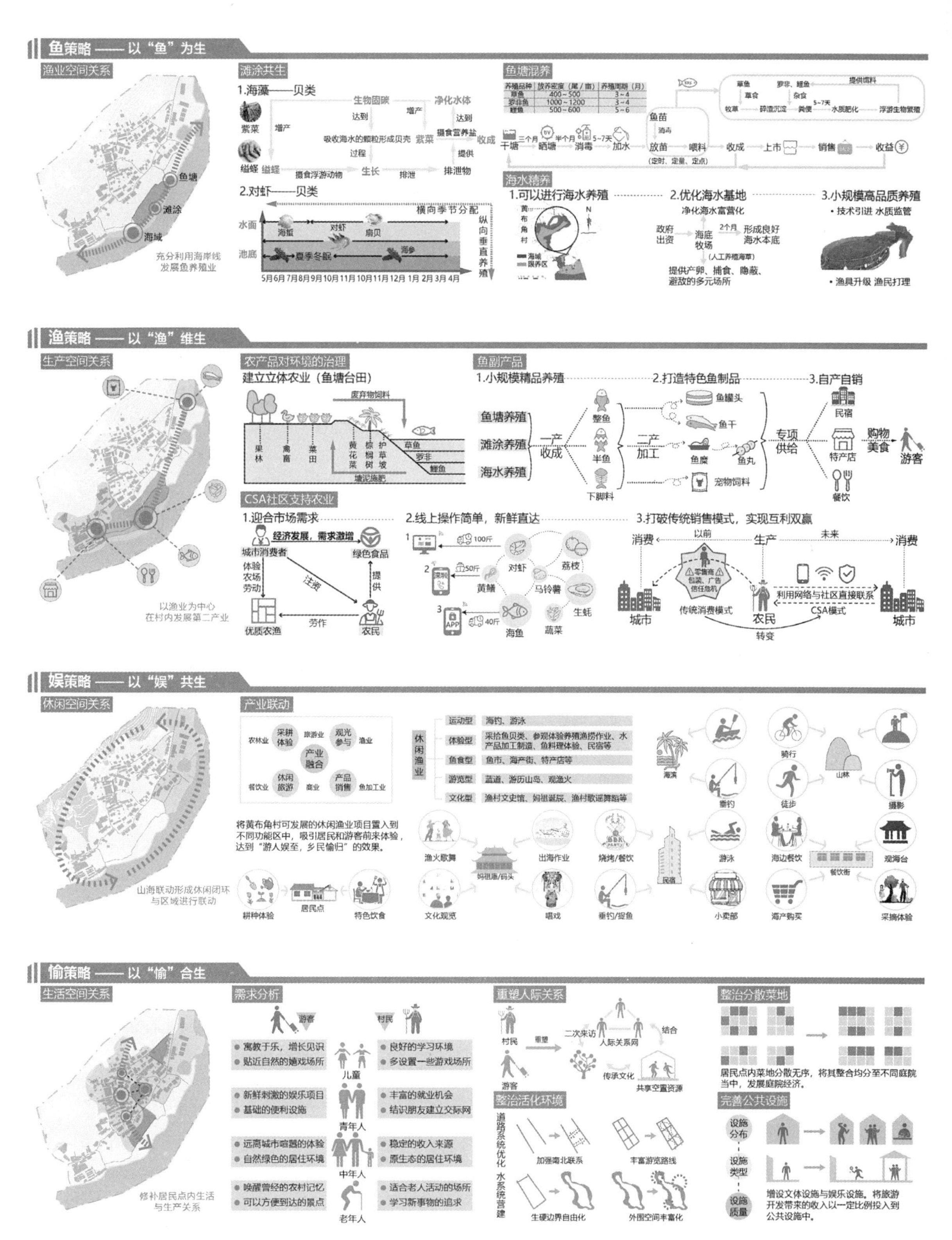

图4-37 规划定位、规划目标和规划策略

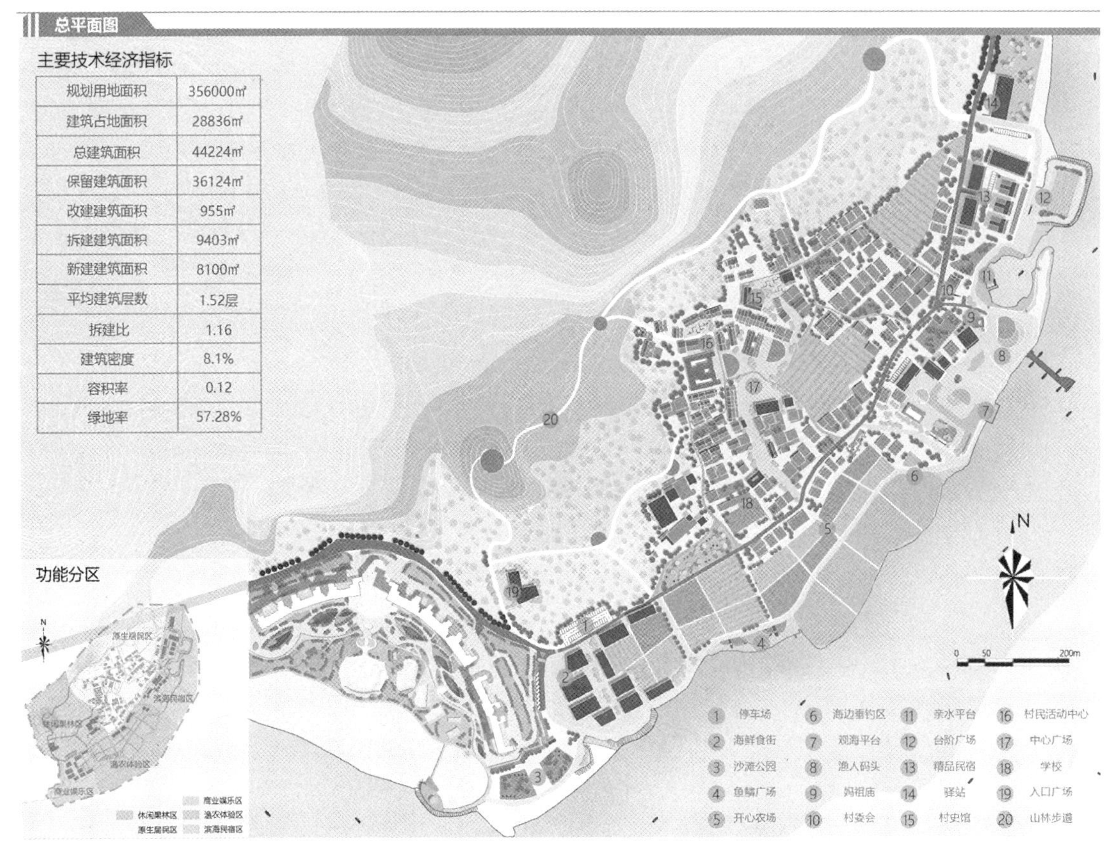

图4-38　总平面图（学生：钟宇林、欧泽平、翁艺芹、郑玉清）

4. 强化生态专题的国土空间规划教学实践

（1）教学设计

国土空间规划体系改革强调了生态文明建设的重要性。同济大学建筑与城市规划学院教授孙施文等认为国土空间规划是推进生态文明建设的关键举措，是实现高质量发展和高品质生活的重要手段，是促进国家治理体系和治理能力现代化的必然要求。住房和城乡建设部总经济师杨保军等认为生态文明建设优先是国土空间规划体系构建的核心价值观，治理生态病是生态文明时代国土空间规划的核心作用。可见，生态文明建设已成为国土空间规划中的重要一环。《市级国土空间总体规划编制指南（试行）》中要求，规划要优先确定生态保护空间，明确自然保护地等生态重要和生态敏感地区；构建重要生态屏障、廊道和网络，形成连续、完整、系统的生态保护格局和开敞空间网络体系，维护生态安全和生物多样性。并先后发布了《资源环境承载能力和国土空间开发适宜性评价技术指南（试行）》（简称《双评价指南》）《山水林田湖草生态保护修复工程指南（试行）》等文件，以配合国土空间规划的编制。因此，教学组针对国土空间规划与乡村设计课的教学需要，结合“城市环境与城市生态规划”以及“地理信息系统基”等必修专业课程，详细介绍了生态文明建设相关的规划原理及技术方法，并设立相应的实验专题，如空间信息数据库构建、双评价应用、生态规划设计案例分析等，为主干课程的开展打下良好的理论和技术基础。

（2）主要技术专题教学

不同专题的教学设计如下。

1）空间信息数据库构建专题

国土空间总体规划对数据库要求是采用统一的

数学基础和数据库结构［见《市级国土空间总体规划数据库规范（试行）》］，其内容涵盖了基础地理信息要素、分析评价信息要素和国土空间规划信息要素。从传统的CAD规划图层管理全面转向以GIS为基础的规划数据库，需要同学们在较短时间内掌握GIS数据库构建、数据收集及数据处理等多项实际操作能力。因此，本专题的设计以《双评价指南》要求的基础地理信息要素及评价信息要素为内容指导，要求同学们从不同部门、不同网站、不同渠道收集相应的基础数据，并进行数据预处理，构建一个空间信息数据库。

首先，同学们须在研读《双评价指南》及总结相关生态评价方法的基础上，提取数据收集清单；其次，需搜索不同渠道的公开数据源，收集相应的数据（表4-6）；最后，需要对不同来源的数据进行预处理，统一入库，便于后期的分析应用。

本专题的难点在于从不同渠道收集到的数据需要进行预处理，以便统一入库。一般包括3个方面的预处理：①数据格式的统一：将不同来源的数据转换为GIS数据格式；②坐标系统的统一：国土空间规划要求统一采用“2000国家大地坐标系”（CGCS2000）以及“高斯-克吕格投影”的国家标准分带，因此需将不同来源的数据通过定义投影、转换投影、空间纠正、影像配准等方式进行转换；③数据内容的统一：对数据范围、数据精度、字段内容的统一，一般建议将低分辨率数据重采样为高分辨率数据，以避免信息损失，将字段信息按标准化处理。这些操作均要求对地理信息系统的底层逻辑、数据结构、基本操作具有一定的了解和熟练度，极大地锻炼了同学们的GIS理解和实践能力。

珠海市斗门区国土空间总体规划数据库数据收集清单　　表4-6

数据库清单（*部分数据已注明无法获得*）		
数据类型	**数据名称**	**数据来源**
土地资源类	GDEM数字高程数据（DEM）	地理空间数据云
	2010年中国土地利用现状遥感监测数据	中国科学院地理科学与资源研究所
	中国土壤质地空间分布数据	
	中国土壤侵蚀空间分布数据	
水资源类	中国三级流域分布图	中国科学院地理科学与资源研究所
	中国三级流域产水模数	
	2018年珠海市水文监测数据	珠海市水资源公报
海洋资源类	水深数据	无法收集
	大陆岸线	
	大潮平均高潮线，沿海路堤及岛屿零米等深线	
气候气象类	斗门区多年平均降水量数据	中国气象数据网、2017～2019年斗门区气象公报
	斗门区多年月均气温数据（摄氏度）	
	广东省多年平均≥10℃活动积温数据	中国科学院地理科学与资源研究所
	广东省干燥度	
	广东省湿润指数	

续表

数据库清单（部分数据已注明无法获得）		
数据类型	数据名称	数据来源
生态类	中国年度植被指数（NDVI）空间分布数据集	中国科学院地理科学与资源研究所
	中国100万植被类型空间分布数据	
	2010年中国陆地生态系统类型空间分布数据	
	物种数量监测调查数据（中国陆地生态系统服务价值空间分布数据集）	
	斗门区水域滩涂养殖区	《珠海市斗门区土地利用总体规划（2010—2020年）》
	渔业种质资源保护区、海洋特别保护区	无法收集
	湿地空间分布图及相关监测调查数据	
	生态廊道数据	
环境类	大气环境容量标准数据及其分级结果	中国科学院地理科学与资源研究所
	水源涵养区分布图（中国陆地生态系统服务价值空间分布数据集）	
	广东省土壤污染状况普查数据	
	斗门区流域水质数据	珠海市水资源公报
	斗门区地表水资源量	
	过境水资源量	无法收集
灾害类	斗门区地震动峰值加速度	中国地震动参数区划图
	珠海市地震断裂带分布数据	《珠海市防震减灾“十三五”规划》
	广东省地质灾害易发点空间分布数据	中国科学院地理科学与资源研究所
	海洋灾害危险性	无法收集
交通区位类	斗门区交通路网分布数据	OpenStreetMap
	斗门区交通枢纽分布数据	
基础底图类	行政区划数据	地理空间数据云
	广东省卫星遥感影像数据	

数据来源：学生实验报告。

2）双评价应用专题

《双评价指南》强调以生态保护重要性评价作为底线划分生态保护重要区，进而评估农业生产适宜区和城镇建设开发适宜区，并评估其承载力等。通过研读《双评价指南》中的成果要求，参考生态环境部发布的《生态保护红线划定指南》中给出的相应评价方法，同学们对《双评价指南》的逻辑进行了梳理，并基于空间信息数据库构建专题的成果，开展双评价应用分析，如图4-39所示。

本专题的难点主要是对生态评价模型的理解、生态评价要素数据缺失的处理以及生态评价模型参数的设定。生态评价的模型有多种，不同评价目的不同的数据源，选取的评价方式也会各不相同，课堂教学过程中对此进行了梳理，但在实际应用中仍需进行因地制宜地比较和取舍。由于资源环境数据的监测缺失等问题在县市一级较为普遍，因此，需采取一定技术手段来弥补，如从省级甚至国家级数据库中填补缺失数据。此外，一些生态评价模型所需参数，也需查阅相应的生态文献进行修正。采用的GIS技术主要有叠加分析、网络分析、适宜性分析等。

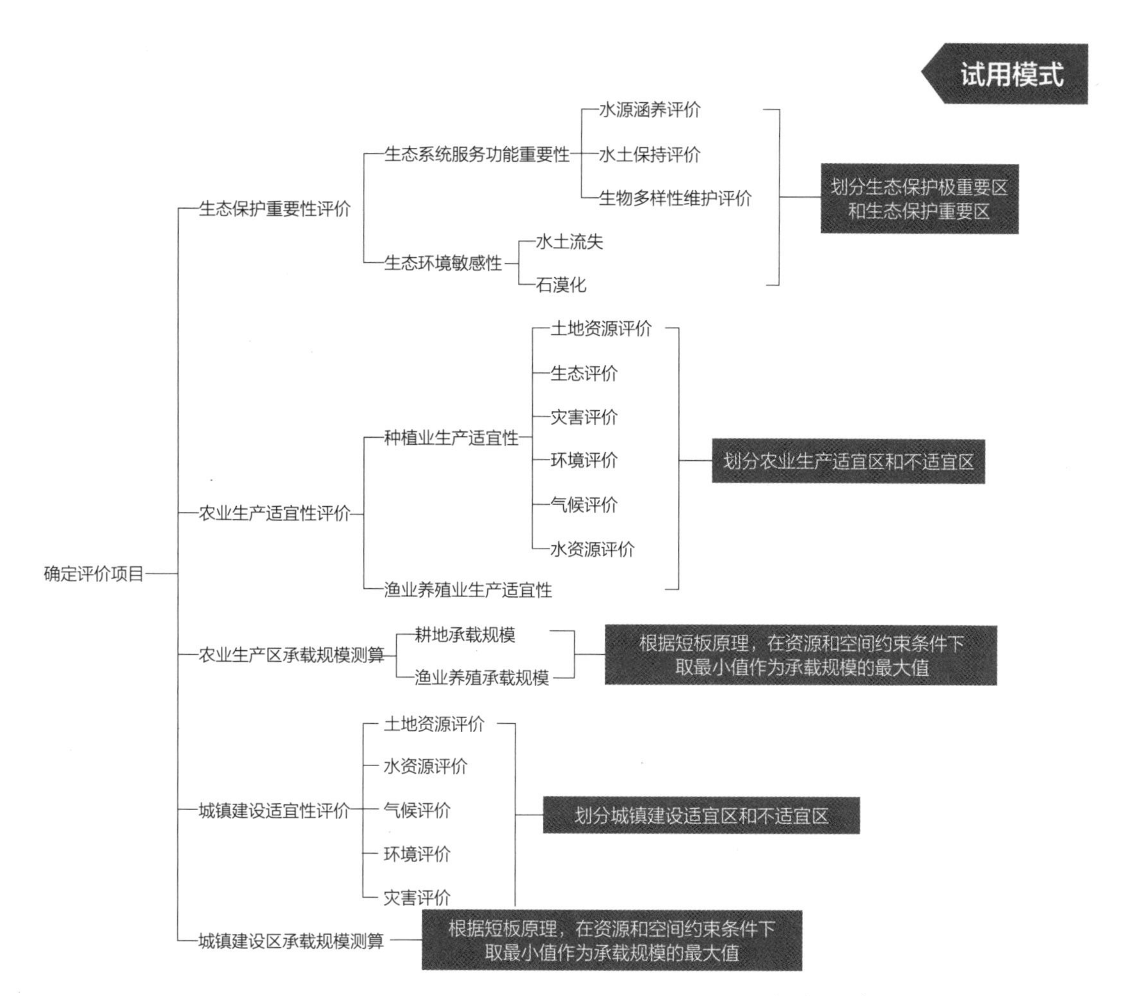

图4-39　双评价逻辑解读（图片来源：学生实验报告）

（3）城市生态规划设计案例分析

在《双评价指南》应用之外，教学组对生态文明建设下的城市设计也进行了相应的教学安排。通过设置翻转课堂，指导学生收集、分析和点评国内外优秀生态城市设计案例，解析其中采用的生态原理及设计手法，拓展同学们的视野，进而提升自身的设计素养。案例主题涵盖：生物多样性、水环境、海洋生态、矿山修复等，案例选择则来自国内外优秀的获奖作品：如ASLA美国景观设计大奖、国际城市与区域规划师学会（ISOCARP）规划卓越奖等。通过对生态相关的规划设计案例的积累，可带动同学们在规划设计中思考如何将生态学理念和方法应用到具体的规划方案中。

本专题的难点在于理解具体生态设计中涉及的跨学科知识。在不同的区域面临的生态环境问题也各不相同，规划师们往往需与各类专家通力合作，以解决本土的生态环境问题，推动绿色发展，促进人与自然和谐共生。以学生选取的2017年ASLA专业分析和规划类杰出奖获奖作品——加尔维斯顿岛州立公园堰洲岛弹性规划为例，该区域面临的生态环境挑战包括：海平面上升、地面沉降、风暴潮影响、海滩侵蚀等问题，相应的规划方案则建立在3个分析基础上：①综合海平面上升、海滩侵蚀和沉降影响的情景模拟模型，以计算出该场地水土流失的量及其分布；②风暴潮风险评估，对该地区的地形和风暴频率进行预测；③栖息地迁徙，为

图4-40 规划设计生态相关案例介绍（学生：邓琦琦）

生态系统要素随时间的推移提供基准。以此为核心提出相应的规划设计方案，让同学们深感规划设计的科学性和前瞻性（图4-40）。

总体而言，专题实验的设置和训练有效地锻炼了同学们的GIS实操能力，增进了对生态评价及资源环境承载力及国土空间开发适应性双评价的理解，并扩展了规划设计的科学视野，为其后开展国土空间规划与乡村设计等主干课奠定了基础。

（4）成效总结：效果与不足

建议强调多学科融合教学改革的得失与可能的调整方向。在学科融合过程中如何强化专业核心特色，如何引入相关学科方法和技术、提升学生能力以及引入的深度和广度如何把控等仍有待探索。

五、思考与总结

四年级教学内容具有明显的综合性和多元性特征，围绕着“知识拓展、多元思维、学科融合和交叉”这3个教学目标，四年级设计课教学实践通过校企联培、特色问题探究等方式，对特定的城乡问题进行深入研究，从而探索研究型设计的教学路径。

四年级的设计作业尺度更大，面对更为复杂的城市/乡村要素，在教学中不仅需要引导学生对城市/区域尺度的问题进行系统、综合的思考，也要在教学中有所侧重，使学生能够在有限的时间内，对特定问题进行深层次的分析与思考，避免泛泛而谈，最终呈现出逻辑自洽、思路清晰的规划设计方案。为了实现这样的教学效果，教学组开展了一系列教学尝试，如将社会调查与城市设计课联动，促使学生们有更多时间了解当地的社会、人文情况与居民生活；将大数据分析及其他技术类课程与设计课联动安排，使学生们有机会利用新数据、新技术和新方法进行设计分析等，这些教学尝试取得了一定的成效。不过，从学生作业来看，仍然较为普遍地存在着调查研究分析与设计脱节，各说各话，设计逻辑不够清晰，设计故事吸引力不足，前期研究的时间投入弱化了设计表达等问题，需要在未来的教学实践中进一步思考和探讨。

5

第五章

进阶·协同｜五年级：

本硕协同、产教融合下的真实场景综合能力进阶

执 笔 者 杨晓春 陈 方 杨 华 李 云 刘 倩 罗志航

教学团队 杨晓春 陈 方 杨 华 李 云 刘 倩 罗志航 成 行

一、教学目的

五年本科专业学习中，毕业设计是专业知识综合运用、专业能力凝聚提升、专业思维巩固升华的关键环节。经过四年的专业知识学习和积累，五年级毕业设计的教学组织更为多元、综合，内容和方式上也更为丰富和灵活。立足粤港澳湾区，通过国内外院校联合、学研产联合等多种教学模式，毕业设计环节致力提升同学们的综合能力与职业素养，其核心教学目的如下：

（1）致知穷理：提升专业综合力，培养职业坚韧力

毕业设计课题多选择复合型的研究型课题，规模较大，场地本身的复杂性及与城市和区域的关系也更为复杂。毕业设计教学的目的之一是为学生们提供一次综合检验四年半专业学习成效的机会，极大地提升学生们认识和分析复杂城市问题、提出解决方案的能力。

为了帮助学生提升解决复杂问题的能力，毕业设计指导老师通常会在“调研—分析—推导—设计—表达”各环节均予以适度有效地指引，并持续地引导同学们进行场地问题的深入分析与思考。在毕业设计过程和成果表达的全过程中，强调四大问题：①对场地的分析和认识是否全面；②是否建构了有逻辑性的推导系统；③设计成果是否反映了预设的概念，并且创造出了清晰的愿景；④是否关注了开题之初的课程指引。通过这些问题，给予学生重温课题初衷、回顾学习过程并升华设计思维的再启发，从而使同学们获得设计能力和思维能力的同步提升。

（2）合而不同：拥抱交叉融合，保持独立思考

自2017年起，深圳大学城乡规划专业策划组织和参加了多次院校联合毕业设计，通过多院校的联合与交流过程，为师生们提供了感受不同学科背景、校园文化之间的融合碰撞以及保持独立思考探索特色化发展道路的机会。

2018年首次湾区高校联合毕业设计在深圳大学启动，当时联合了同济大学、华南理工大学、华侨大学、香港中文大学和澳门城市大学6所高校；2019年的第二届由华南理工大学主办，又新增了中山大学、广州大学和广东工业大学3所高校。9所院校中既有毕业班本科生也有一年级研究生；既包含了城乡规划、城市设计专业，还包括了建筑设计专业；既有传统工科背景的院校，也有地理学背景的高校。各学校不仅在教学日程安排上有所不同，在研究视角和教学重点方面亦有相当的差异。

通过对“一带一路”国家倡议及“粤港澳大湾区”国家战略背景下的毕业设计课题深度解读，大家聚焦研究一个相对集中地空间领域，在“合而不同”的联合毕业设计活动中，各展特长：有些作品探索创新了边界存在的方式，有些对边界地区社会经济空间发展的融合与协调有新的思考，有些挖掘了边界经济和居民行为的独有特征，有些则是寻求促进空间和生活融合的空间治理机制。作品内容各有侧重、形式丰富多元，但都体现了各校毕业生优秀的设计水平，也给教学者开阔了新的设计视角和研究思路。正如去年深圳市规划国土发展研究中心规划设计所所长顾新所言：“同济大学展现出扎实的基本功、严密的推理能力，华南理工大学对治理方面有独特的想法，深圳大学十分富有想象力，华侨大学有着敢想敢做的风格，香港中文大学从建筑出发、方案扎实而细致……”。

对于深圳大学参与的师生而言，大家在与兄弟院校同台竞争的同时更获得了相互启发，一方面深刻认识到我们在教学方面重设计表达而轻逻辑推理的问题，另一方面也进一步找准了自己学校的教学特长，在加强补齐短板的同时鼓励同学们尽力发扬特色风格，通过联合设计收获了多元化教学背景带来的和而不同的体验。

二、教学设计与组织

1. 本-硕设计课题的纵向贯通

优秀的毕业设计成果，离不开扎实的规划基础与前期准备。但由于毕业设计时间较短（共4个月），包括第九学期1个月的毕业设计实习阶段与第十学期约3个月的毕业设计教学阶段。如若要完成高质量研究型设计的前期专题研究和后续规划设计，仅仅依靠毕业设计周期内同学们从零开始显然难以实现。

为此，从2020年开始，深大规划尝试打通研究生一年级（上）设计课与本科毕业设计进行选题共享，即在五年级上学期由研究生一年级设计课对选题进行教学实践，在积累一定的基础资料与研究成果的基础上，再对题目进行优化提升，提出更有研究宽度的毕业设计主题，也更有利于毕业同学更好更快地进入下学期的前期研究阶段，并在教学时间上实现平顺衔接。如2020级研一（上）设计选题之一为“沙头角地区城市设计”（图5-1），在教学成果评价基础上，对题目进行了更有话题性的拓展，强调深港边界制度创新与地区历史传承，并对规划范围进行弹性设定，由设计组自行根据研究结论进行规划设计范围确定，最终作为第四届粤港澳大湾区联合毕业设计选题，获得了极好的反响。

2. “建筑-规划-风景园林-地理信息”多学科横向联动

对于复杂城市问题的深入透彻的研究离不开多学科协同。利用深大建筑与城市规划学院拥有的建筑学、城乡规划、风景园林和城市空间信息工程四位一体的人居环境学科体系，积极在毕业设计中推动多学科横向联动，促进同学们的跨学科交流和设计联合。

（1）跨专业选题共享

2020年开始，深大建筑与城市规划学院开始逐步探索建筑学、城乡规划、风景园林和城市空间信息工程4个专业共享毕业设计选题的教学模式。例如，2020年城乡规划毕业设计课题之一“深圳

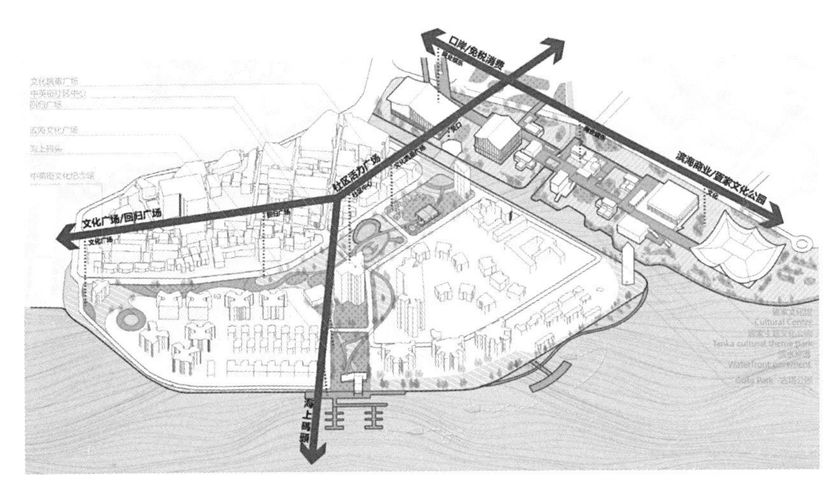

图5-1　2020届沙头角地区选题（中英街及口岸地区）

宝安区福永凤凰山海通廊”即为多专业共享课题。城乡规划专业进行整体山海通廊（约25km^2）区域的总体城市设计，建筑学专业在山海通廊上选择若干重要节点进行建筑设计，风景园林专业进行滨海和滨河景观设计，城市信息工程专业则利用大数据进行人群活动分析。跨专业从不同角度研究同一课题，极大地拓展了研究深度和广度。

（2）多专业混合工作坊

比跨专业选题共享更进一步的多专业横向联动是组织多专业混合工作坊，即毕业设计小组由不同专业同学共同组成，多专业导师共同辅导。深圳大学城乡规划专业毕业设计多次尝试组建多专业混合工作坊。早期的混合工作坊由建筑学和城乡规划两个专业的同学组成，之后逐步拓展到风景园林和城市空间信息工程专业。混合工作坊增加不同专业同学思想碰撞和交流的机会，使得同学们更能理解协同工作的重要性，并从中受益。

3. 社会资源整合与现实场景过程模拟

利用深圳地处粤港澳湾区的区位优势，依托设计之都丰富的设计资源，深圳大学毕业设计的组织强调社会资源的导入，并在教学中，通过多种方式进行现实场景模拟，使同学们通过毕业设计，体验全过程的项目生成和模拟情景。

（1）分项研究设计内容+社会体验及资源介入

毕业设计课程通过一系列的“分项研究设计内容+社会体验及资源介入”来完成。课程为同学提供了一个对各种问题进行逻辑思考的过程，我们将各种不同的问题组合成各种单元，即要求同学以小组分工合作的模式，进行各种小型的研究课题和分项的规划设计，最终组合成一个完整的规划设计项目。

结合课堂的讨论和实际的调研及规划设计工作，课程最终的成果表达将结合毕业答辩进行面向社会的成果展览，向政府和社会提出我们对规划课题和项目的思考结论和合理建议。将毕业设计课程变为同学们毕业后即将投入紧张繁忙的规划设计工作之前的一次“实际演练”的机会。

整个毕业设计课程的组织特别强调“过程”的重要性，强调调查实验过程的数据统计、文字报告、归纳图表和视觉草图等的作用。一个毕业设计题目通常可以以周为单元分解成若干步骤，每周课程包括课堂讨论和课后作业两个部分，最终形成十分有意思和系统的作业。每周“课堂讨论”将提出一个特定和独立完整的课题，强调同学自己讨论并制定工作计划，教师给予辅导；“课后作业”同学自动完成计划所制定的内容。“课堂讨论”与“课后作业”两者不断循环，关联运作，最终完成整体的任务。毕业设计要求同学迅速将课堂中所学的方法转化应用到复杂的调研设计当中，每位同学都将服从计划的安排，并按时间计划表去做作业。

（2）充分利用本地专家学者、粤港澳名士及国际专家库资源

经过多年的教学和实践积累，我院逐步形成了立足深圳本地设计前沿的评审及教学专家团队，并与深圳本地的设计机构建立了固定合作关系及教学实践基地。利用地缘优势强化深港合作，吸纳国内外和粤港澳湾区的专家团队合作教学及开展评审交流（图5-2）。

在设计坊开展期间，头脑风暴让每位同学的思维都能得到较大程度的开拓，这对开阔团队思路、激发团队的创造力和优化团队方案大有裨益。

图5-2　与毕业设计同步开展的专家论坛、头脑风暴及毕业设计评审

三、课程设计的特色与创新

1. 研究型设计与学研产一体化教学模式

五年级教学侧重点和特色是基于深圳地方特色的学研产一体化教学模式下的空间创新综合技能训练。深圳作为中国特色社会主义先行示范区，有着特区城市、口岸城市、边界城市、移民城市、创新城市等诸多头衔。我们提供给学生涉及生态、生活、生产等方面研究课题，力求体现深圳这个城市的创新性、先锋性，鼓励学生对既有问题进行创造性思考。近两年由深圳大学作为主要发起者，开展了协同全国几大高校的粤港澳大湾区联合毕业设计。过程中，我们充分引导学生进行开拓性的思维思考，也产出了能在各大院校中独显气质的学生作业，评委给予深圳大学学生的评语围绕着“有创意”“敢想敢做”“想象力丰富”等展开，立住了深圳大学的教学特色。

2. 秉承未来性、在地性、开放性的教学特色

“未来性、在地性、开放性”是规划设计教学的核心理念，毕业设计从选题到成果输出过程中致力呈现的深圳大学特色，也是研究型毕业设计转型的主要教学导向。

“未来性”，是指在关注城市空间塑造、公共场所营造的同时，鼓励同学们结合技术创新、需求迭代等未来趋势，充分发挥想象力，对场地未来的多种潜在可能性进行更全面的研究和思考。

“在地性”是强调深圳设计之都的在地优势，开展真实性特色选题和模块设计，顺应当下深圳城市建设由增量规划向存量规划转变的阶段性特征，研究深圳本土的规划问题，如聚焦深港边界互动及口岸边境主题、香港北部都汇区新计划、深圳城市更新热点版块及话题等。

“开放性”是指借跨校交流和产教协同的开放式教学，促进学生实现综合能力进阶。深圳大学城乡规划专业一直坚持理论联系实际的教学理念，注重教学环节的实践性、开放性和实验性，强调学生综合素质和设计技能的培养。利用学院与设计院资源共享、人才互通机制的条件，构建了“学、研、产”一体化的教育平台；同时，挖掘深圳作为设计之都的优势，在深圳市城市规划设计研究院、中国城市规划研究院深圳分院等知名设计机构建立了实践基地，使教学与实践相结合。学生能将所学知识运用于实践，也更契合行业和社会需求。

四、代表性教学实践

1. 研究型毕业设计的未来性

（1）“未来性”教学的特色和愿景

秉承深圳大学城乡规划专业的城市设计教学特长，深圳大学规划系的毕业设计选题向来注重对高密度建成环境下的城市空间塑造与公共场所呈现，突出学生对复合功能建筑组合、交通与环境体系、城市工程系统等基本城市设计要素的规划设计能力。因此，既往的毕业设计选题在一定程度上反映了深圳的空间发展特色与资源紧约束问题，以存量规划概念导向为主，如高新区城市更新、城中村改造等。现实性考量和在地性经验判断在很大程度上对学生最终方案的呈现起到决定作用，然而这也在一定程度上制约了方案的空间想象与潜在可能性思考，对学生综合能力的提升有限。如何突破选题的空间思维单一化和技术方法固化，体现研究型设计特点，成为近年来毕业设计选题改革的主要方向之一。

2016年，随着《中华人民共和国国民经济和社会发展第十三个五年规划纲要》正式发布，“粤港澳大湾区”概念成为深化泛珠三角区域合作的全新空间载体；同年国务院印发《关于深化泛珠三角区域合作的指导意见》，明确要求广州、深圳携手港澳，共同打造粤港澳大湾区，建设世界级城市群。2019年8月，《中共中央 国务院关于支持深圳建设中国特色社会主义先行示范区的意见》正式发布，深圳作为中国特色社会主义先行示范区，对城市空间发展提出了更高的要求。“双区”发展使命下，城乡空间不再单单是功能静态呈现与常规线性演变，空间承载了更多的未来不确定性，规划设计作为政策工具需要对物质形态以外的政策、制度、社会经济与文化影响因素有更综合的涉及。当今城乡规划理论界对“未来（性）导向”理念的研究主要关注两个方面，即“探求城市规划决策中的关键不确定性因素以及有效构建城市长远未来的可能性”（麦贤敏、闫琳，2009）。这必然要求规划师对区域与城市的未来作出更精准、深入的发展研判与更开阔的空间想象，对不同尺度城市空间的“边界”与“内涵”作出更深刻理解。

从2017年至今，深圳大学城乡规划专业毕业设计选题强调“未来性”导向，从毕业设计选题方向、教学组织、空间方案内涵（价值观与技术内容）与政策治理抓手等几个方面进行改革创新，尝试通过研究型毕业设计的教学模式，在专业学习的“最后一公里”中，让同学能综合应用前面各个学期的学习技能，实现综合判断与空间思维的飞跃。

（2）面向未来的选题考量

近年来，未来性导向下的毕业设计选题不断出现，主要呈现为以下3个方向：

1）湾区发展视野：“一国两制”背景下的“边界”畅想

自2016年“粤港澳大湾区”概念提出至今，围绕区域协同发展、前沿产业集聚、湾区人居环境提升等未来核心议题，多种形态的规划创新举措与空间改革理念不断引领着规划设计行业的发展。立足设计之都，依托粤港澳大湾区的资源，深大规划策划开展了面向湾区未来的毕业设计选题与组织工作。2017年下半年，深圳大学携手华南理工大学、同济大学和华侨大学，启动了第一届“粤港澳大湾区城乡规划专业联合毕业设计（2018届）”，选题涵盖了深港区域、珠澳区域、广佛区域以及厦（门）金（门）区域，针对粤港澳大湾区的高密度人居环境特征，进行综合规划探索与空间畅想。

自1997年以来，“一国两制”体制已践行25载，离香港基本法中所明确的“香港特别行政区不实行社会主义制度和政策，保持原有的资本主义制度和生活方式，五十年不变”的政治承诺已完成近半，未来25年的粤港澳边界地区如何发展？如何进一步释放“一国两制”在边界地区的空间活力？如何通过政策制度创新和技术创新实现跨境融合？这一系列面向湾区视野的跨境思考，我们尝试通过2018届的深港口岸地区（皇岗-福田、罗湖和深圳湾等口岸）、2019届的珠澳前山水道两岸地区和2021届的深港边界沙头角口岸地区的选题，开展了一系列空间政策制度、两地社会融合、生态韧性技术等方面的创新与探索，绘制出了一幅幅富有思考深度的未来蓝图（图5-3）。

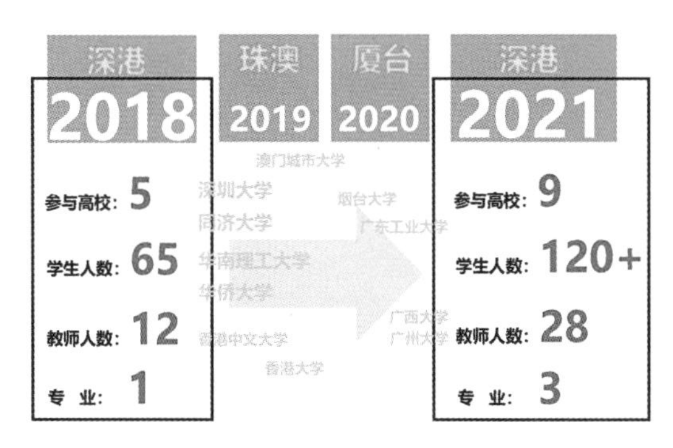

图5-3　2018～2021届粤港澳大湾区城乡规划专业联合毕业设计参与情况

2）大型交通枢纽：高密度城市的陆、海、空门户地区

粤港澳大湾区一小时生活圈的提出与不断现代化的交通运输体系建设，使得各城市间的联系愈发便捷，传统的行政区界阻隔作用也随之减弱。同时，随着核心城市规模的不断扩张，以及建设强度与产业能级的持续提升，各大交通门户的升级和新交通枢纽地区的建设项目也陆续出炉。比如2021年公布的《深圳市国民经济和社会发展第十四个五年规划和2035年远景目标纲要》提到赣深高铁、深惠城际等多条国家铁路和城际轨道的建设计划。该枢纽类选题对学生的综合能力提出了极高要求，需要在掌握交通设施空间布局基础上对周边城市用地规划、公共空间系统和城市交通体系进行综合协同研究。

2020届毕业的3个题目均为基于大型交通枢纽的陆、海、空门户地区规划，包括深圳市西丽综合交通枢纽地区、盐田河临港产业带和厦门“大嶝岛”新机场地区等，体现了城市地区在大型交通设施介入或升级的背景下，未来空间功能和组织结构的各种可能性，同学需要对新的交通服务场景、生活模式和产业规律进行综合分析（图5-4、图5-5）。

3）国土空间规划：面向规划改革的教学探索

全国国土空间规划体系自2018年推行至今，深大规划展开了一系列改革应对措施，涉及规划教学的方方面面，从基础理论课到专业设计课、生产实践等环节积极应对学科之变与未来存在的种种不确定性。

2019届毕业设计选题之一——台山市广海镇国土空间综合规划，首次尝试独立建制镇的国土空间规划，通过小尺度城镇空间进行国土空间规划探

图5-4　高铁公园 倍速生活——西丽交通枢纽城市设计鸟瞰图（学生：李阳、莫子华、卢梓轩、张庭恺、黎家康）

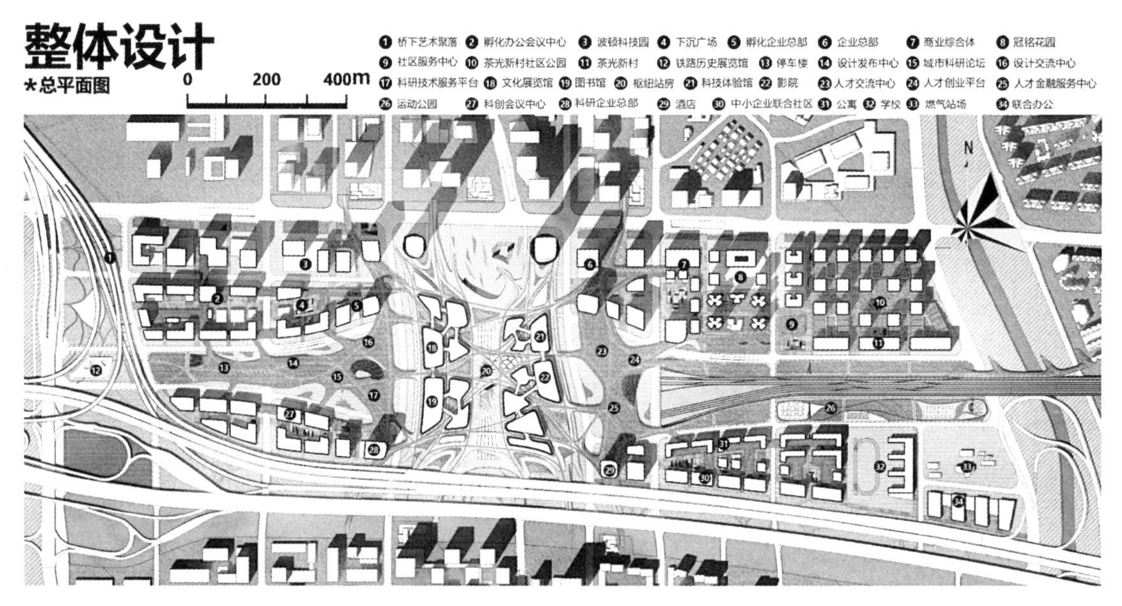

图5-5　高铁公园 倍速生活——西丽交通枢纽城市设计总平面图（学生：李阳、莫子华、卢梓轩、张庭恺、黎家康）

索，尝试从空间资源的全域全要素角度对地方的空间发展提出综合议案，并尝试对下层次规划设计进行指引。

（3）特色教学实践

面向技术创新的皇岗—福田边界地区无人驾驶街区设计

不同于大部分方案是基于对既有设计经验的最优化利用，在对未来空间场景的预判过程中，需要我们有意识地对同学进行思维引导。真正的未来并不存在于熟练的空间表达中，而是存在于对既有人类行为模式的前瞻性思考。在教学中，我们尝试对“物质—虚拟空间”演变下的人类行为模

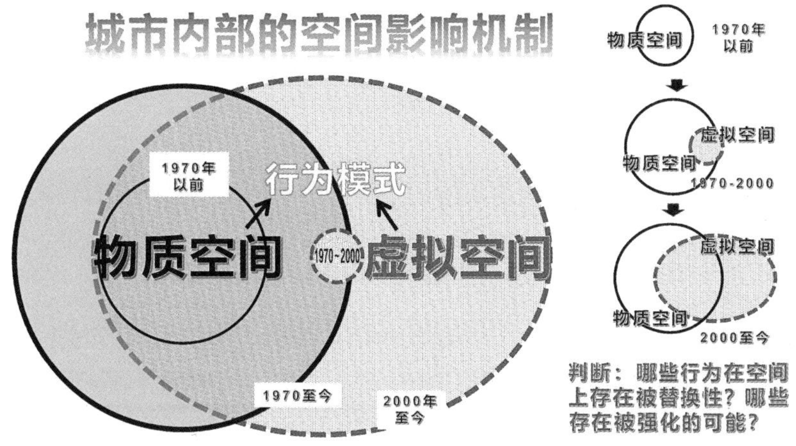

城市内部的空间影响机制

图5-6　城市物质-虚拟空间的人类行为模式演变

式进行归纳总结：①要有分析问题的格局，掌握历史抛物线；②未来总是存在于随处可见的需求细节；③“实体空间/虚拟（信息）空间”的交织程度与人类行为规律互相影响。通过案例分析，引导同学对未来的人类行为趋势和城市空间场景（社会—经济—环境）进行逻辑推演和细节描绘，从而达到城市空间方案未来性的深刻理解与生动呈现（图5-6）。

例如，2018届皇岗—福田深港口岸地区的一组方案中，学生在充分学习了解了无人驾驶技术的未来应用趋势后，在基地相对独立的应用环境下，将无人驾驶的多种运营模式、交通空间再设计、建筑底层衔接、多层慢行系统等技术细节进行深化，针对现状道路提出改造方案，从而实现了20～30年后具有一定面向未来实施效果的无人交通街区（图5-7）。

对于耳熟能详的立体城市理念，教学组也不仅仅让学生止步于空间形态的塑造，而是引导他们对未来产业链的优化趋势和网络时代的行为组织可能性进行立体空间功能逻辑的再造，以及与之匹配的

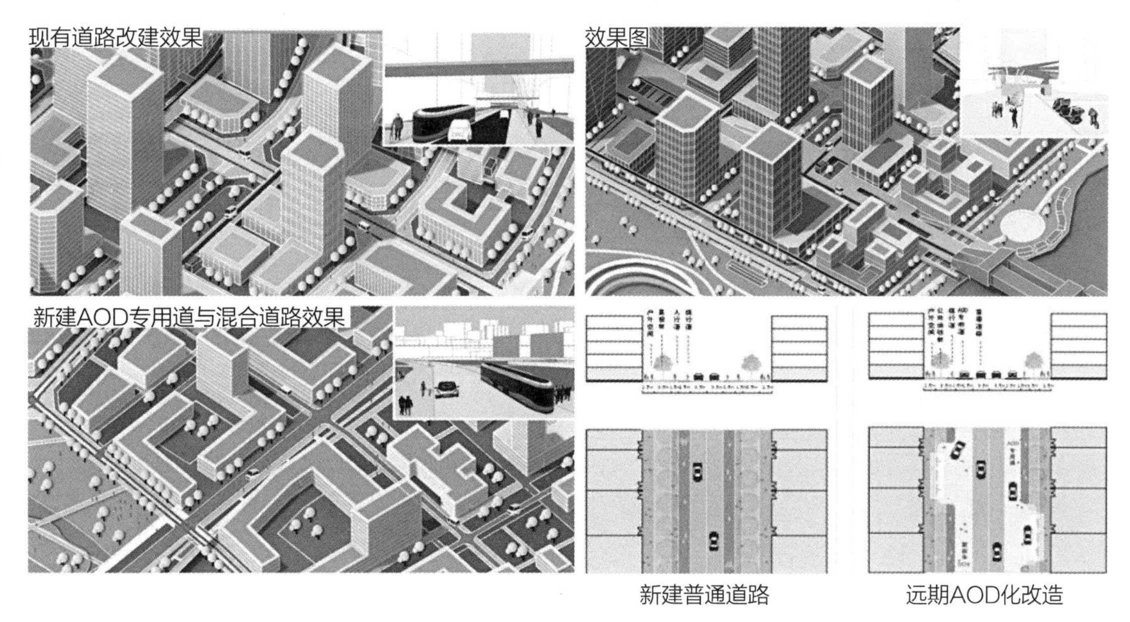

图5-7　2018届皇岗—福田边界地区无人驾驶街区设计

空间形态。2019届的华强北城市设计选题中，立体城市解决的不仅仅是空间存量问题，还承载了新的产业链逻辑与功能组织关系（图5-8）。

2. 研究型毕业设计的在地性

（1）“在地性”教学的特色和愿景

2017年，我国提出“粤港澳大湾区”空间发展战略，将湾区发展提升到国家战略层面。2018年10月正式开通的港珠澳大桥，有利于三地人员交流和经贸往来，有利于促进粤港澳大湾区发展，有利于提升珠三角地区综合竞争力，有利于支持香港、澳门融入国家发展大局。因此，粤港澳大湾区的概念应该以什么样的思考角度去解读，规划设计是否能够扮演更积极的角色，承接大湾区的发展愿景和既定目标是教学中需要思考的问题。

深圳市发展受土地、环境、人口、能源等方面的瓶颈约束。在“和谐深圳、效益深圳”的发展方针指导下，深圳正积极推动城市更新改造、城市功能结构调整与产业升级等。其中，大部分的城市更新是通过拆除重建来完成的，在剧烈改变城市原有形态及人文的同时，引发了相关的思考；另一方面深圳旧村留存一定量的传统民居和部分的文物古迹，面临着求生存、求发展的困境。教学以更新与保护、融合与发展为主线，探索城市核心区升级改造的新思路、新举措。要求学生充分考虑城市更新开发及城市复合发展等阶段需求，综合运用所学规

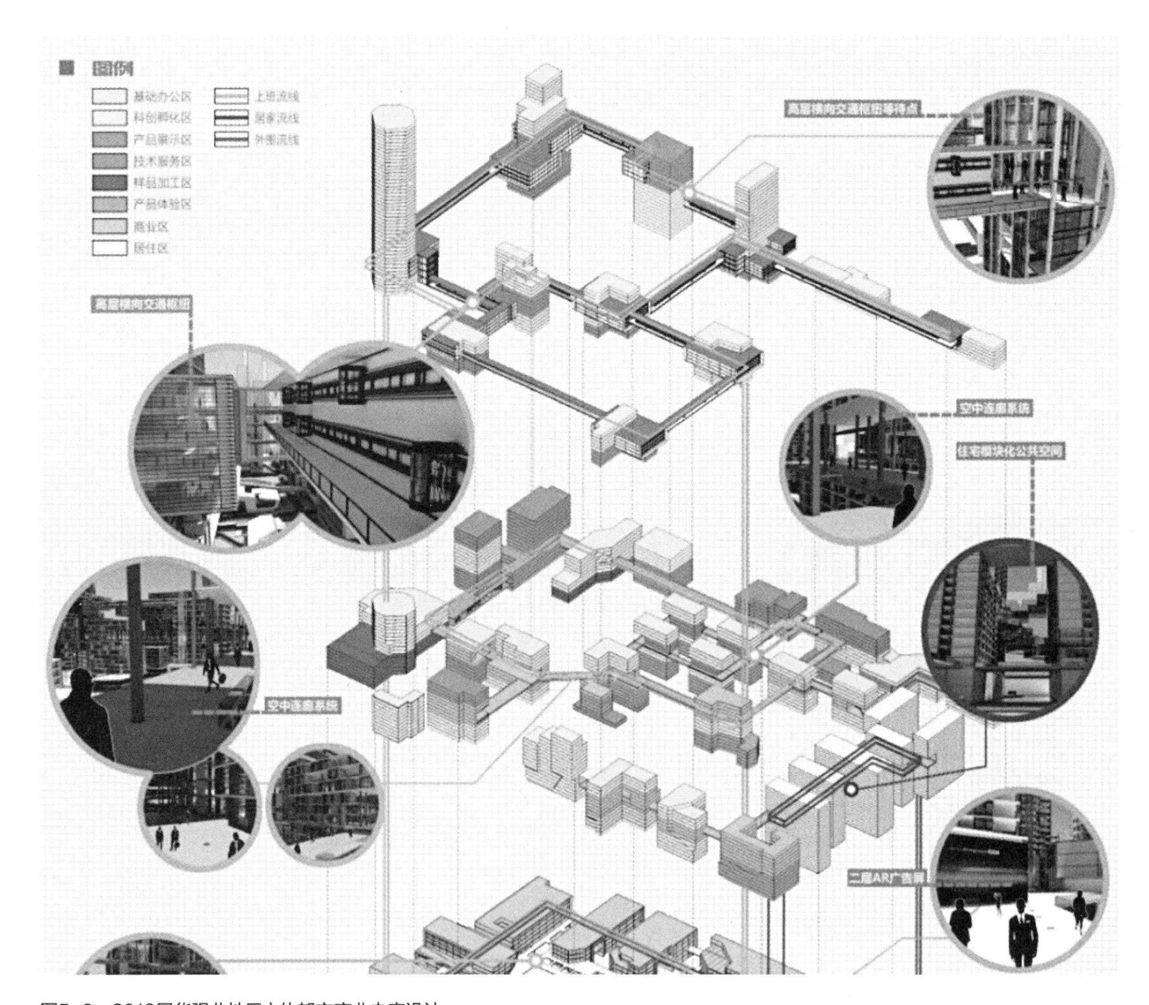

图5-8　2019届华强北地区立体都市产业走廊设计

划知识，进行独立观察与思考及提出相关构想及措施。

(2)“在地性”选题考量

针对深圳地处粤港澳大湾区的地域性特征和当下深圳城市建设由增量规划向存量规划转变的阶段性特征，毕业设计的选题往往充分地体现了这些在地性特点：

① 粤港澳大湾区时代主题背景、深港边界互动及口岸聚焦、香港北部都会区新计划（图5-9）；

② 深圳城市更新热点版块及话题。

城乡规划专业毕业设计课程以城市存量规划为研究对象，结合新型城镇化、旧城更新单元开发及城市复合发展等阶段需求，并要求学生综合运用所学规划知识，应对并解决实际问题。课程通过对国内一线城镇化发展过程的各种存量规划问题的关注、研究与设计，鼓励同学对复杂的城市现象和社会空间的观察与调研，把握城市发展的脉络，鼓励学生以有机更新的视角探讨存量规划时代的空间再生产。掌握综合的城市设计研究经验和富于创造性的设计构思程序。通过基本的课程作业如调查研究、实验分析、规划设计、成果表达等环节的学习，培养综合研究分析和规划设计的能力。通过对城市规划设计中的现状调查、人口规模、土地政策、开发强度、道路系统、绿化系统、公共空间、公共配套设施以及市政设施等具体问题的研究、分析和学习，为规划设计提供科学而量化的设计基础，同时为城市社会空间的发展提供科学合理的发展策略和设计蓝图。

(3)特色教学实践

1）规划+建筑+风景园林（U+A+L）混合工作坊

深圳市自实施《城市更新单元编制办法》以来，历经拆除重建、综合整治及片区统筹等阶段，相关规划设计涉及法定图纸、城市更新专项规划及研究专题报告（含城市设计、建筑设计专题等），不仅需要熟练掌握城市更新相关政策法规及规范、算账规则等，还需要完成相关规划空间落地及实施、建筑形象及细节刻画，因此，业界越来越倾向将规划、建筑、风景园林乃至室内设计多方联合。

因此，存量模式下的城乡规划设计教学需要完成从原来的标准化、体系化向多元化、碎片化转变，教学链条内容在上下游双向延伸，既涉及产业策划等城市经济与运营及功能物化等内容，又需要落地性与展示性以及物质空间及场景片段的打造。

针对以上背景，存量规划背景下的毕业设计教学需要对学生提出以下新的要求。

① 进一步综合掌握相关城市更新规划政策与规范、相关专业理论及调查研究方法（如产业研究、国土空间规划理论及方法等）。

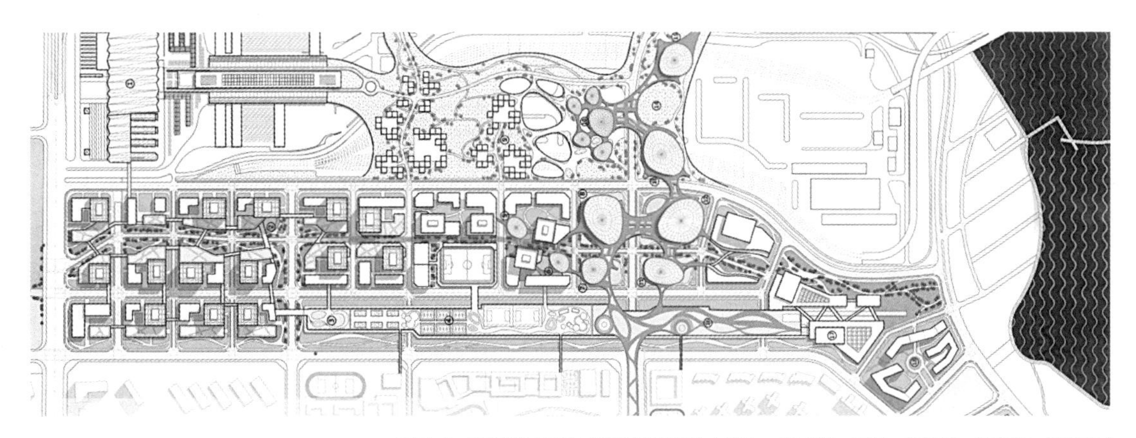

图5-9 深圳湾口岸地区整体城市设计（学生：张子璇、廖钊、林如秀、陈华旭、陈建青）

② 通过规划、建筑及风景园林等专业的混合教学及联合设计，提高相关专业的互动，同时通过设立个人研究专题，强化规划设计的细分及落地研究。

在毕业设计中，面对存量规划的设计课题，我们尝试在教学中开展混编教学实验。目前正在进行的试验是将城乡规划专业学生与建筑学、风景园林混编教学，从而在原有城乡规划系统分析的教学模式上，丰富城市生态环境及建筑节点空间的内容，并取得了初步成效。

图5-10为混编教学模式输出的教学成果。在存量规划模式下，既侧重规划分析与设计落地相结合，强调设计能力与综合素质打造，又鼓励学生发现并聚焦问题，通过数据分析与提取，导入设计并生成概念，强调逻辑思维与论证，并转化为设计解决方案的能力。在设计中，问题的研究更为系统化和专业化，设计中文字分析与图表导出部分大幅增加。

2）规划毕业设计向研究型设计转化

从研究到设计是深大规划的特色之一。在毕业设计教学中，积极推动研究型设计思维和方法，将教学链进行专业深度和广度拓展。毕业设计教学过程中，开展分组教学，引导各小组进行更为深入专题研究与文献检索，如建筑设计研究方向，专注于城市街道与空间立面表皮构建，风景园林方向对城市生态设计进行专题研究，经济和交通规划方向对产业和交通流进行研究，还有对城市更新政策与影响的专题小组（图5-11）。

3. 研究型毕业设计的开放性

（1）“开放性”教学的特色和愿景

秉承地处深圳的区位优势，毕业设计开放式教学的出发点是期望能够利用各方社会资源，走出校园，在与不同专业、不同背景人士的共同探讨中丰富和深化教学。在具体实施层面具有以下特色。

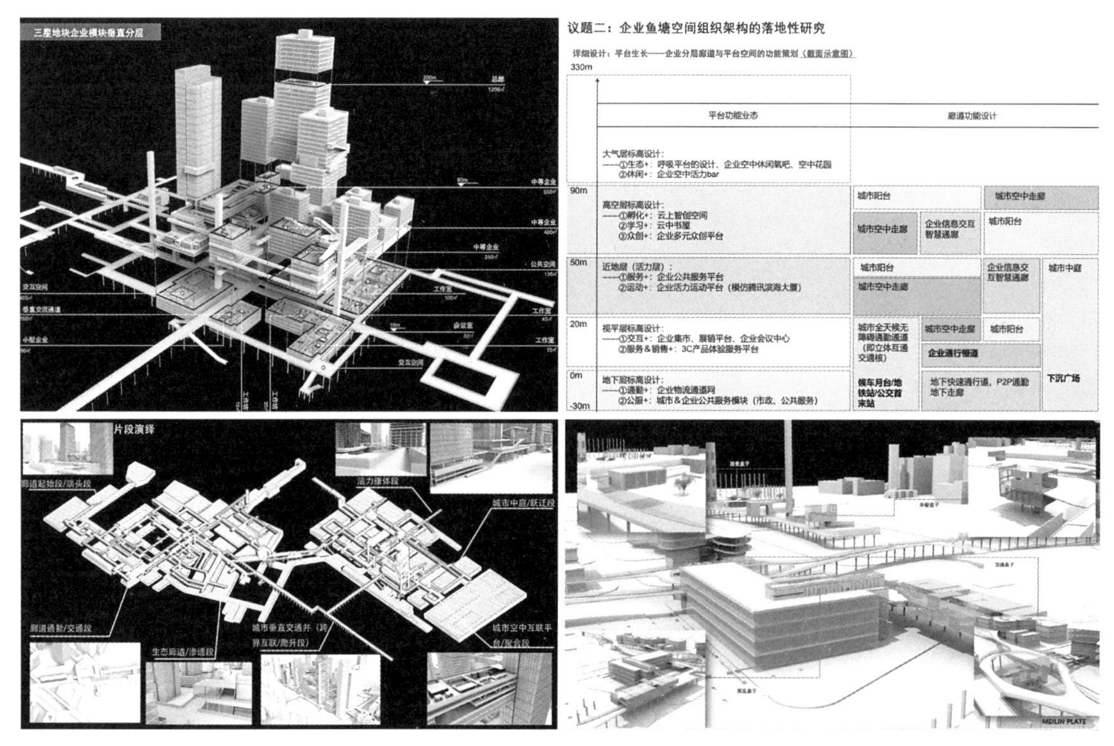

图5-10 “规划+建筑+风景园林”混编教学成果展示

延展1 城市街道与空间立面表皮构建[建筑设计]

延展2 景观设计

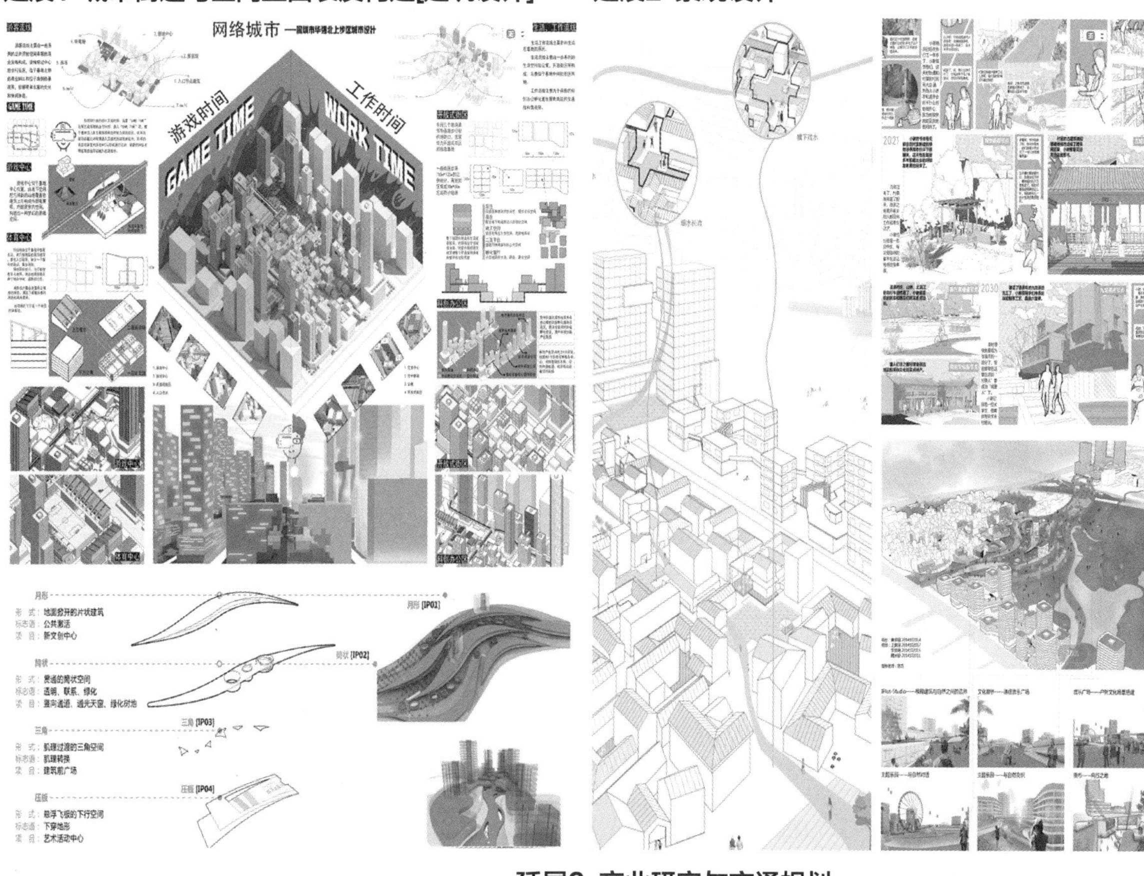

延展3 产业研究与交通规划

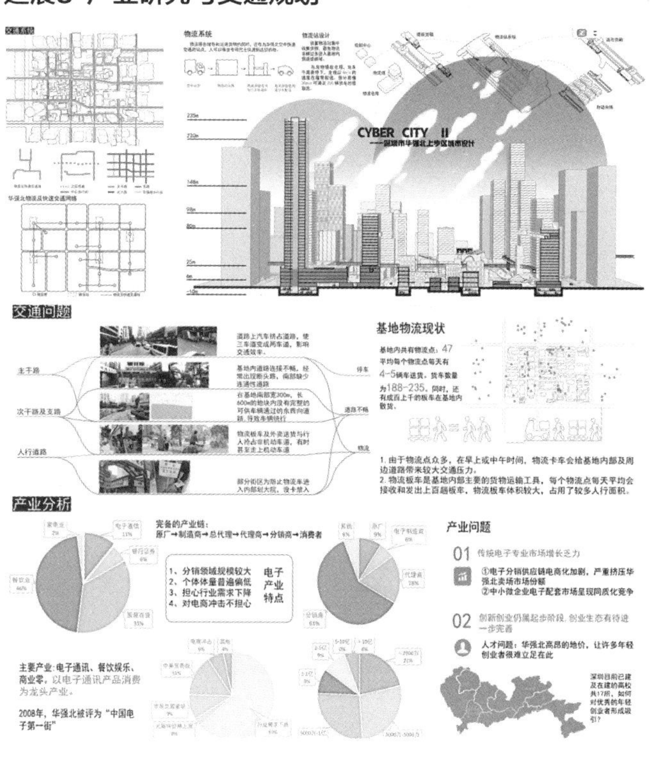

图5-11 研究型设计转化专题范例

1）邀请各界专业人士开展讲座或参与教学

邀请各界专业人士参与教学是深圳大学各类教学的显著特色，在毕业设计环节，我们尤为关注教师—学生—业界专业人士之间的交流与思维碰撞。2021年，由我院召集的第四届粤港澳大湾区联合毕业设计选址“日出沙头，月悬海角”的深圳东部滨海历史地区——沙头角，开启多角度、全要素、以“深圳沙头角滨海都市区综合发展与城市设计”为主题的联合设计之旅。在前期调研阶段，邀请了来自不同研究领域的三位专家：深圳本土文化艺术研究会原会长廖虹雷、深圳市城市规划设计研究院有限公司副总规划师洪涛、深圳市蕾奥城市规划咨询有限公司总规划师蒋峻涛，分别从地域文化、空间设计和边界经济等视角分享了沙头角地区及中英街的历史起源、空间特色、相关规划发展等精彩内容（图5-12）。

图5-12　邀请各界专业人士开展讲座或参与教学

为了更为深入了解沙头角历史文化，调研中诚邀了中英街历史博物馆原馆长孙霄和李秀娟主任对沙头角及中英街的起源及历史进程作了详细的介绍。座谈会中，孙霄馆长从文化遗产角度向师生们介绍了中英街（边界地区）冰火两重天的发展历史，指出规划设计应先追寻本土历史文化根源，再去追寻设计特色，才能塑造出辉煌的中英街，开拓了同学们的视野。

2）“建筑-规划-地理信息”多学科开放式联动

深圳大学建筑与城市规划学院毕业设计教学于2020年首次尝试多学科联合的开放式教学，旨在探讨数据分析支撑设计，以及总体设计与建筑设计的全程互动。规划与地理信息的联合毕业设计采用的方式是地理信息专业本科毕业生参与到规划毕业设计小组，完成前期的数据分析，并互相讨论，探讨数据分析方向，以实现设计支持；规划和建筑的联合毕业设计仅在小规模开展，方式是由4～5位规划学生组成规划毕业设计小组，邀请4～5位建筑专业同学参加，建筑专业与规划专业完成同一基地的总体城市设计探讨，随后，建筑专业选择重要节点开展节点设计，规划专业同学完成总体城市设计。

（2）开放性毕业设计的选题考量

2020年，我院初次尝试开展“建筑-规划”两专业联合毕业设计，基地选择在深圳宝安区福永凤凰山海通廊。福永凤凰山海通廊位于粤港澳湾区东岸，深圳西北门户节点位置。凤凰片区一直因森林之美、祈福之盛扬名鹏城乃至湾区，是湾区东岸、深圳西部极为珍贵的集山水人文于一身的资源宝库。凤凰山海通廊是连接城市与自然、历史与未来的时空画卷。同时其独特的山水格局、文化内涵更是赋予了凤凰片区“山水福地+深圳故里”的人文生态价值。

此次毕业设计将深圳宝安区福永凤凰山海通廊（长约12.5km，宽约2km）整体作为总体城市设计范围。从西向东自凤凰山直达珠江口海岸，连接凤凰古村、立新湖、福海河涌、国际会展等街区。山海通廊由西至东包括创意港湾、清溪景观廊道、文创新湖、凤凰古村和山水田园5个主要片区（图5-13）。

（3）特色教学实践——“规划+建筑”联合毕业设计：福永凤凰山海通廊城市设计

教学中，校外毕业设计导师建筑师带领4名建筑专业学生与规划系教师带领的4名规划专业学生组合联合小组，从调研到前期讨论直至成果完成全程互动。基本愿景是希望规划专业凭借其在总体城市设计、空间轴线总体把控以及在产业、人口、空

图5-13　福永凤凰山海通廊基地范围

间需求上的专业优势，为建筑单体设计提供导控建议，建筑专业学生凭借其在单体设计和建筑形态方面的专业优势，使得总体城市设计更为深入落地。

然而，在教学过程中，由于建筑专业与规划专业成果提交要求不同，进度要求不同，上述目标并未完全实现，学生在合作过程中遇到一些困惑。任课教师尝试着对不同专业的学生进行引导，加强合作。

1）引导“建筑-规划”学生寻找专业上的互补互惠点

在教学尝试中我们发现，规划小组在前期开展基地总体的经济、产业、人口分析往往会耗费2～4周的时间，这时候其实并没有开始空间设计及总体空间管控的思考，而建筑小组的同学却需要在前期选择各自的节点设计基地开展设计构思等。这个过程上的错位，使得参与联合毕业设计的建筑学专业同学，在前期无法很好融入，并对联合讨论产生抵触。而规划小组为了急于配合建筑小组确定山海连廊中的关键节点，在需求和用地现状分析尚不充分的情况下，仓促绘制总体空间结构。这是在联合毕业设计初期遇到的典型问题，直至第5周后，建筑和规划同学才渐渐找到相互间专业上的互补和互惠交集（图5-14、图5-15）。

图5-14　规划与建筑专业联合讨论

湾区联动

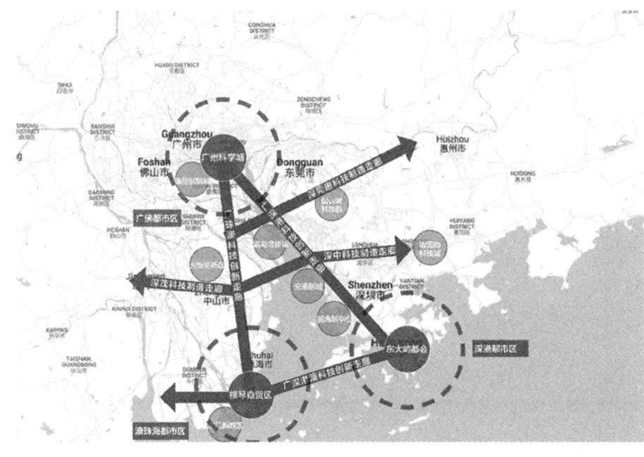

广深科创走廊

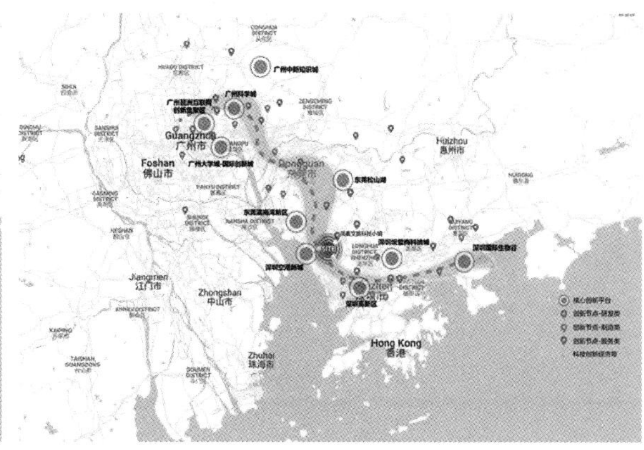

山湖海割裂

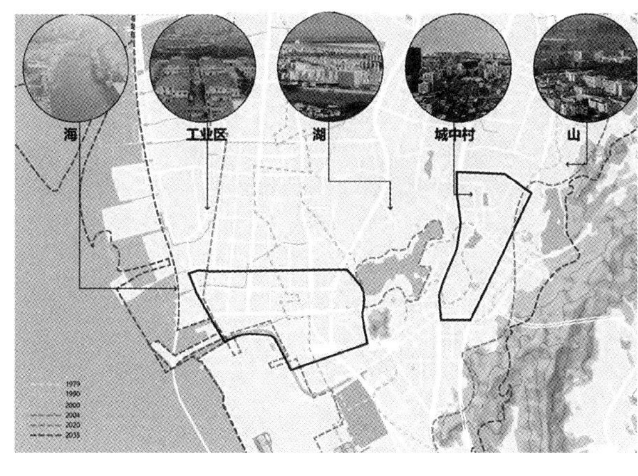

周边开发情况

宝安综合规划

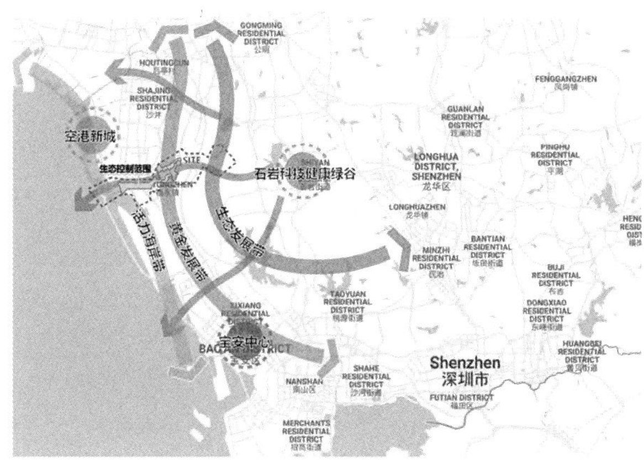

区域创新平台

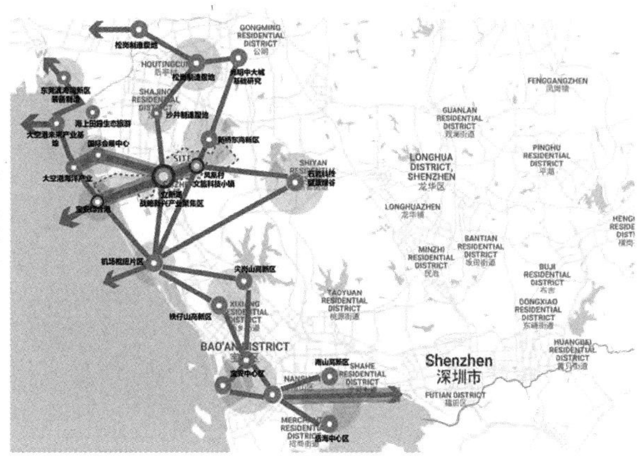

图5-15　规划小组前期开展的各类现状分析（学生：陈娉、曾锐通、李泽锐）

用地性质

人口概况

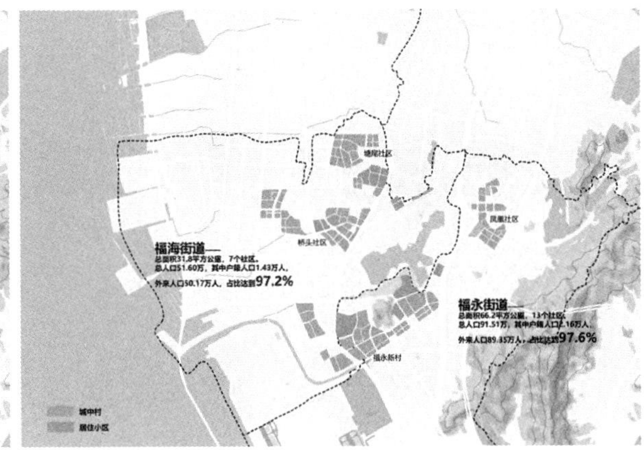

建筑高度现状

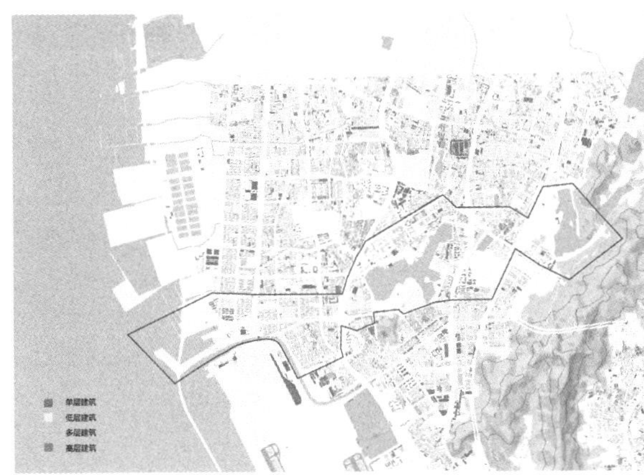

建筑类型现状

产业现状

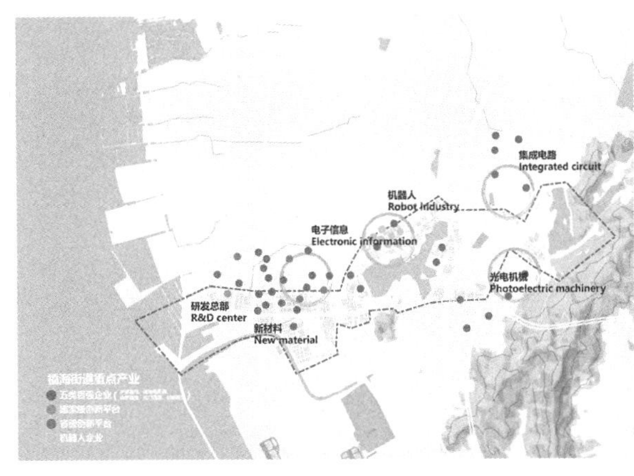

工业园区现状

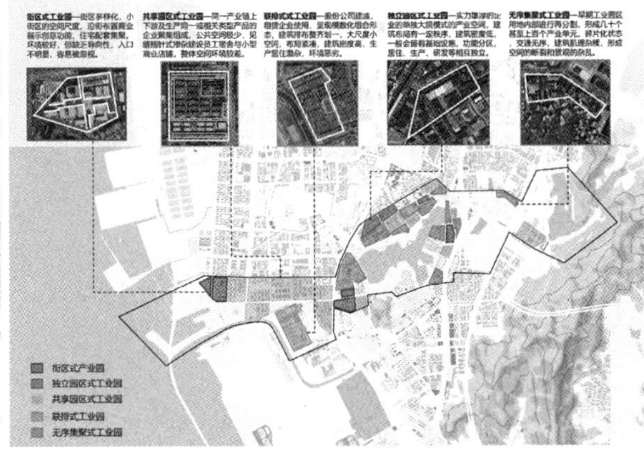

图5-15　规划小组前期开展的各类现状分析（学生：陈娉、曾锐通、李泽锐）（续1）

蓝绿破碎

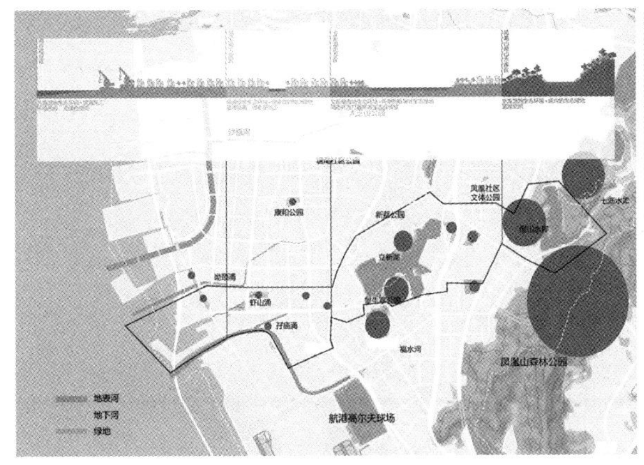

河湾现状

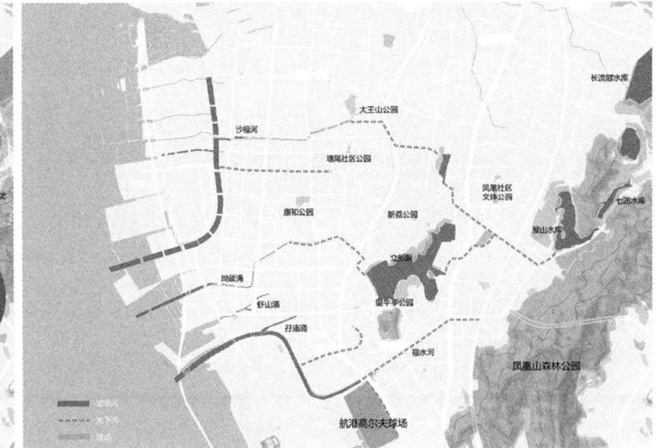

洪涝灾害现状

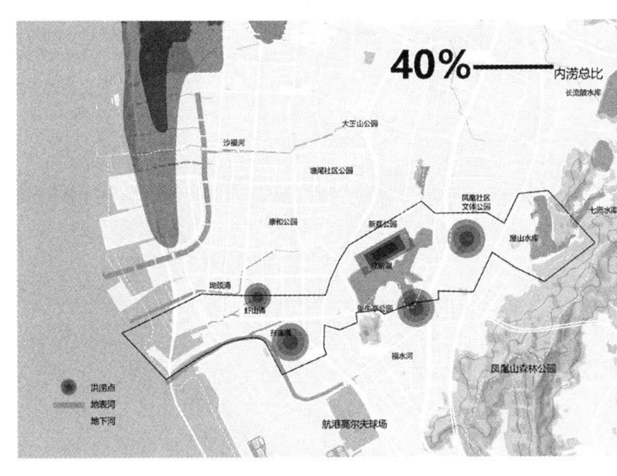

驳岸现状

道路交通现状

货运现状

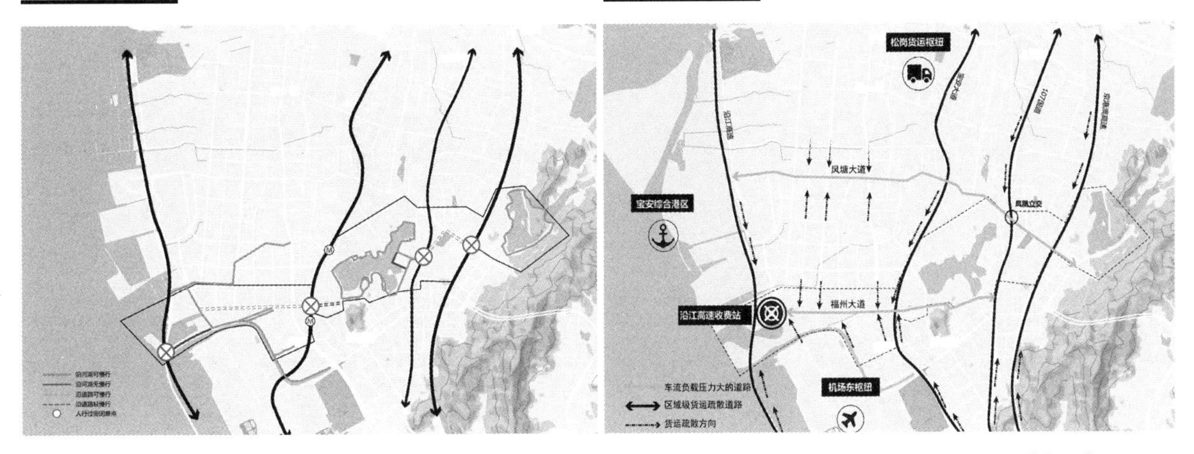

图5-15　规划小组前期开展的各类现状分析（学生：陈娉、曾锐通、李泽锐）（续2）

2）以“城市意向”和“空间肌理”为切入点，强化跨专业融合

经过磨合和教学引导，大概在第5周，建筑和规划专业同学开始进行一些有益的学术讨论。规划小组确定了以“重构城市意向”为主题的研究方向，并对场地内不同片区的空间肌理进行了深入的比较研究（图5-16），在此基础上，逐渐清晰了12.5km山海通廊上不同区段的空间肌理特征与功能需求，并从城市意向重构的视角下，确定了地标性建筑的选址。4名建筑专业学生分别选取了滨海、立新湖、凤凰古村社区、凤凰山智慧农业研发小镇等区域的重要节点进行了单体设计。

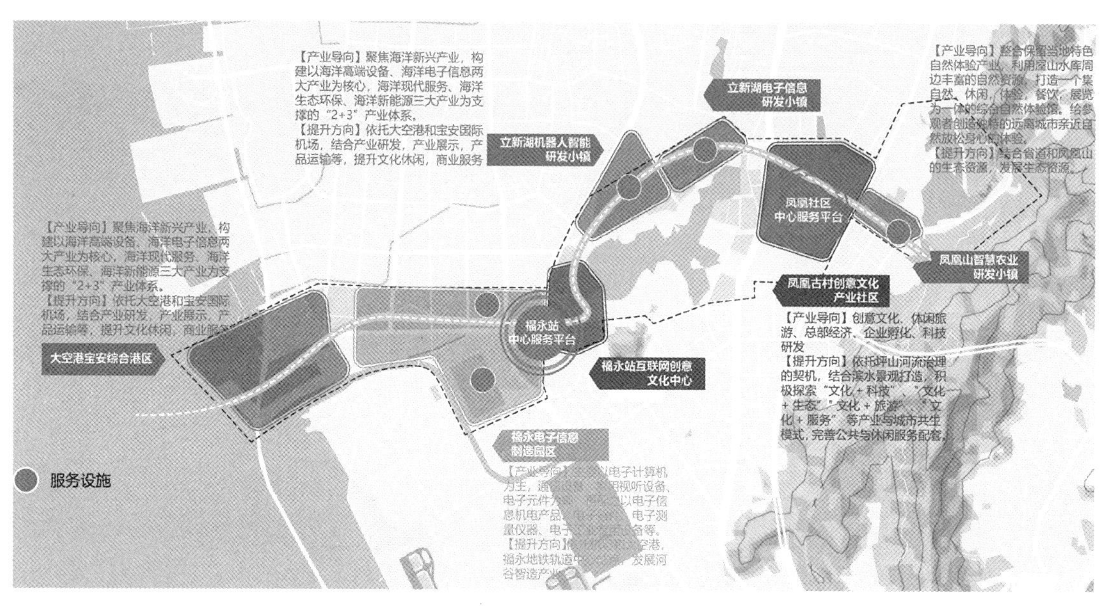

产业建筑功能工业空间规模庞大，质量偏差，容量偏低，工业几乎占据了70%以上空间，缺乏产业配套。

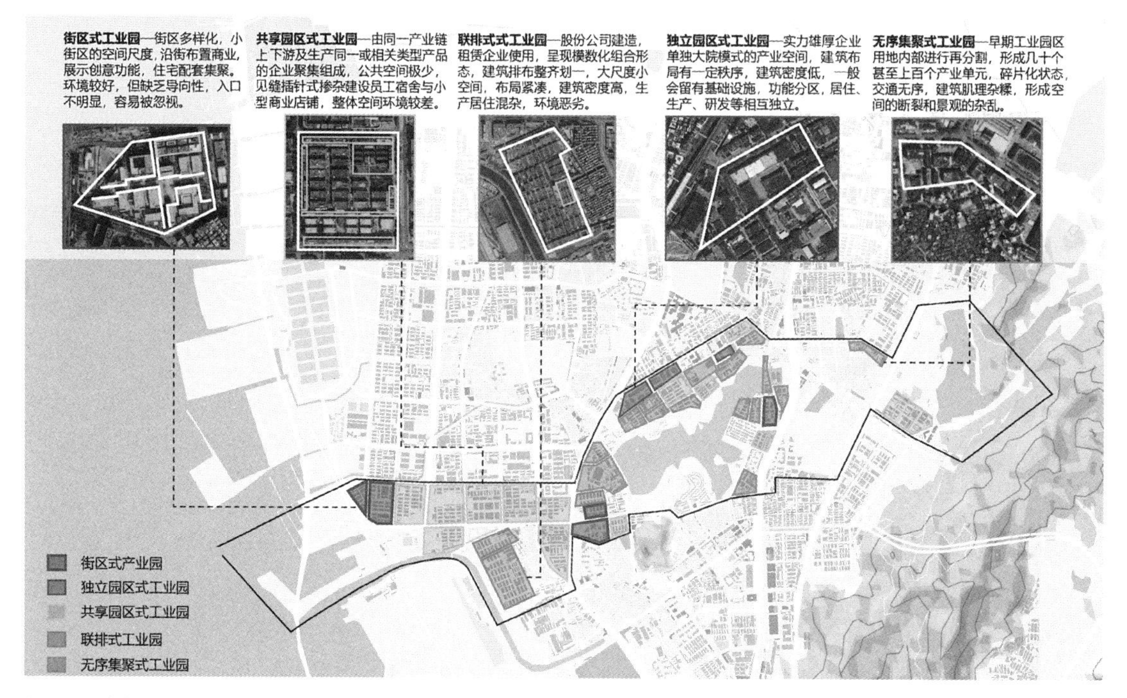

图5-16　规划小组开展的产业建筑肌理分析与建议（学生：陈娉、曾锐通、李泽锐）

3）设计成果展示

规划小组的总体城市设计总图体现了构建山海通廊、重构城市意向的设计思路，并在对不同片区肌理研究的基础上提出了空间控制的策略，建筑小组的重要节点设计深化和丰富了城市设计成果。该组同学最终获得了深圳大学2021届百篇优秀本科毕业设计（图5-17～图5-19）。

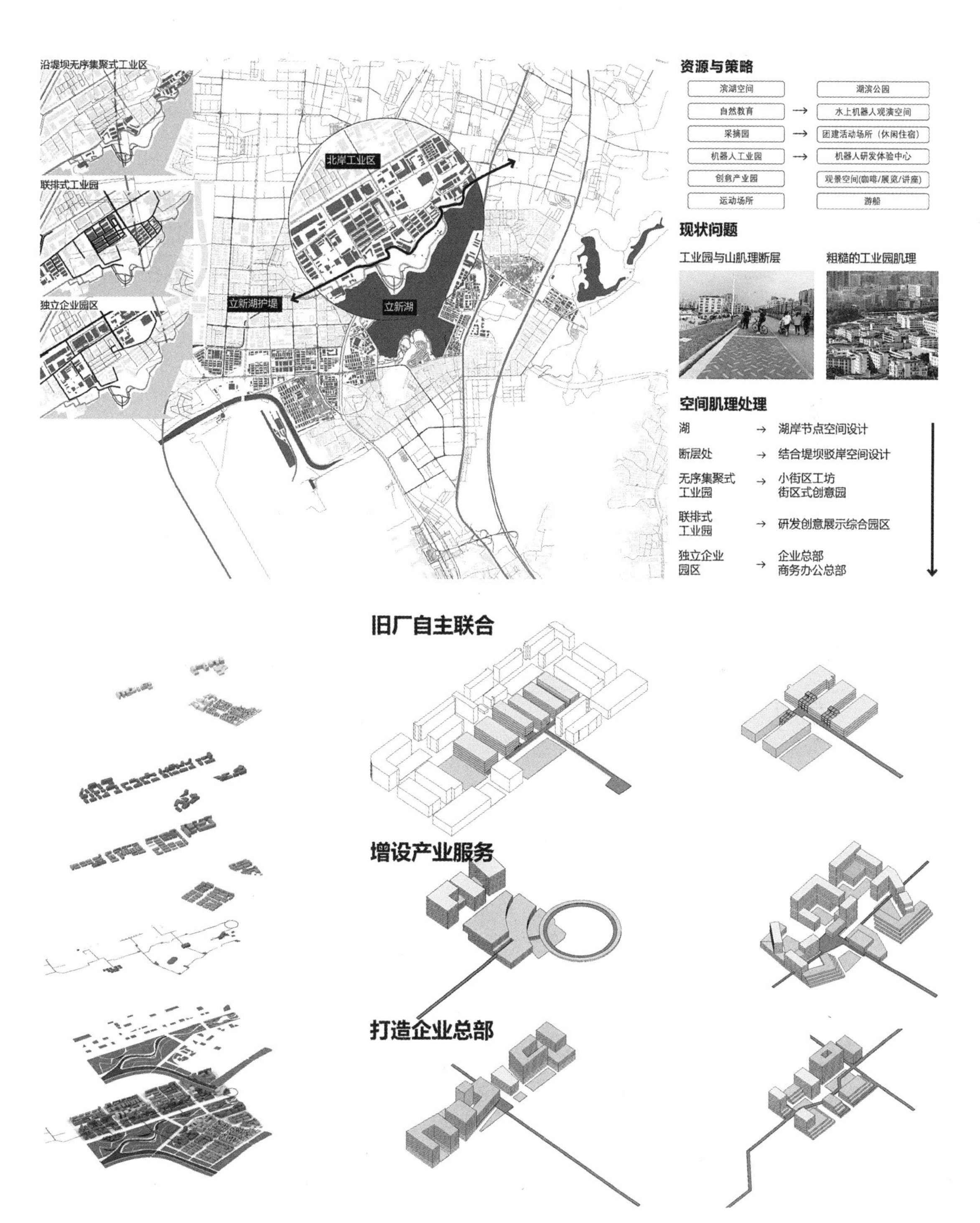

图5-16　规划小组开展的产业建筑肌理分析与建议（学生：陈娉、曾锐通、李泽锐）（续）

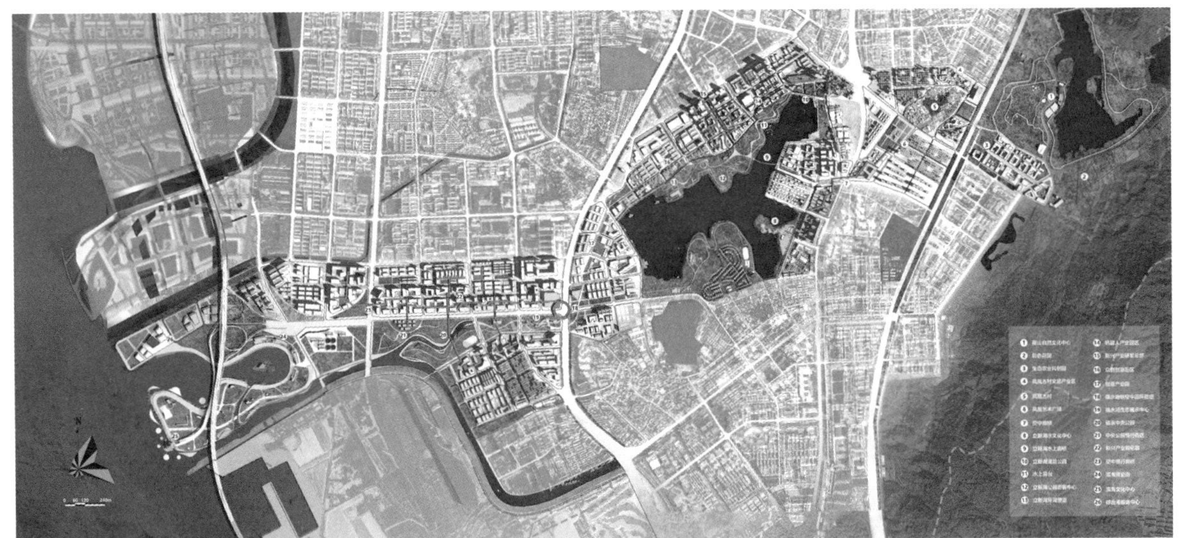

街道界面控制 | 福永生态智慧河谷

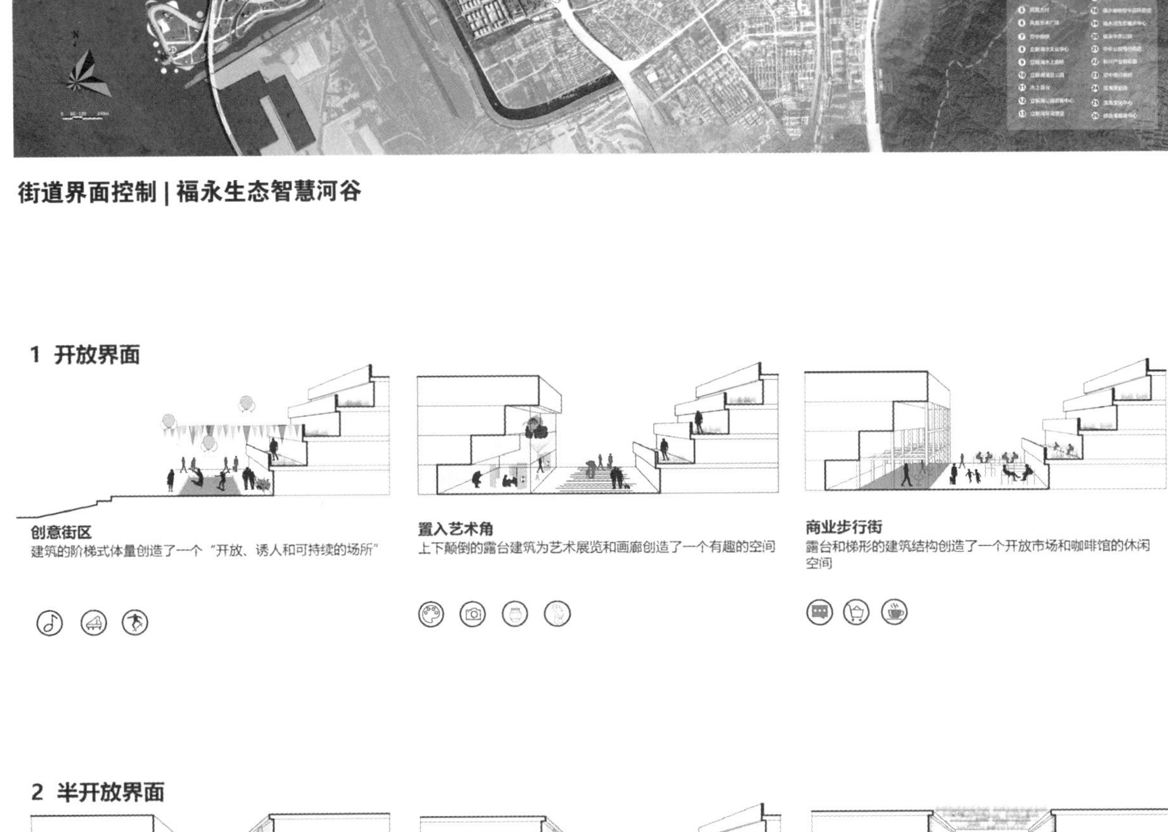

1 开放界面

创意街区
建筑的阶梯式体量创造了一个“开放、诱人和可持续的场所”

置入艺术角
上下颠倒的露台建筑为艺术展览和画廊创造了一个有趣的空间

商业步行街
露台和梯形的建筑结构创造了一个开放市场和咖啡馆的休闲空间

2 半开放界面

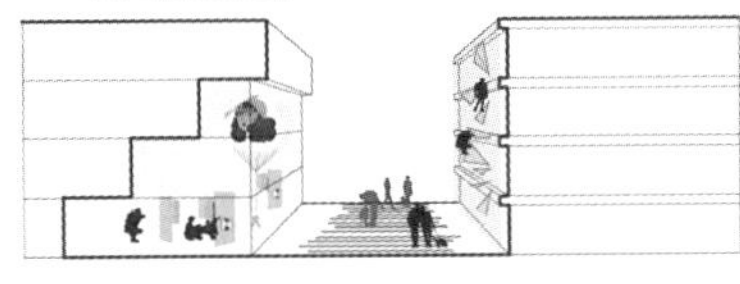

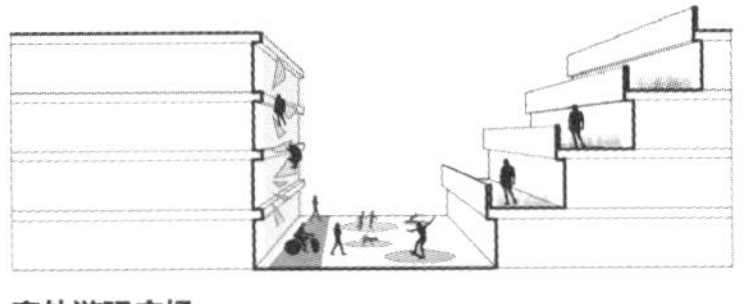

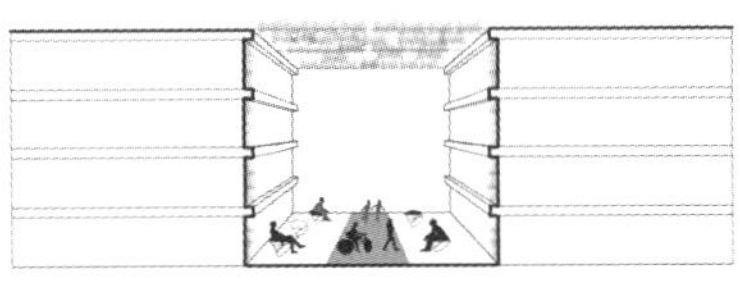

娱乐界面
垂直的建筑表面创造了娱乐和展览的空间

室外游玩广场
垂直的建筑表面创造了攀岩和滑冰等娱乐空间

通道空间
正常的街道界面创造了休憩的绿地，变得安静、轻松、舒适

图5-17　规划小组城市空间形态与控制（学生：陈娉、曾锐通、李泽锐）

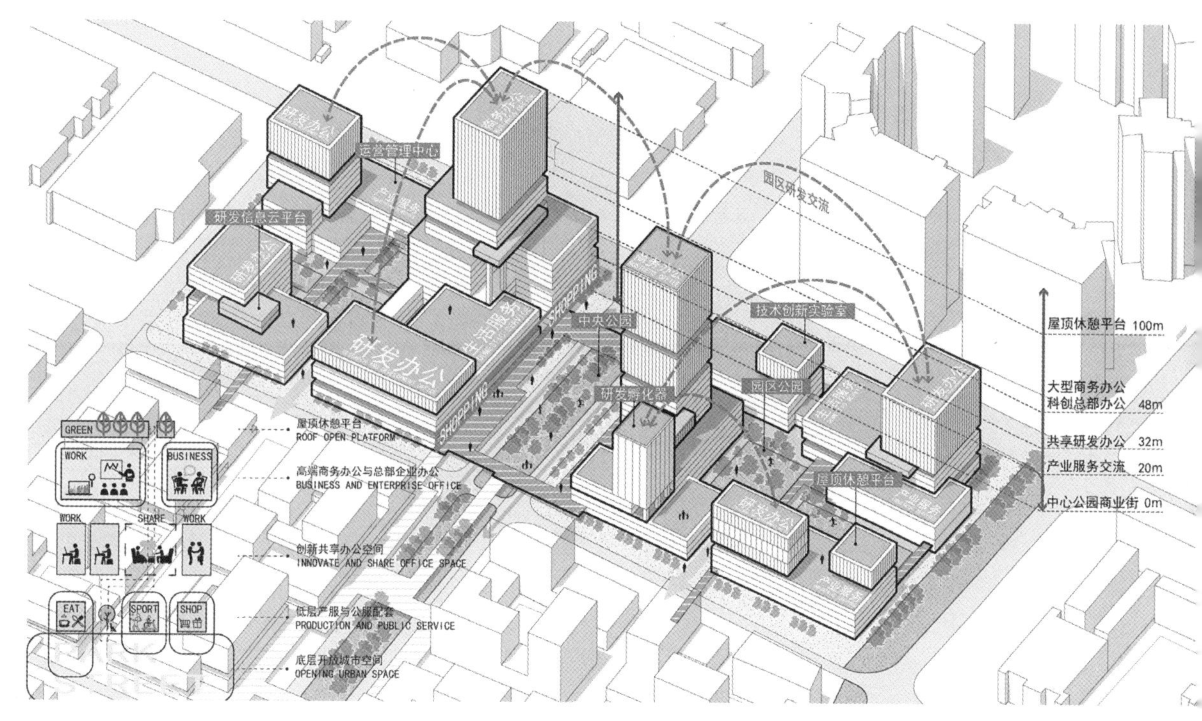

图5-17 规划小组城市空间形态与控制（学生：陈娉、曾锐通、李泽锐）（续）

图5-18 凤凰古村民俗文化博物馆（建筑专业学生：陈润森）

图5-19　水岸休闲文化展馆（建筑专业学生：徐志维）

五、思考与总结

总结联合毕业设计开展的情况和师生的反馈，我们建议下阶段的联合设计可以从以下方面进一步提升。

求同存异，拓展合作

联合毕业设计建立了粤港澳三地高校对话合作的新平台，由于三地高教体系存在差异，教学时间安排存在错位，高教合作长期处于浅层交流状态，未来需提前着手策划联合设计，进一步增强与港澳高校沟通课题合作，保证良好对接。同时要争取通过课题将不同院校本科生、研究生更紧密地联合到一起。如毕业设计题目可以建立在基于研究生前期研究的基础之上，毕业设计的成果可以为研究生教学科研提供案例，更可以进一步为联合高校科研合作拓展领域。

重在交流，不拘形式

许多师生反映中期交流时间太短，只有学生的构想介绍，没有留出老师们的交流碰撞时间。由于不同地区的教学模式存在差异，而各个高校有自己鲜明的特征，在同一课题下有不同的创意与想法，故整个联合设计坊最终效果应是重在交流，不强求统一的成果与内容形式。从联合设计整体组织流程来看，前期调研、中期汇报、成果答辩的3个环节是经过多数院校反复验证比较合理的交流节点。但在事后的调查中发现了更多更好的想法和建议：如加强各校师生之间的互动，增加线上交流环节；外校学生调研安排过于仓促，可以适当调整安排充裕的调研时间等。建议未来可以增加互动性合作调研，在交流中亦可以尝试要求学生把控汇报时间，留出更多师生互动的机会，在时间允许的情况下可考虑增加专门的教师交流环节。

大胆创新，开放多元

联合毕业设计从城市设计到建筑设计，从制度建设到空间建构，都鼓励同学们大胆创新，但下阶段也需要更审慎地在选题的开放和聚焦之间找到更好的平衡，以避免同学们过长时间地迷失在不同尺度空间的选择与推敲中。而对于成果展示，我们可以采取更开放的态度面向社会，通过过程评图加强企业导师的咨询与指导，通过引进关注高校教育的设计企业，进一步加强校企合作。还可以邀请更多了解课题的相关老师进行授课，邀请专家评委一起交流，鼓励社会各界参与，对设计成果进行地方展览和多地联展等，一方面可以加强毕业设计与设计实践的结合，另一方面也可为毕业生和用人单位搭建沟通平台。

未来展望

粤港澳大湾区高校联合毕业设计两届的成功举办是一个良好开端，期待在未来继续由各参加院校逐一作为东道主组织并延续传递。同时也希望围绕系列课题如边界治理与协作、城镇空间协同与互补、基础设施对接与安全、水陆生态协调与共生、经济文化互惠与共荣等，展开更多的校际合作，从而对粤港澳大湾区未来发展中的问题继续深入挖掘，在共同寻求湾区一体化协同发展之道的同时，形成湾区高校优势互补共同进步的良好态势。

结语

行而不辍　未来可期

深圳大学城乡规划学科有今天的发展，离不开特区城市高速建设的机遇，也与几代深大规划人的辛勤培育和耕耘是分不开的。城乡规划专业教学强调“学为中心、研为龙头、产为支撑、紧密结合、相互促进”的办学思路，在“务实、开放、创新、综合”的办学思想指导下，注重教学环节的实践性、开放性和实验性，加强养成对专业知识结构的全面性、系统性及综合素质的培养，逐步形成了一套独具特色的教学培养体系。

在新时代背景下，深圳大学城乡规划教研团队勇于创新，对城乡规划设计课教学体系进行优化和完善，积累了宝贵的经验，也取得了一定的成效。展望未来，深圳大学规划教研团队将继续在以下方面探索创新，提升教育教学效果，与时俱进。

1. 从纵向贯通、横向统筹走向本硕协同、特色培养的新工科

过去几年，结合“一横多纵”教学体系改革，城乡规划专业对原有专业课程体系进行了深入研究和整合优化，以设计主干课为核心形成了一～二年级的横向基础平台和三～五年级的纵向贯通平台，体系日益完善。

为进一步响应教育部新工科建设和深圳大学本科教学改革的要求，城乡规划专业教学将在保证低年级的建筑跨专业平台通识教育的基础上，强化三、四、五年级的专业性，突出毕业设计教学的综合性，走本硕协同、特色培养的道路，下阶段将进一步加强研究生一年级设计课与本科生课程的贯通，以此形成各纵向组更为鲜明的专业特色。将结合硕士导师研究方向，组建纵向组教学团队。研究生一年级设计课与本科设计课教学互动共享，通过设计课程选题和教学的年级间上下协调对接，帮助学生顺利实现从个体到群体、从建筑到城市、从微观到宏观的空间观念过渡，并强化研究型设计的教学导向，使本科学生在专业的学习和研究深度上更上一层。

2. 基本目标稳定下以年级组为单位的系统微创新

在“一横多纵”的基本教学框架下，鼓励各年级教学组结合实际情况，进行微创新和教学实验。以年级为单位的系统微创新，是深圳大学持续进行教学优化的重要动力。过去几年，一～五年级教学组开展了丰富多样的创新教学尝试。例如，一年级尝试Mapping的实验方法，引导一年级学生身临其境，体验和思考城市空间设计的优劣和这些空间对人们使用的影响。二年级通过拼贴叙事和协商设计的方法，训练学生们的思维和表达技能，初步理解城乡规划师发现问题、分析问题直至寻找适合解决方案的逻辑过程。三年级围绕总图设计的训练与表达，将原有的居住区规划与设计分解为多个教学模块，夯实学生们设计表达的基础。四年级探索尝试引入乡村规划和国土空间规划教学模块，在乡村规划模块强化城乡差别认知，基于问题导向引导学生们思考更为复杂的城乡问题，同时加强国土空间规划中生态专题的理论和技术掌握。五年级毕业设计则以多院校联合毕业设计为契机，探索未来性、本地性和开放性的特色教学导向。

3. 强化地方大学特色，积极推动和参与区域教学合作

针对深圳和华南地区的高密度城市形态和特有城乡发展关系（如城中村），设计主干课教学内容中，均涵盖或涉及深圳特色的“高密度”议题，以及从中央到地方普遍关注的城乡人居环境综合发展问题，在城市设计等主干课程中均得以体现。近年来，深大规划在深化本地特色的同时，也积极推动开放性教学。如城镇总体规划课程在纳入设计主干体系后，突破以往在深圳就地选题的局限，本着“立足特区、走出深圳、扎根城乡、实地丈量”的教学理念，积极尝试多地域尺度、城乡结合的设计题目，让学生在更广阔的城乡人居环境中历练成

长。此外，持续组织和参与粤港澳湾区联合毕业设计等区域合作教学，让师生们感受了不同学科背景、校园文化之间的融合碰撞，并提供了保持独立思考探索特色化发展的机会。

4. 探索教研产结合之路，师生共创走出校园

深圳大学城乡规划专业一直坚持产学研一体化的办学思路和教学理念，利用深圳作为“设计之都”的优势，积极为同学们营造参与社会实践的机会，与深圳本地众多知名设计机构（如深圳市城市规划设计研究院有限公司、中国城市规划设计研究院深圳分院等）签署了校外实践基地框架协议，使同学们可以获得宝贵的实习机会。设计课教学中定期邀请规划实践领域的知名设计师开展讲座，同时邀请设计师参与设计课评图和设计研讨等环节。

教学环节也积极走出校园，与企业联手、与社会融合。自2016年起，深圳大学建筑与城市规划学院连续主办的“从研究到设计——聚焦高密度城市的建成环境国际研讨会”，在研究和设计结合教学方面不断探索。学院师生也多次参加深港城市\建筑双城双年展，并将策展主题和方案与城市社会调查、城市设计等课程结合，收到了非常好的教学效果。

未来，深圳大学城乡规划学科将继续面向大湾区的发展趋势和行业变革需求，充分发挥设计之都的地方智力优势，聚焦高密度南方大都市地区城乡空间的在地研究，积极开展“一国两制”体系下粤港澳合作与湾区协同办学模式探索，打造具有“双区”特色的学科发展体系。

赓续奋斗，不负时代。

城市规划系教学科研团队一览

城市规划系主要教师团队合影

在建筑学、城乡规划、风景园林“三位一体”和城市空间信息工程协同支撑的特色人居环境学科体系背景下，深圳大学城乡规划学硕士学位点的导师队伍以深圳大学城市规划系（21人）为主体，在二级培养方向的需求下整合了风景园林系（8人）和城市空间信息工程系（5人）的部分师资，共同构成专业交叉融合、具有地域特色和国际化视野的高水平学位点师资团队。团队中有中国城市规划学会理事3人、教育部城乡规划专业教育指导委员会委员1人、中国城市规划学会二级学会委员3人。

学科方向

城乡规划理论与方法

学术带头人：杨晓春

导师团队：陈燕萍、宋彦、张艳、李云、刘倩、邵亦文、陈宏胜、张立

城乡规划理论与方法方向由杨晓春教授领衔，针对城镇化快速发展过程中国土空间的合理利用与有效保护的问题，对城乡空间发展的理论和实践进行研究。持续关注区域发展政策与战略、城乡空间政策、土地利用、空间规划设计等的理论和方法；注重城市开发控制的政策手段和实效性研究以及空间紧约束条件下的规划设计与实践，积极探索高密度快速发展大都市区特色的城乡规划管控实施机制。

教研团队承担的主要科研项目

课题类型	科研课题名称	负责人
国家自然科学基金项目	基于密度分布的城市公共开放空间可达性定量分析研究——以深圳为例	杨晓春
	基于可达性叠加效应的深港轨道站域空间发展潜力评价研究	殷子渊
	城市低成本居住区商业服务设施的配套特征研究	陈燕萍
	基于城市空间增长绩效分析与蔓延控制的开发区转型研究	张　艳
	基于“动态分区尺度”的特大城市密度空间再构研究：以深圳市为例	李　云
	停车管理与城市土地使用的互动机制及其影响：基于行为学的分析	刘　倩
	基于资本视角的社区灾害韧性形成机制、评价体系及规划策略研究：以浙江台风多发地区为例	邵亦文
	基于家庭迁居视角的大都市圈“临界发展型城镇”的发展机制及规划导控研究	陈宏胜
广东省自然科学基金项目	基于空间分形方法的城市密度分区研究：以深圳市轨道建设对容积率的差异化影响为例	李　云
中国博士后科学基金	基于多源数据高温脆弱性分析的高密度都市区景观设计正义研究——以深圳为例	张　立

城市设计方法与历史环境保护

学术带头人：王浩锋

导师团队：王鲁民、黄大田、陈方、杨华、单皓、赵勇伟、ALexander Zipprich、朱文健、刘卫斌、杨怡楠、甘欣悦

城市设计方法与历史环境保护方向由王浩锋教授领衔，探索应用现代城市设计的理论与方法，运用城乡规划新技术，聚焦城市设计过程中城市物质形态与社会经济互动关系研究，尤其是南方高密度城市空间的构筑特点、意义及价值形成方式，寻求提升环境整体品质的有效途径；关注城市历史环境，强调城市历史环境保护与更新改造矛盾的协调，注重对富有地域特色的历史文化元素的创造性保护与活化利用。

教研团队承担的主要科研项目

课题类型	科研课题名称	负责人
国家自然科学基金项目	中国传统建筑类型系统的形成、变迁与应用方式研究	王鲁民
	中国传统聚落型制史与建设性遗存的空间原意呈现型保护	王鲁民
	城市空间结构与历史街区的活力变迁研究	王浩锋
	基于城市共享的“城市渗透住区”探索研究及相关规划控制导则建立——以深圳为例	陈　方
	历史城区形态更新的文脉感知测度方法研究——以澳门为例	杨怡楠
	基于性能化防火的超高层建筑竖向贯通空间优化设计研究——以粤港澳大湾区超高层建筑为例	张彤彤
	基于ARP理论的新兴工业城市老旧工业区调研、评估研究——以深圳市为例	顾蓓蓓
广东省自然科学基金项目	珠三角城市空间结构与历史街区的活力变迁研究	王浩锋
	基于增长机器理论的深圳早期单位制社区可持续发展研究	刘卫斌
深圳市哲学社会科学规划项目	以“社区中心”为服务新模式的深圳社区图书馆布局研究	朱文健
亚热带建筑科学国家重点实验室开放课题	城市轨道交通车辆段综合开发规划设计的策略方法研究	杨　华

城乡空间分析方法与技术

学术带头人：高文秀

由高文秀教授领衔，将地理空间信息科学领域中的空间分析技术与方法应用于城乡规划研究与设计实践中，提高对城市空间及社会环境特征的认知及科学客观性，为城乡规划设计的策略与方案提供科学综合的判断依据和有效性评价。

导师团队：黄正东、辜智慧、涂伟、贺彪、汪池升、陈宇、张星

教研团队承担的主要项目

课题类型	纵向课题名称	负责人
国家重点研发计划	粤港澳大湾区城市群综合决策和协同服务研究与示范	黄正东
国家自然科学基金项目	基于时空特征的公交供需建模与多目标线网优化	黄正东
	基于多源轨迹大数据的居民活动一致性分析及其时空融合方法研究	涂　伟
	基于复杂自适应系统理论的城市职住空间与公共交通体系耦合机制研究	辜智慧
	逻辑地图感知与空间认知优化的城市视障行人导航方法研究	张　星
	InSAR地震参数反演不确定性的信息熵分析方法研究	汪驰升
	基于遥感与数值模拟交叉验证的城市公园冷岛效应影响机制研究——以深圳为例	辜智慧
	空间重构视角下的跨界购物行为研究——基于深港跨界购物行为的调查	陈　宇
	时变交通网络下的大规模物流运输时空过程建模及优化	涂　伟
广东省自然科学基金项目	基于广义地标的室内感知定位方法研究	张　星
	基于多源轨迹数据的个体活动识别与融合	涂　伟
深圳市科技创新委员会基础研究项目	基于对地观测大数据的粤港澳大湾区城镇化过程及其生态效应研究	高文秀
自然资源部城市土地资源监测与仿真重点实验室开放基金课题	国土空间大数据的语义关联与自动集成	贺　彪
	基于多源时空轨迹大数据的群体活动与交通设施均衡性评估与可视化表达	涂　伟
	基于全量数据的深圳市职住空间分布及通勤效率研究	辜智慧

景观与生态环境规划设计

学术带头人：何昉

景观与生态环境规划设计由何昉教授领衔，团队在城乡空间规划的基础上，重点关注城市本土特色的景观系统规划模式，强调城乡规划学、风景园林学、建筑学等的多学科交叉融贯研究，探索自然生态系统和城市人居环境协调共生的景观与生态环境规划设计方法与实践技术。

导师团队：李勇、陈义勇、张柔然、王庆、刘瑞雪、边文娟、谢晓欢、王春晓、李相逸、况达

教研团队承担的主要科研项目

课题类型	纵向课题名称	负责人
国家自然科学基金项目	使用者行为视角的城市中心区公共空间研究	陈义勇
	探索“非权威”利益相关者对中国世界遗产地价值认知	张柔然
	有机更新视角下的城市边缘传统村落色彩演变机制与调控策略研究——以深圳为例	边文娟
	基于鸟类与栖息地关系的滨海湿地修复与规划方法研究	李相逸
	基于空间计量的珠三角传统基塘景观时空特征、演变机理与保护性规划研究	王春晓
广东省自然科学基金项目	基于使用者空间行为的城市公园植物景观模式构建研究	刘瑞雪
	基于“价值/信念/规范”理论的港深两地绿色办公建筑使用后评价及心理机制研究	谢晓欢
广东省哲学社会科学规划项目	基于景观生态学理论的珠三角绿道发展对策研究	王　庆
	珠三角传统水乡景观特征及保护传承研究——以桑园围为例	王春晓
广东省教育厅重点平台及科研项目	基于生态遗传学的高密度城市色彩风貌更新研究——以深圳市福田罗湖中心区	边文娟

主要参考文献

[1] 彭琳. 基于“专题研究”为导向的乡村规划教学实践[J]. 华中建筑，2016（7）：179-182.

[2] 乔路，李京生. 论乡村规划中的村民意愿[J]. 城市规划学刊，2015（2）：72-76.

[3] 陈锡文. 实现小农户和现代农业发展有机衔接[J]. 中国农村科技，2018（2）.

[4] 陈锡文. 以新型城镇化与新农村建设双轮推进城乡一体化[J]. 求索，2017（11）：4-10.

[5] 龙花楼，屠爽爽. 论乡村重构[J]. 地理学报，2017，72（4）：563-576.

[6] 刘彦随. 中国新时代城乡融合与乡村振兴[J]. 地理学报，2018，73（4）：637-650.

[7] 金大勤. 乡村城镇化应有多种模式——“离土不离乡，进厂不进城”质疑[J]. 建筑学报，1986（12）：45-47.

[8] 麦贤敏，闫琳. 当代欧美城市规划决策中“未来导向”理念研究及启示[J]. 国际城市规划，2009，24（3）：78-83.